企业微信
开发详解

翟东平 / 著

清華大学出版社
北京

内 容 简 介

本书从零基础开始，详细地讲解了企业微信开发相关的知识点

本书重点介绍了企业微信的三大核心开发方式——回调开发方式、主动开发方式和网页开发方式，每种开发方式都从基础知识、架构设计建议、开发案例 3 个方面进行讲解。同时，针对企业微信开发的重要技术接口，给出了示例程序和执行结果，以方便读者清晰、明了地学习。读者可以按各技术点的讲解顺序学习，也可以根据个人需要有针对性地学习。

本书既可以作为初学者学习企业微信开发的教材，也可以作为实际开发人员的工具书，遇到技术难题时随时查阅，以快速解决各类应用问题。

图书在版编目（CIP）数据

企业微信开发详解 / 翟东平著. —北京：清华大学出版社，2023.10
ISBN 978-7-302-60778-6

Ⅰ. ①企… Ⅱ. ①翟… Ⅲ. ①移动终端—应用程序—程序设计 Ⅳ. ①TN929.53

中国版本图书馆 CIP 数据核字（2022）第 075878 号

责任编辑：贾小红
封面设计：姜 龙
版式设计：文森时代
责任校对：马军令
责任印制：沈 露

出版发行：清华大学出版社
网 址：https://www.tup.com.cn，https://www.wqxuetang.com
地 址：北京清华大学学研大厦 A 座 **邮 编**：100084
社 总 机：010-83470000 **邮 购**：010-62786544
投稿与读者服务：010-62776969，c-service@tup.tsinghua.edu.cn
质量反馈：010-62772015，zhiliang@tup.tsinghua.edu.cn
印 装 者：三河市科茂嘉荣印务有限公司
经 销：全国新华书店
开 本：185mm×260mm **印 张**：15.25 **字 数**：408 千字
版 次：2023 年 11 月第 1 版 **印 次**：2023 年 11 月第 1 次印刷
定 价：79.80 元

产品编号：091242-01

前　言

本书系统地讲解了企业微信开发的相关知识点，既可以作为初学者系统学习企业微信开发技术的教材；也可以作为“工具书”，实际开发人员遇到问题时如同“查字典”一般，检索相关知识点。

全书重点介绍了企业微信的三大核心开发方式——回调开发方式、主动开发方式和网页开发方式，每种开发方式都从基础知识、架构设计建议、开发案例 3 个方面进行讲解，并力求简单、高效、系统。

- 简单：本书力争使用简洁、准确、明快的语言，一语中的地讲解枯燥、抽象的知识点，以降低读者的学习门槛。
- 高效：本书在讲解相关知识点时，直接给出“最小程序集合”，针对某一知识点单独建立项目、单独讲解，以带领读者聚焦知识点，降低学习成本。
- 系统：本书编排上结合官方文献资料，重新梳理、调整官方文档，最大限度地降低读者阅读文档的障碍，尽量避免读者由于不了解“上下文语意”造成的困扰。

企业微信的设计思想和架构重点与微信公众号相似，但企业微信面对的是“企业员工”，这一点是两者的本质区别。需要明确的是，“企业”不单单特指“公司”，也可以是政府机构、企事业单位、社会团体等。

企业微信中的应用包括自定义应用和系统应用。对于软件架构师而言，主要任务是解决需求，选择“适合的”技术方案，而不是“有难度”的技术方案。因此，本书对非编程方式实现的功能也做了系统的讲解。这些功能是腾讯提供的，对于一般的需求均可适用。

此外，对于整合腾讯提供的系统应用，建议着重考虑，重点是系统整合成本。

对于整个微信技术体系，不管是微信公众号、微信小程序、企业微信、微信支付，都需要先了解系统的逻辑地位。只有明确了系统的关联关系，以及系统主要针对的业务需求之后，方能做出恰当的技术选型方案。

作为一名软件系统架构师，除了需要考虑软件开发技术方案，还必须考虑团队开发人员的因素。要做出好的架构方案，不只是能够实现软件系统，还要综合考虑团队的技术能力是否能够支持；后续项目维护升级方式、升级成本；一旦出现系统故障，是否能够快速定位、解决故障等问题。因此，对于微信开发，需要站在全局的视角通盘考虑。这也是本书想传达的思想。

扫描图书封底的“文泉云盘”二维码，读者可下载书中案例的源代码、教学 PPT 课件，并观看对应的教学微课。读者学习过程中遇到疑难问题，也可以关注笔者的微信，进行交流沟通。

本书完稿之际，笔者心潮澎湃，千言万语难以表达内心的激动与振奋。衷心地希望通过我们不懈的努力，能使本书尽善尽美。然而，书中难免存在疏漏或瑕疵，诚恳地希望读者批评指正，我们携手共同打造精品。

翟东平
2023 年 10 月

目　录

第 1 章　企业微信概述

1.1　本章总说

企业微信开发中，“企业”并非指通常意义上的“公司”。企业微信针对的客户群体可以是党政机构、企事业单位、大中小学校等。此外，个人身份也可以注册企业微信。因此，学习企业微信开发前第一个需要明确的问题是：个人可以申请企业微信。

与微信公众号开发建议使用开发账号不同，企业微信开发建议使用正式账号。企业微信提供的功能，大多可以在微信公众号中找到与之对应的功能点。因此，企业微信开发人员如果具备微信公众号开发基础，将会非常容易上手。

企业微信的常见开发方式有 3 种，分别是回调开发方式、主动开发方式和网页开发方式。

1.2　注册账号

访问企业微信官网首页（https://work.weixin.qq.com/），单击“立即注册”按钮，如图 1-1 所示，可注册企业微信账号。注册企业微信需要提交用户的相关信息，如图 1-2 所示。

图 1-1　企业微信官网首页

图 1-2　提交注册信息

账号注册完毕后，返回企业微信官网首页，单击右上角的“企业登录”按钮，可以登录企业微信。登录企业微信时需要通过手机扫码进行授权，如图 1-3 所示。在企业微信官网首页单击右上角的“下载”按钮，可以下载不同版本的企业微信客户端，如图 1-4 所示。

图 1-3　企业微信授权

图 1-4　企业微信客户端下载

1.3　后台管理系统首页

企业微信的后台管理系统首页如图 1-5 所示，相关功能的入口都汇聚在这里。

图 1-5　后台管理系统首页

1.4　通讯录

登录企业微信后，在顶部导航栏中选择“通信录”选项卡，将打开企业通讯录，并默认显示企业的组织架构。左侧栏中为部门信息，选择一个部门，右侧将显示该部门下的所有成员信息，如图 1-6 所示。

图 1-6　打开通讯录

单击左上方搜索框后的“+”按钮，可为企业添加新的部门和互联企业，如图 1-7 所示。

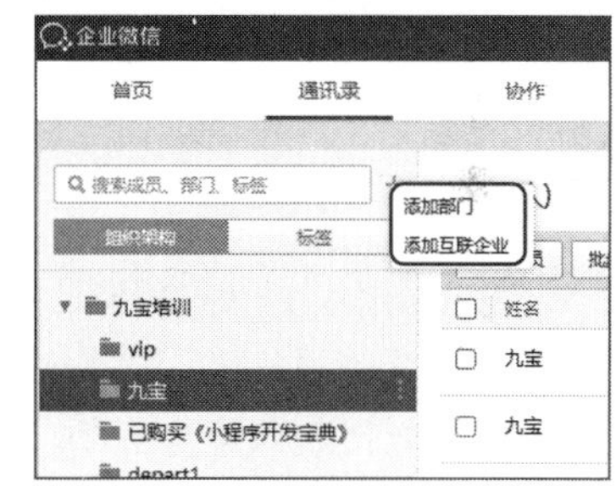

图 1-7　添加部门和互联企业

1．维护部门信息

在左侧栏中单击某个指定部门右侧的▮图标，可为该部门添加子部门、修改名称、设置负责人、调整部门排序等，如图 1-8 所示。其中，“部门 ID”是部门的唯一标识。

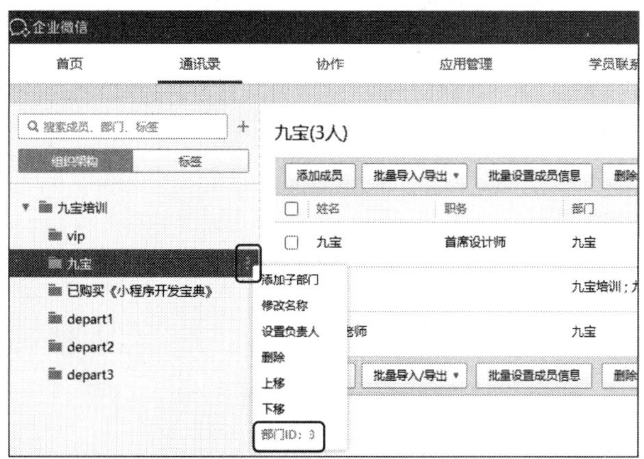

图 1-8　维护部门信息

2．维护标签信息

在左侧栏中选择“标签”选项卡，可以修改对应的标签信息，如图 1-9 所示。

一个员工可以从属于多个部门，关联多个标签。读者可结合企业实际需求对部门与标签进行使用。

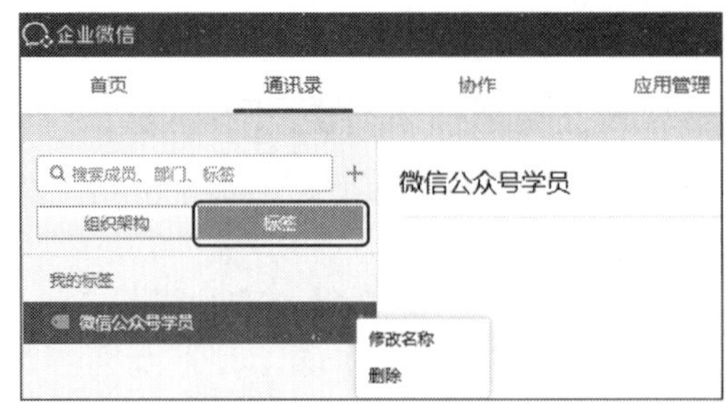

图 1-9　维护标签信息

下面介绍一下部门和标签的区别。例如，九宝培训机构有微信公众号开发、企业微信开发、微信小程序开发、微信支付开发 4 个技术方向，对应讲师分别归属于微信公众号教研组、企业微信教研组、微信小程序教研组、微信支付教研组。教研组是按照不同组织结构进行划分的，新成立一个班级时，如 20230101 班、20230102 班、20230103 班、20230104 班，每个班级会从微信公众号教研组、企业微信教研组、微信小程序教研组、微信支付教研组中选派老师。

老师与班级是多对多的关系。一个老师教多个班级，一个班级配有多个老师。此时，就可以定义多个班级标签，将相应的授课老师与对应的班级进行绑定。

注意：

（1）不同企业的组织架构可能区别非常大，建议开发者按照实际客户的组织架构进行编辑。

（2）对于“临时项目组”“多重身份”“多重领导”等需求，建议用标签标识。

（3）对于简单的组织架构，部门与标签的区别可以忽略。

3．维护员工信息

成员加入企业微信有 3 种方式，具体如下。

（1）企业微信管理员将成员逐一添加到企业微信中。

（2）企业微信管理员将成员批量导入到企业微信中，如图 1-10 所示。

图 1-10　批量导入成员

（3）通过编程，或通过微信插件方式，实现企业微信成员信息的设置。

1.5　应用管理

在企业微信的顶部导航栏中选择“应用管理”选项卡，将显示推荐应用、行业解决方案、小程序等。

企业微信中的应用主要分为 3 类：基础应用、自建应用和第三方应用，如图 1-11 所示。基础应用主要指企业微信默认提供的，不需要用户编程即可实现的功能。自建应用主要是指企业自主开发的应用，可以是 OA（办公自动化）系统、ERP 企业资源管理系统等。第三方应用主要是指企业使用由第三方服务商提供的应用。

图 1-11　企业微信的应用

在左侧列表栏中选择“行业方案”选项，再单击右侧“+获取更多方案”按钮，如图 1-12 所示，可显示教育、零售、医疗、金融等各行业的应用方案，如图 1-13 所示。

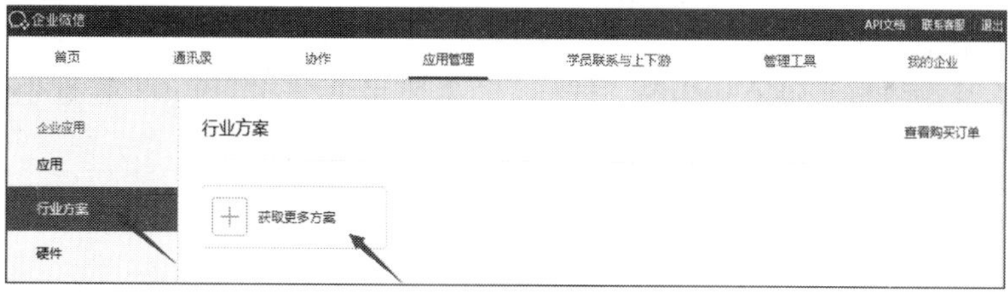

图 1-12　获取更多方案

图 1-13　更多应用方案

1.6 客户联系

在顶部导航栏中选择“客户与上下游”选项卡，将显示与客户、客户群相关的信息，如图 1-14 所示。客户联系功能可以帮助企业统一管理来往的渠道或客户。

图 1-14 客户与上下游

很多企业中，客户信息保存在销售人员的个人微信中，一旦销售人员离职，公司很容易失去该客户。使用企业微信的客户联系功能即可解决这个问题，此时与客户建立联系的不再是销售人员的个人微信，而是销售人员所在的企业微信。销售人员离职时，只用修改与客户联系的销售员，客户与企业的联系便不会中断。同样，可以使用编程方式维护和管理企业微信的客户。

1.7 管理工具

在顶部导航栏中选择“管理工具”选项卡，将显示企业微信中常用的管理工具，如图 1-15 所示。

图 1-15 管理工具页面

其中，使用频率较高的功能有：成员加入功能，页面如图 1-16 所示；通讯录同步功能，页面如图 1-17 所示；消息群发功能，页面如图 1-18 所示。

图 1-16　成员加入页面

图 1-17　通讯录同步页面

图 1-18　消息群发页面

1.8 我的企业

在企业微信的顶部导航栏中选择“我的企业”选项卡，可显示企业信息、权限管理、聊天管理、通讯录管理、工作台管理、微信插件等模块，对企业微信进行设置。

企业信息，用于显示当前企业微信的基本信息，如图 1-19 所示，其中比较重要的是企业 ID。

权限管理，用于定义企业微信的管理员，如图 1-20 所示。只有管理员能登录企业微信的管理后台。

聊天管理，用于定义企业微信群聊的相关信息，如全员群、部门群，如图 1-21 所示。

安全与保密，定义加入企业微信的条件，如图 1-22 所示。

通讯录管理、微信插件等其他功能相对简单，这里不再赘述。

图 1-19　企业信息设置页面

图 1-20　权限管理设置页面

图 1-21　聊天管理设置页面

图 1-22　安全与保密设置页面

1.9　开发环境网络问题解决方案

企业微信开发与微信公众号开发一样，分为回调开发方式、主动开发方式和网页开发方式。同时，二者针对环境网络问题的解决方案基本类似，都要求腾讯企业微信服务器可以通过 Internet 访问业务服务器。其中重点要求是域名的正式备案。

开发阶段可以使用 ngrok 等工具。需要注意的是，免费的反向代理工具域名是公用的，腾讯服务器可能认为部分域名“不合法”。因此，开发者通常需要备用多个解决方案。

1.10　特别说明

本书后续讲解的企业微信编程部分，示例程序会用到以下 jar 文件，这里统一进行说明，后文不再赘述。

- commons-codec-1.9.jar。
- commons-logging-1.2.jar。
- fluent-hc-4.5.3.jar。
- gson.jar。
- httpclient-4.5.3.jar。
- httpclient-cache-4.5.3.jar。
- httpclient-win-4.5.3.jar。
- httpcore-4.4.6.jar。
- httpmime-4.5.3.jar。
- jna-4.1.0.jar。
- jna-platform-4.1.0.jar。

第 2 章　非编程开发方式

2.1　本章总说

企业微信提供的功能中：一类功能需要通过编程方式实现，即需要程序开发人员参与；另一类功能无须编程即可实现。本章重点讲解非编程开发方式下如何实现企业微信的相关功能。

企业微信的应用管理页面中可展示当前企业微信的全部应用，按照类型分为基础应用、自建应用、第三方应用 3 类，如图 2-1 所示。

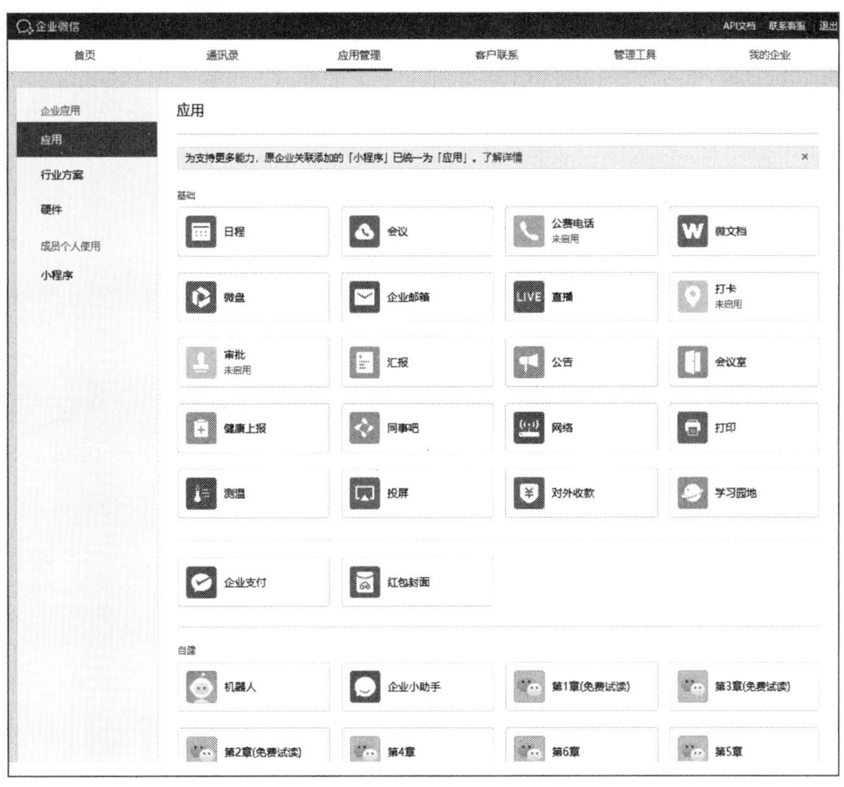

图 2-1　应用管理页面

一般地，基础应用不需要编程即可以实现（当然也可以结合编程实现）。按照使用频率，本章将详细讲解打卡、审批、汇报、公告四大常用功能模块的实现。

2.2　打卡

企业微信的打卡功能，可实现员工手机端的考勤打卡。

使用企业微信各功能模块前，需要先启用它。在基础应用中找到打卡功能，如图 2-2 所示，单击进入应用详情页面，拖动滑块启用打卡功能，如图 2-3 所示。

图 2-2　找到打卡应用

图 2-3　启用打卡功能

应用详情页面中，“可见范围”指的是哪些员工可以使用打卡功能，打卡方式包括上下班打卡、外出打卡、智慧考勤机 3 类。

单击“上下班打卡”栏中的“设置”链接，在“添加打卡规则”页面中可以设置上下班打卡的规则，如指定打卡类型、限定打卡人员、设置打卡地点（包括限定位置、连接 Wi-Fi 两种方式）、指定打卡时间等，如图 2-4 所示。

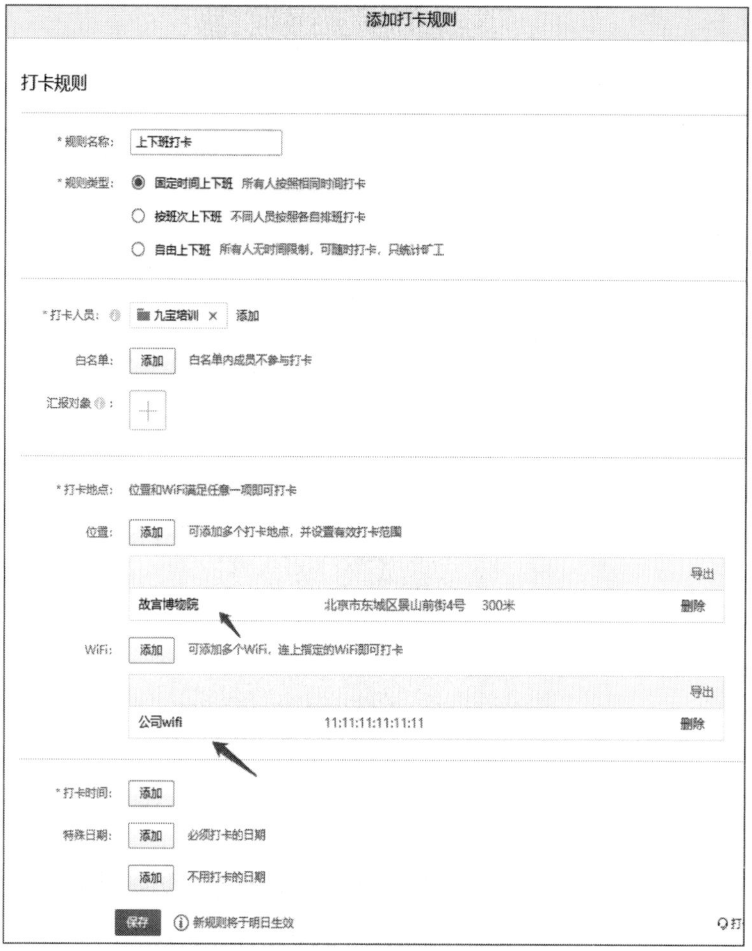

添加打卡规则
打卡规则
* 规则名称：
上下班打卡
* 规则类型：
固定时间上下班 所有人按照相同时间打卡
按班次上下班 不同人员按照各自排班打卡
自由上下班 所有人无时间限制，可随时打卡，只统计旷工
* 打卡人员：
九宝培训 ×
添加
白名单：
添加
白名单内成员不参与打卡
汇报对象：
* 打卡地点：
位置和WiFi满足任意一项即可打卡
位置：
添加
可添加多个打卡地点，并设置有效打卡范围
导出
故宫博物院
北京市东城区景山前街4号
300米
删除
WiFi：
添加
可添加多个WiFi，连上指定的WiFi即可打卡
导出
公司wifi
11:11:11:11:11:11
删除
* 打卡时间：
添加
特殊日期：
添加
必须打卡的日期
添加
不用打卡的日期
保存
新规则将于明日生效

图 2-4　添加打卡规则

打卡时间，可以根据企业的实际情况进行灵活配置，如图 2-5 所示。

为了防止员工使用技术手段伪造打卡记录，企业微信支持拍照打卡和人脸识别打卡，如图 2-6 所示。

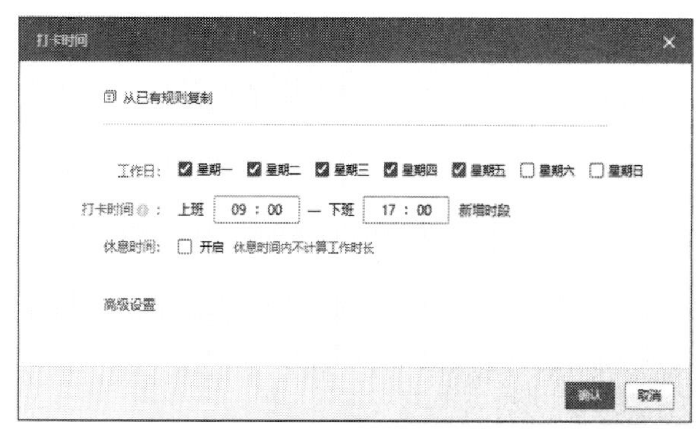

打卡时间
从已有规则复制
工作日：
星期一
星期二
星期三
星期四
星期五
星期六
星期日
打卡时间：
上班
09 : 00
— 下班
17 : 00
新增时段
休息时间：
开启
休息时间内不计算工作时长
高级设置
确认
取消

图 2-5　设置打卡时间

* 手机提醒
上班
前10分钟
- 下班
准点
拍照与人脸识别
员工打卡时必须拍照
员工打卡时必须进行人脸识别验证
备注只能拍照，不允许上传本地图片
范围外打卡
允许范围外打卡，记录为地点异常
允许范围外打卡，记录为正常外勤
不允许范围外打卡
补卡申请
开启 员工异常打卡时可提交申请，审批通过后修正异常
允许补卡时限为
无限制
每月最多补卡次数
无限制
每月补卡截止日期
不设置
补卡截止日期当天零点开始，

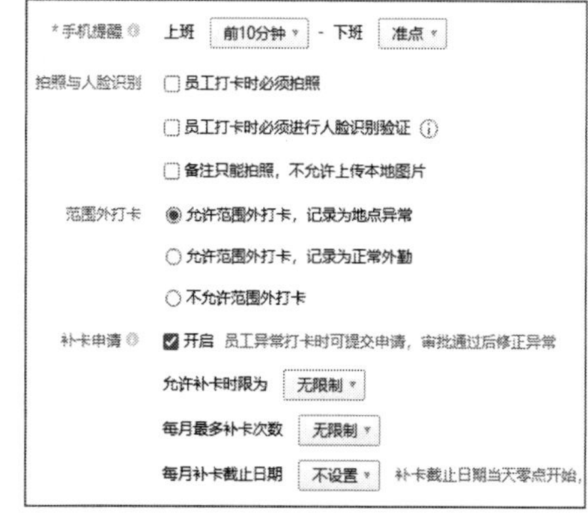

图 2-6　设置拍照打卡或人脸识别打卡

支持查看、导出打卡记录，操作过程如图 2-7 和图 2-8 所示。

图 2-7　查看打卡记录

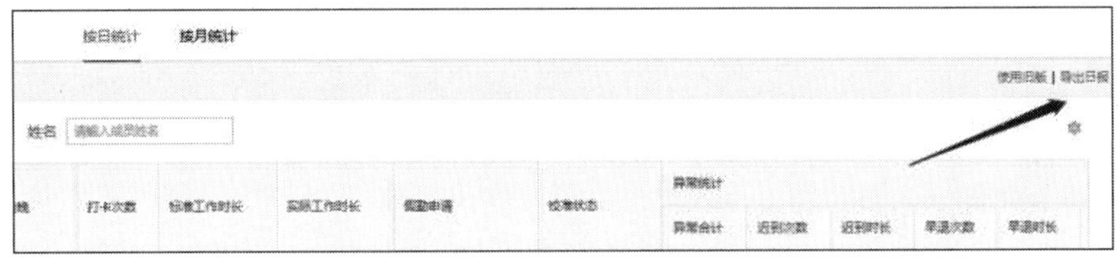

图 2-8　导出打卡记录

外出打卡与上下班打卡类似，可以设置可见范围、提醒时间、拍照打卡和人脸识别打卡，如图 2-9 所示。

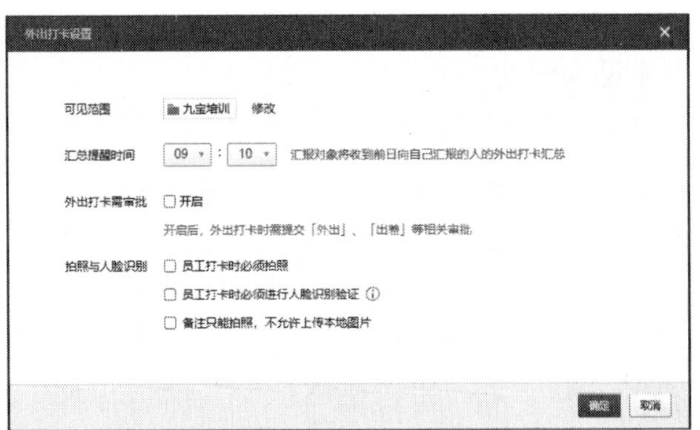

图 2-9　外出打卡设置

外出打卡一样支持打卡记录导出，如图 2-10 所示。

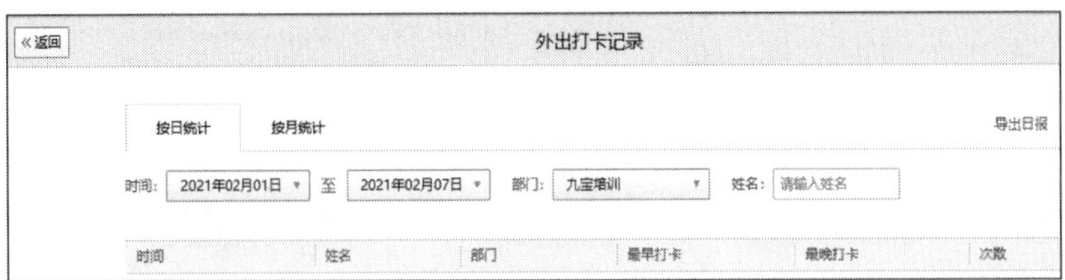

图 2-10　外出打卡记录导出

针对员工的异常打卡，企业微信后台会给出异常打卡趋势图，且可定义趋势图的时间范围，如图 2-11 所示。

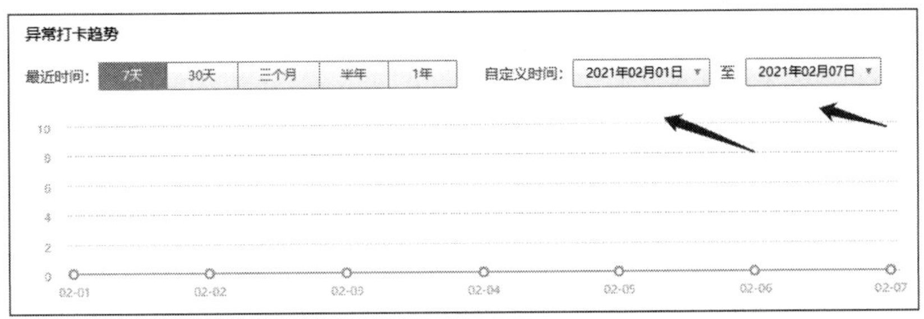

图 2-11　异常打卡趋势图

注意，企业微信的打卡数据还可以通过编程方式导出。在打卡功能的应用详情页面中（见图 2-3），单击介绍文字后的API按钮，即可打开企业微信的官方 API 文档，查询各功能模块的编程开发方式，如图 2-12 所示。

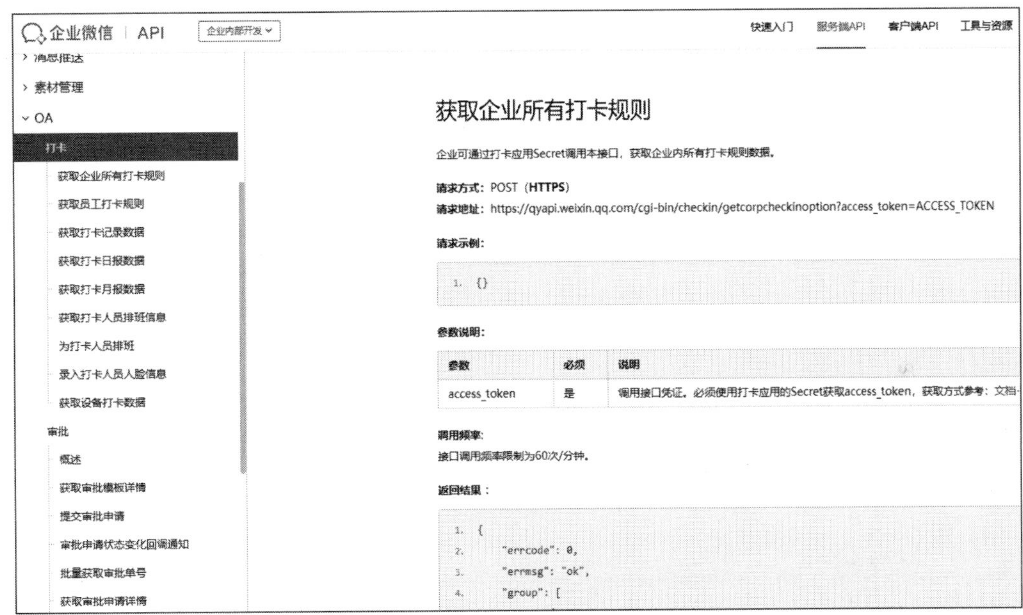

图 2-12　打卡功能的编程方式说明

2.3　审批

审批是企业微信中使用频率较高的一个功能，下面详细介绍如何使用该功能模块。

在应用管理页面中找到审批功能，单击进入审批页面，然后拖动滑块启用审批功能，如图 2-13 所示。

审批页面中，“可见范围”用于定义哪些人可以使用审批功能，下方的模板区会给出一些默认的审批模板，包括与考勤管理相关的请假、加班、外出、出差等模板，与运营管理相关的采购、报销、费用、付款、用章、用车等模板，与人事管理相关的录用、转正、调动、离职等模板。除此以外，还可以设置自定义审批模板。

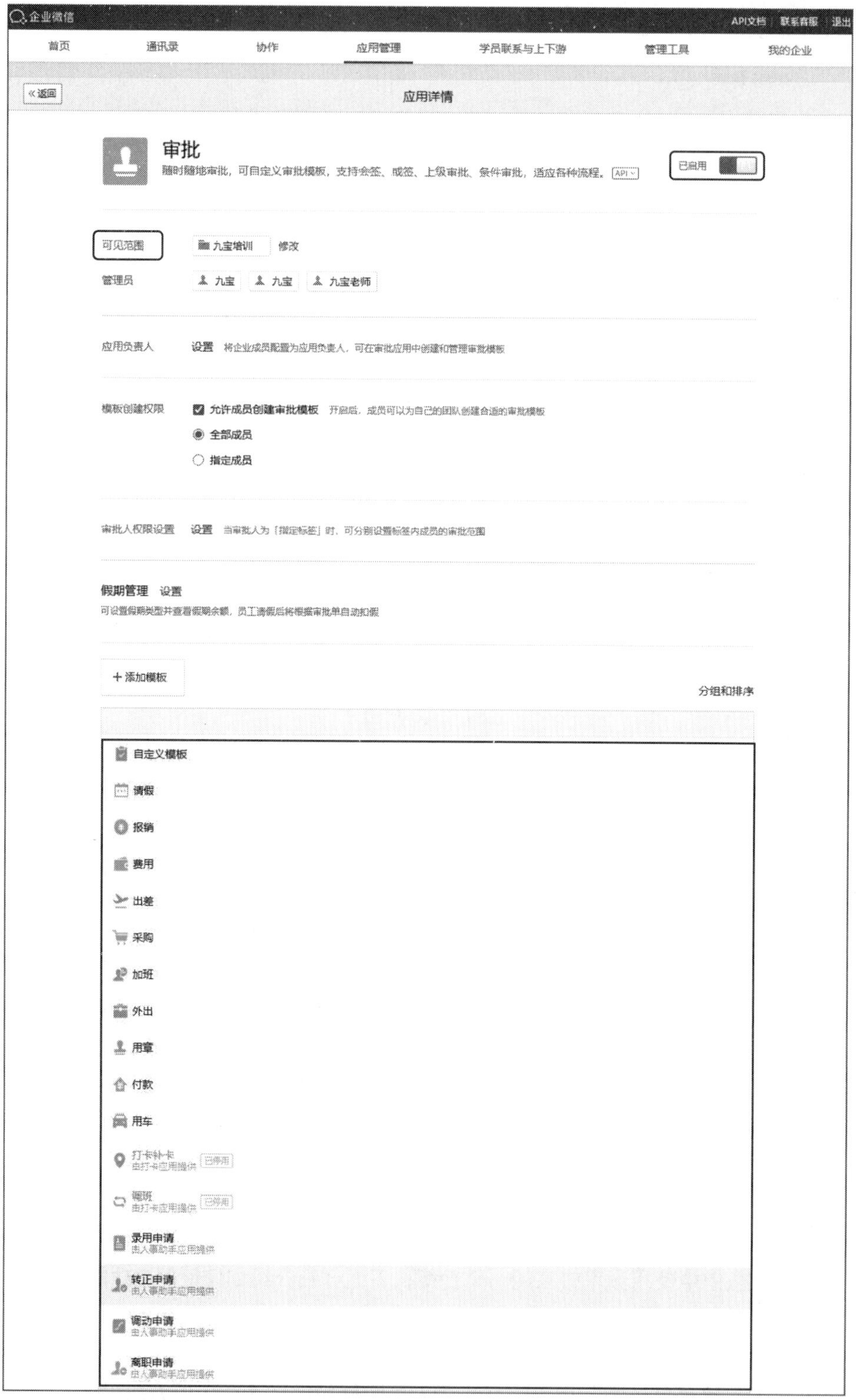

图 2-13 审批页面

单击“+添加模板”按钮，将打开添加模板页面，如图 2-14 所示。这里，既可以添加系统默认模板，也可以添加用户自定义模板。

图 2-14　添加模板页面

首先来看下如何添加默认审批模板。选择一个默认模板，如“请假”，单击左下方的“+添加控件”按钮，如图 2-15 所示，在“控件库”中选择需要添加的控件，如图 2-16 所示。

图 2-15　单击“添加控件”按钮　　图 2-16　选择控件

最后，修改模板名称，单击“保存”按钮，即可完成模板的添加和修改。

此外，用户也可以自定义全新的审批模板。单击“+自定义模板”选项，如图 2-17 所示，在自定义模板页面中单击“+添加控件”按钮，如图 2-18 所示，并设置控件。设置完毕后，单击“下一步”按钮，定义审批的相关信息，如图 2-19 所示。

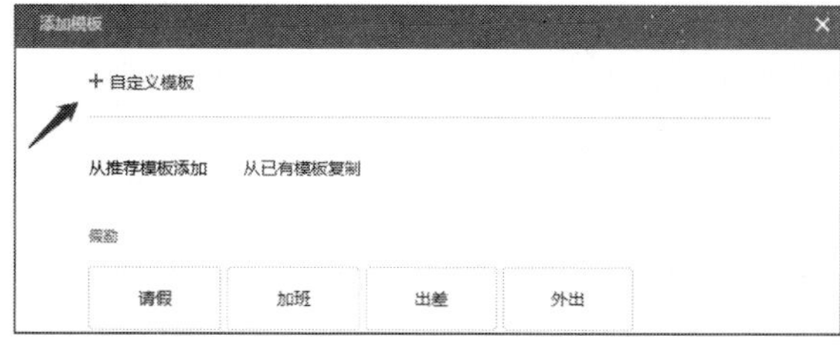

图 2-17　单击“+自定义模板”选项

图 2-18　自定义模板页面

单击“审批流程”选项后的“设置”按钮，可设置具体的审批流程，如图 2-20 所示。

图 2-19　定义审批信息

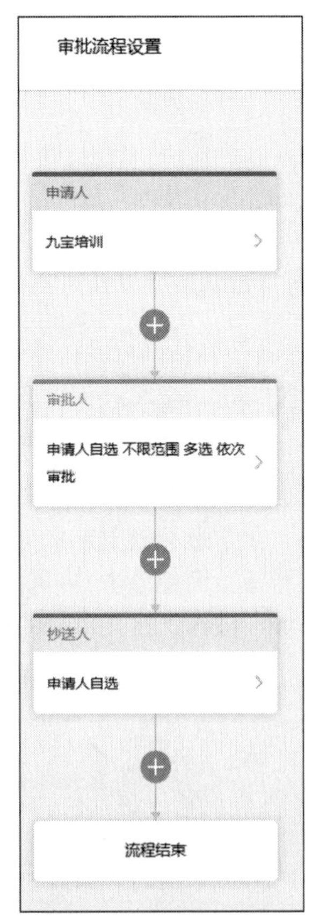

图 2-20　设置审批流程

单击“审批人”选项，可以设置审批人的相关信息，包括指定成员、可选范围、选人方式、多人审批方式等，如图 2-21 所示。

图 2-21　审批人设置

单击左上角的“从已有模板复制流程”按钮，可从其他审批模板中复制审批流程，如图 2-22 所示。修改流程，然后单击右上角“保存”按钮，返回“自定义模板”页面。

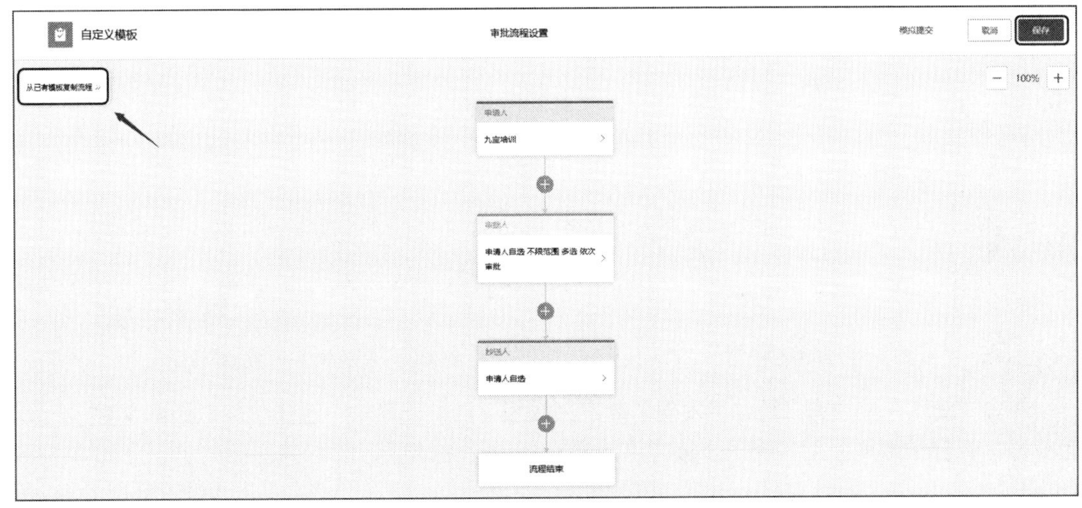

图 2-22　复制流程

配置其他选项，最后单击“保存”按钮，完成自定义审批模板的设置。

此时，“自定义模板”位于其他默认审批选项的后面，如图 2-23 所示。打开企业微信计算机端程序，可发现“自定义模板”同样是“审批”功能的最后一个选项，如图 2-24 所示。

图 2-23　完成自定义审批设置

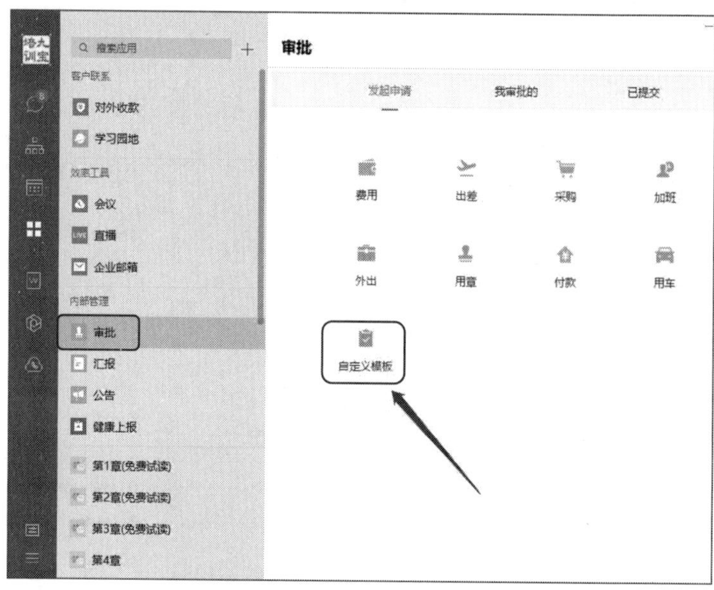

图 2-24　企业微信计算机端“审批”界面

返回企业微信后台管理系统，在审批页面中单击“+添加模板”按钮右侧的“分组和排序”按钮（见图 2-13），打开“编辑分组”页面，单击右上方的编辑图标，如图 2-25 所示，在打开的页面中拖曳模板，调整审批选项的顺序，如图 2-26 所示。

图 2-25　单击图标

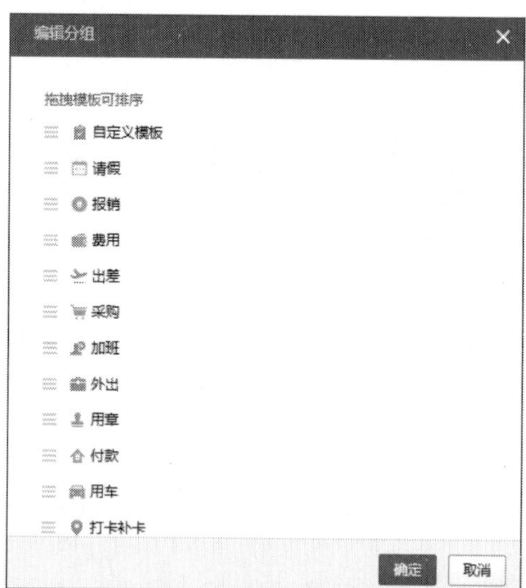

图 2-26　修改审批选项的顺序

单击“确定”按钮退出后，可发现“自定义模板”已位于第一个选项位置，如图 2-27 所示。企业微信计算机端刷新后，将同步该排序效果，如图 2-28 所示。

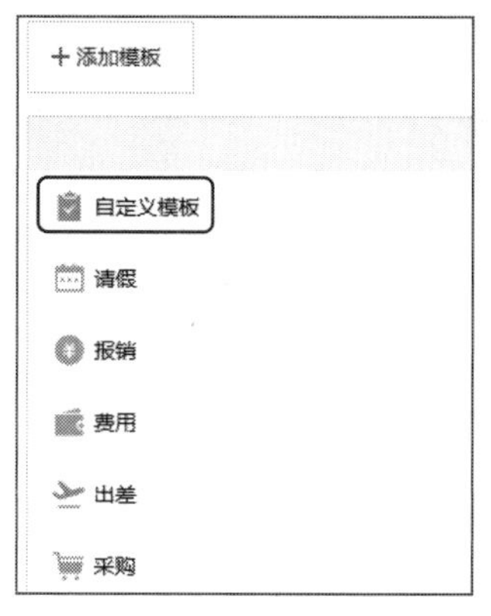

图 2-27　调整后的排序效果

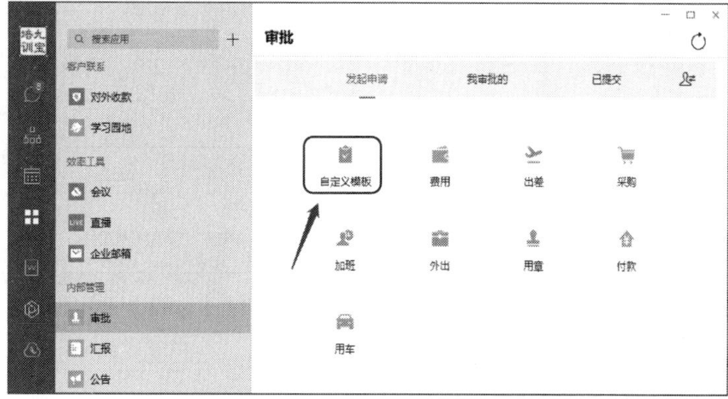

图 2-28　企业微信计算机端效果

下面测试一下企业微信计算机端的审批效果。当申请人单击“自定义模板”选项时，会打开自定义模板页面，如图 2-29 所示。

图 2-29　自定义模板页面

申请人填写各项信息后，单击“提交”按钮，审批人将接到系统提醒有未处理的审批信息，如图 2-30 所示。

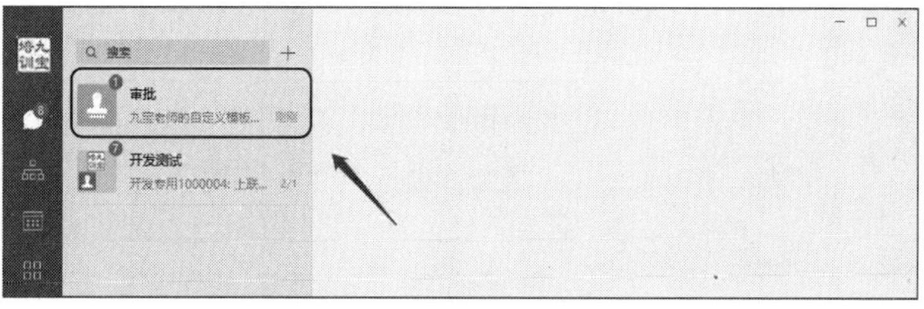

图 2-30　审批人收到系统提醒

审批人查阅信息后，单击“同意”或“驳回”按钮可进行审批，还可以单击下方的“全部同意”按钮，一次性通过多个申请，如图 2-31 所示。审批后的信息提示效果如图 2-32 所示。

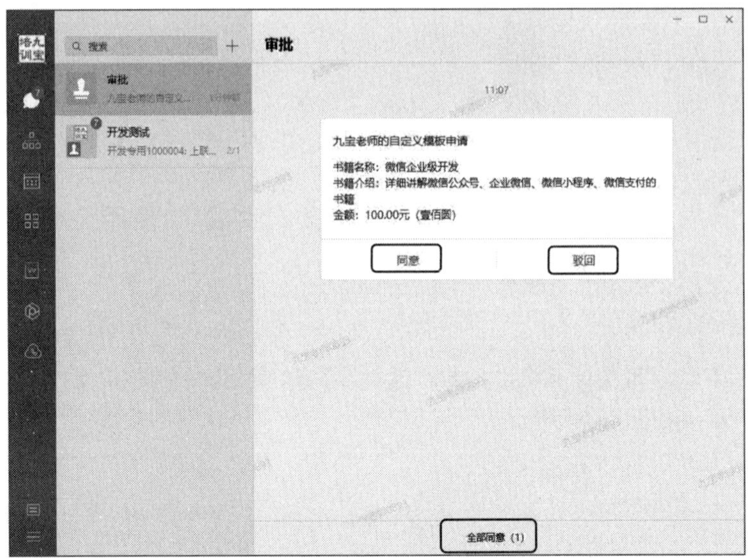

图 2-31　查阅审批信息

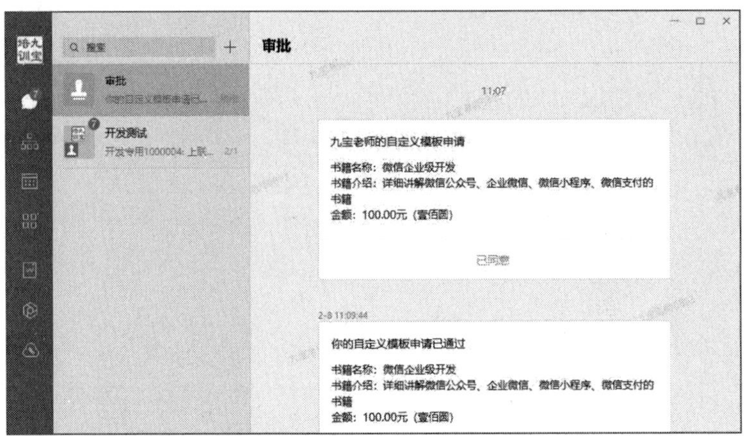

图 2-32　同意审批后的提示信息

审批人完成审批后，申请人会收到审批结果通知，如图 2-33 所示。

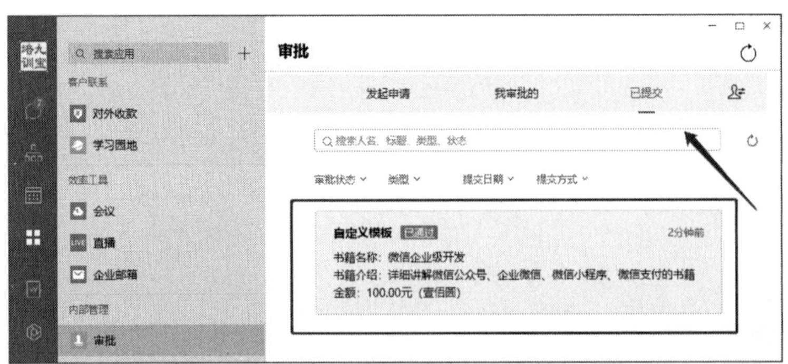

图 2-33　申请人收到审批结果通知

若已通过的审批有变动，申请人可以单击“再次提交”按钮，如图 2-34 所示。

图 2-34　再次提交

微信端可以接收到审批的相应通知，如图 2-35 所示。

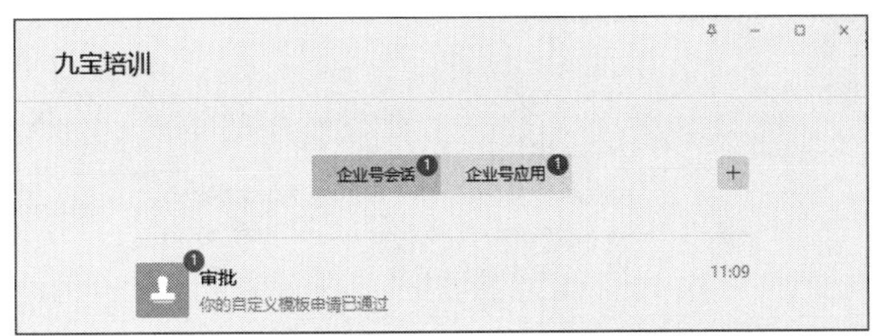

图 2-35　微信端接收到审批通知

企业微信后台可以查询全部审批记录，如图 2-36 所示。单击右上方的“导出记录”链接，可以批量导出审批结果。

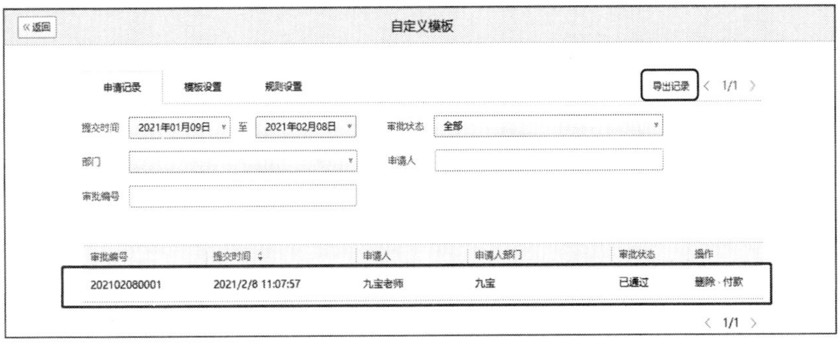

« 返回　自定义模板

申请记录　模板设置　规则设置　导出记录　1/1

提交时间 2021年01月09日 至 2021年02月08日　审批状态 全部

部门　申请人

审批编号

审批编号	提交时间	申请人	申请人部门	审批状态	操作
202102080001	2021/2/8 11:07:57	九宝老师	九宝	已通过	删除 · 付款

1/1

图 2-36　查询审批记录

还可以查看审批的详细信息，如图 2-37 所示。

图 2-37　查询审批详情

审批数据同样可以通过编程方式获取。在审批功能的应用详情页面中，单击 API 按钮，如图 2-38 所示，可在 API 官方文档中查询审批功能的编程方式，如图 2-39 所示。

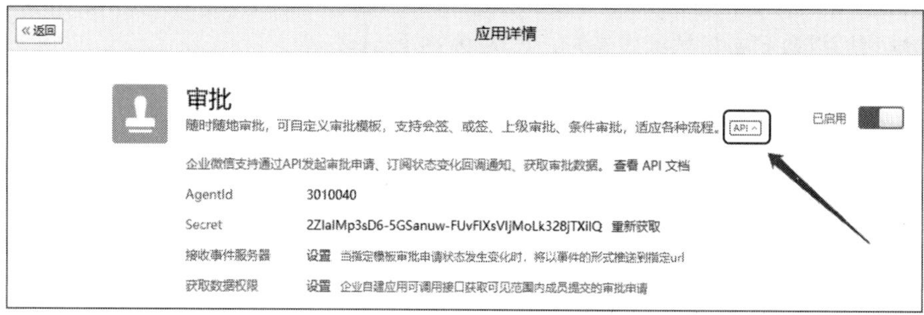

图 2-38　审批应用详情页面

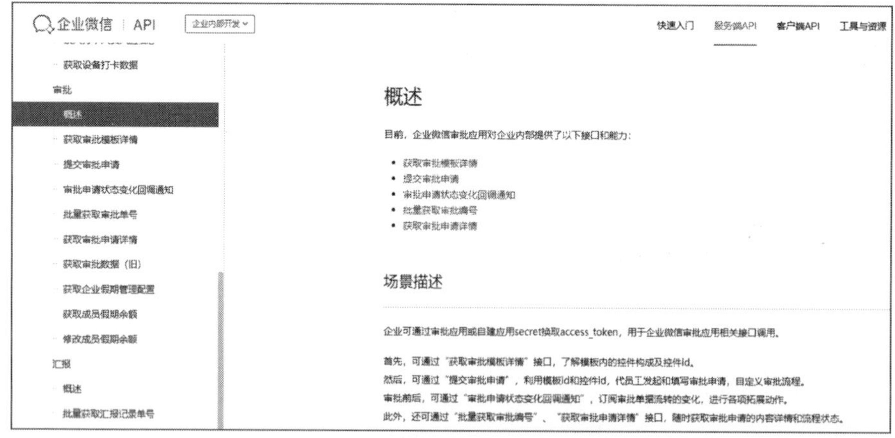

图 2-39　审批功能的编程方式说明

2.4　汇报

与打卡和审批功能相似，使用汇报功能前需要先启用对应模块，如图 2-40 所示。同样，汇报功能也需要设置“可见范围”。

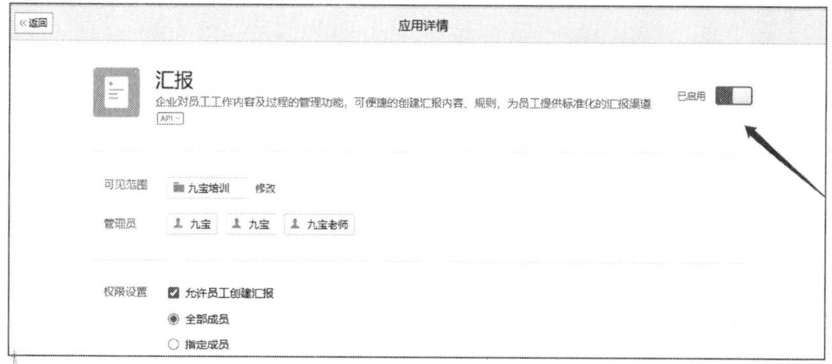

图 2-40　启用汇报功能

在企业微信计算机端程序中，汇报人选择“文档”→“汇报”选项，如图 2-41 所示，可打开汇报模块。

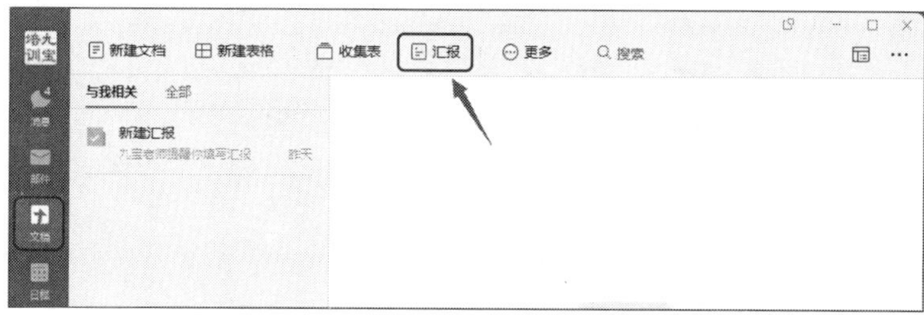

图 2-41　打开汇报模块

创建汇报时可以使用推荐模板，如日报、周报、月报等，如图 2-42 和图 2-43 所示。

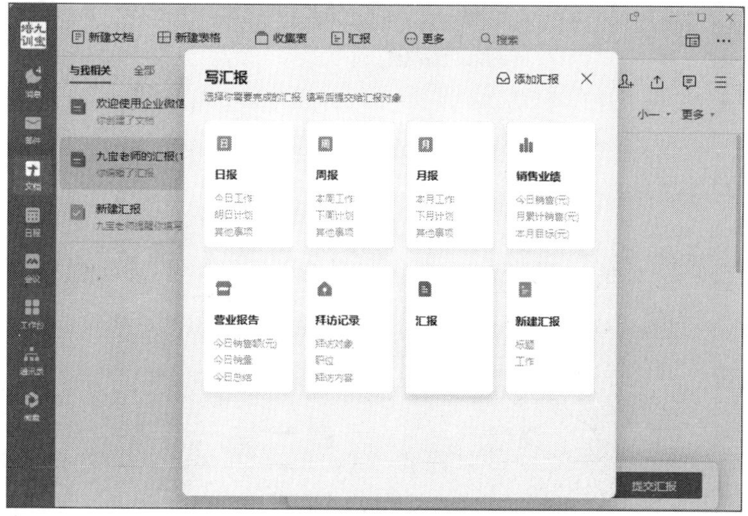

图 2-42　汇报推荐模板

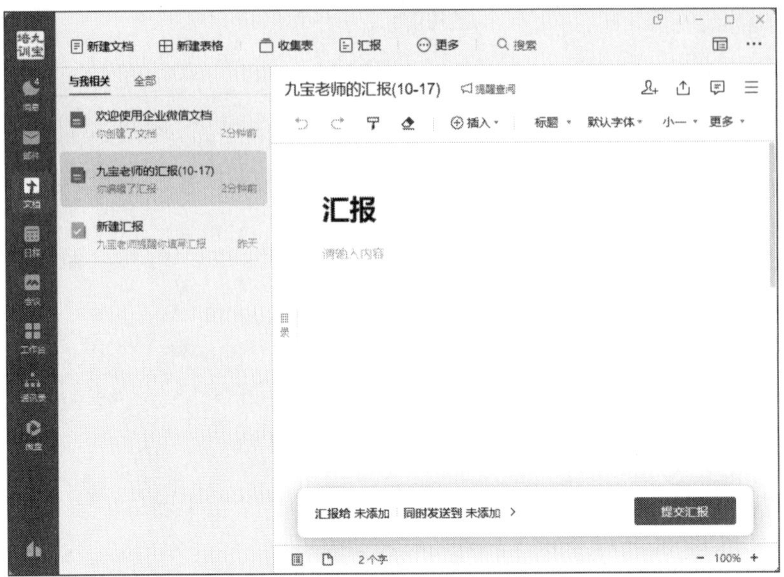

图 2-43　填写汇报

除了使用默认汇报模板外，还可以添加自定义汇报模板。

在“写汇报”对话框中单击“添加汇报”按钮，如图 2-44 所示，将打开“选择添加汇报的模板”对话框，选择“+空白收集表汇报”选项，如图 2-45 所示。

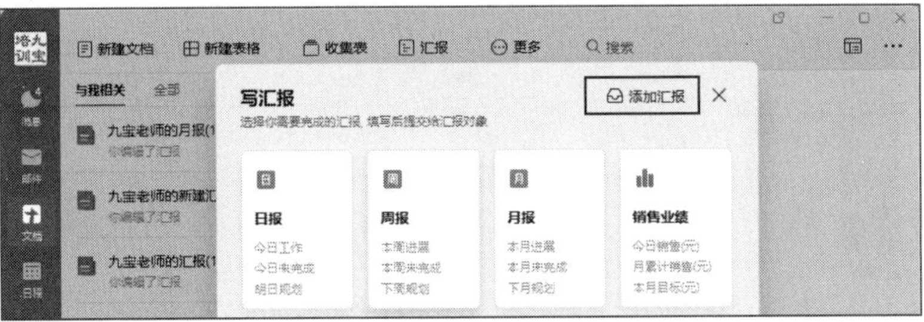

图 2-44　单击“添加汇报”按钮

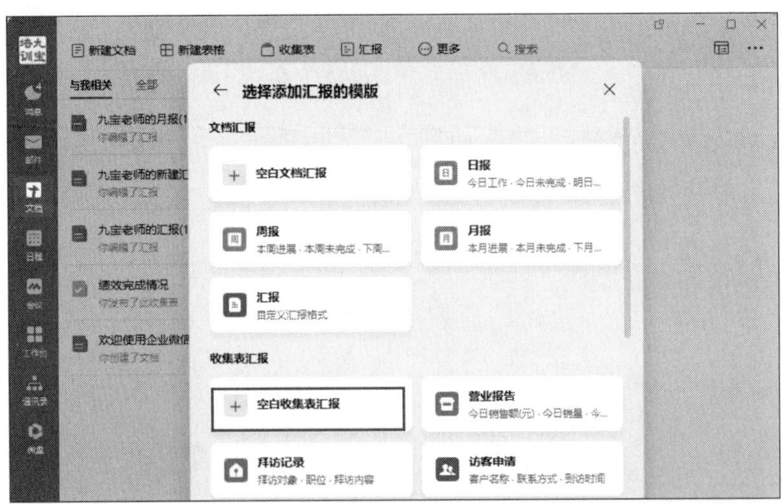

图 2-45　选择空白收集表汇报

在空白搜集表中单击“插入问题”按钮，添加汇报内容，如图 2-46 和图 2-47 所示。例如，为“年度销售情况汇报”添加销售任务、是否完成销售计划两项汇报内容，如图 2-48 所示。

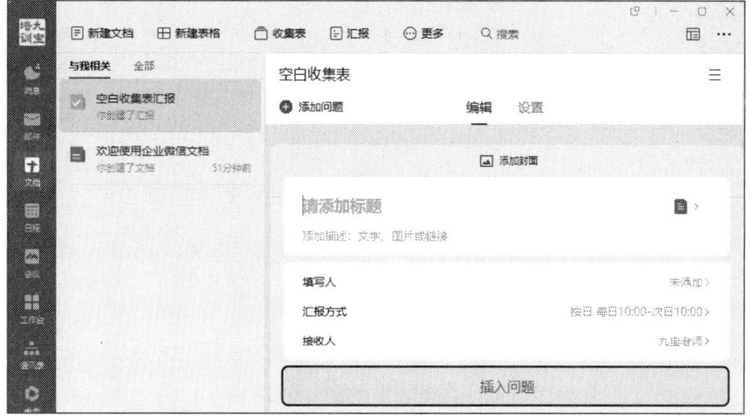

图 2-46　空白收集表

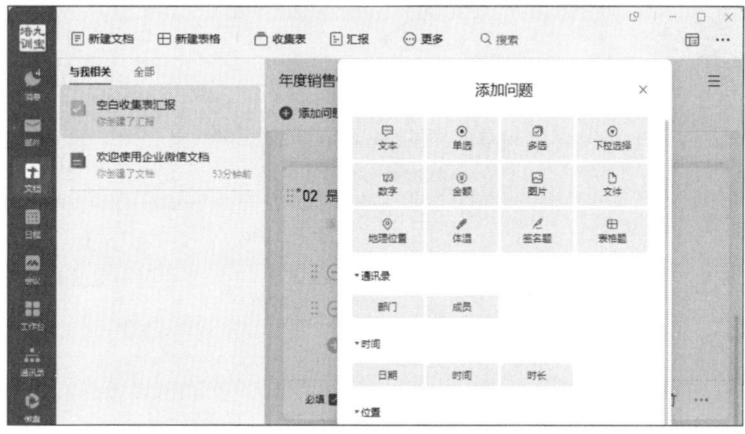

图 2-47　添加问题

图 2-48　年度销售情况汇报

编辑好员工需汇报内容后，选择“设置”选项卡，可以设置汇报填写人、白名单、接收人等信息，如图 2-49 所示。设置完毕后，单击“发布”按钮，如图 2-50 所示。

图 2-49 设置汇报和接收人员等信息

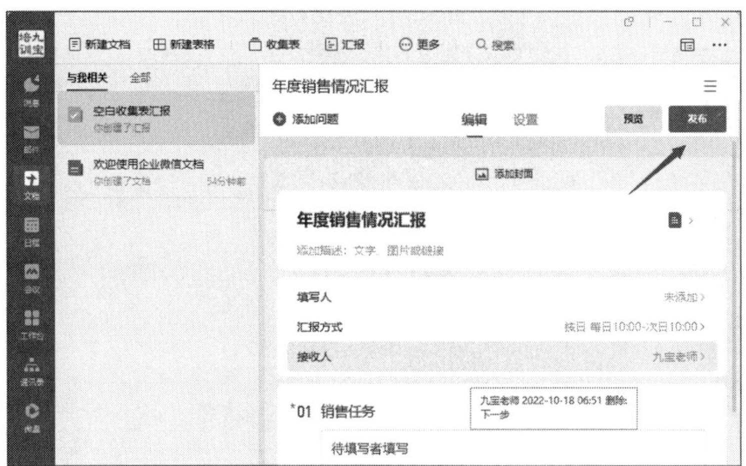

图 2-50 发布汇报模板

发布汇报时，可以邀请指定人填写汇报，如图 2-51 和图 2-52 所示。

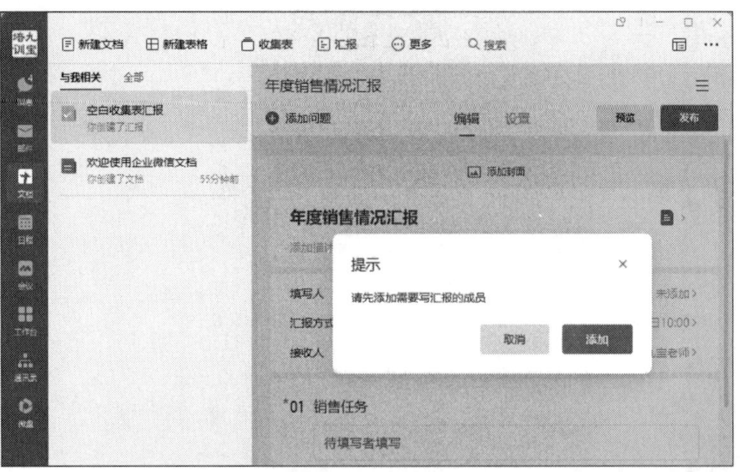

图 2-51 邀请指定人填写汇报

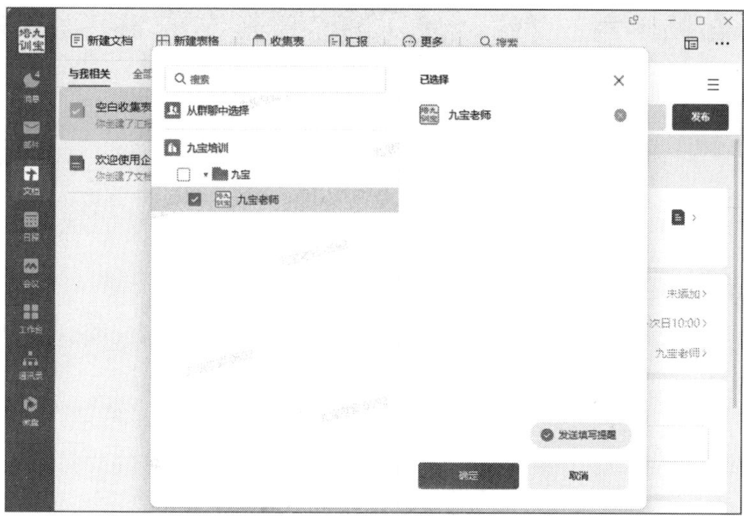

图 2-52　选择汇报人员

汇报人员添加完毕后，单击“确定”按钮，汇报人的企业微信计算机端会收到相应提示消息，如图 2-53 所示。单击进去，即可填写对应汇报，如图 2-54 所示。

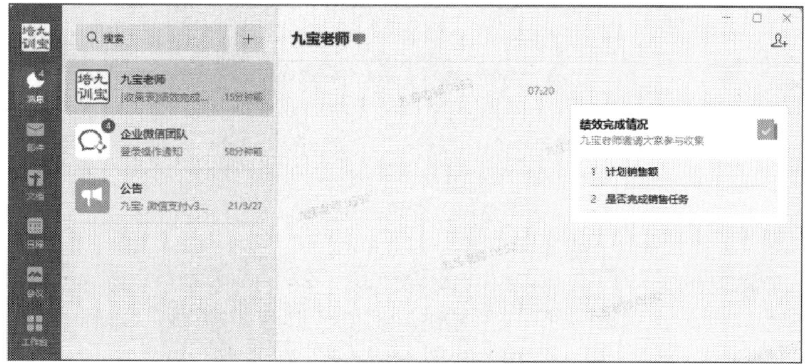

图 2-53　汇报人收到提示信息

图 2-54　填写汇报人

下面来调整汇报功能在应用分组中的顺序。在企业微信后台的我的企业页面中，左侧选择“工作台管理”选项，右侧页面中可看到应用分组，如图 2-55 所示。

图 2-55　修改应用分组

单击“修改分组与排序”链接，选择相应的分组，如“内部管理”组，如图 2-56 所示。单击右上角的图标，打开“编辑分组”对话框，在“已选应用/模板”列表中将“汇报”调整到最前面，如图 2-57 所示，然后单击“确定”按钮返回，并单击“保存”按钮。

图 2-56　“内部管理”组

图 2-57　将“汇报”调整到最前面

刷新企业微信计算机端，可发现“汇报”模块的顺序已更新为第一个，如图 2-58 所示。

图 2-58　刷新企业微信计算机端

在企业微信后台可以查询员工的汇报数据，如图 2-59 所示。单击“导出记录”按钮，可以导出员工汇报数据。

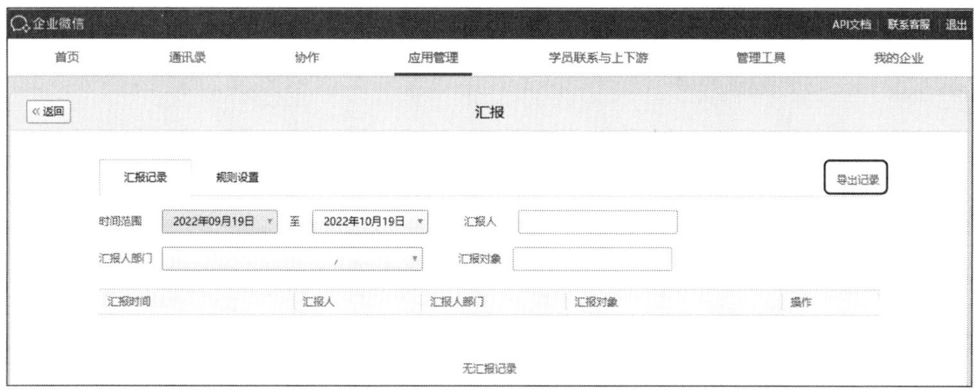

图 2-59　查询和导出汇报数据

同样，汇报的相关数据也可以使用编程方式获取。在汇报功能的应用详情页面中单击API按钮，如图 2-60 所示，可在 API 文档中查询汇报模块的编程开发方式，如图 2-61 所示。

图 2-60　汇报应用详情页面

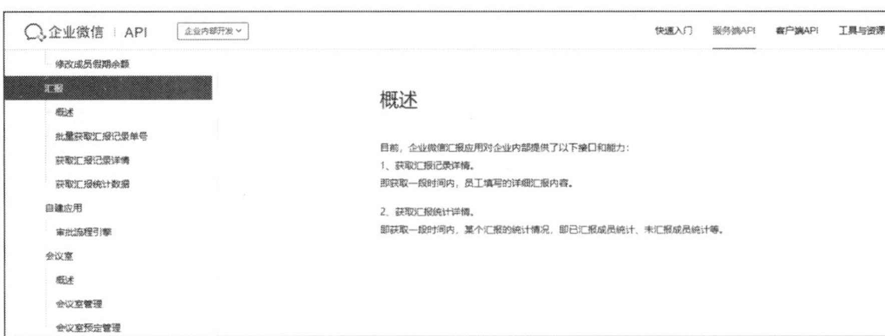

图 2-61　汇报功能的编程方式说明

2.5　公告

公告主要用于发布公共信息，使用公告功能前同样需先开启它，如图 2-62 所示。

图 2-62　启用公告功能

单击“发公告”按钮，选择公告发送范围，编辑公告内容，如图 2-63 所示。

图 2-63　编辑公告内容

公告编辑完成后，可单击“发送”按钮，立刻发布公告；也可以单击“定时发送”按钮，择时发布公告，如图 2-64 所示；还可以单击“存为草稿”按钮，将公告保存为草稿，后续再说。单击“预览”按钮，可以预览公告，如图 2-65 所示。

图 2-64　定时发布公告

图 2-65　预览公告

刷新企业微信后台，可查询公告发布记录，如图 2-66 所示。

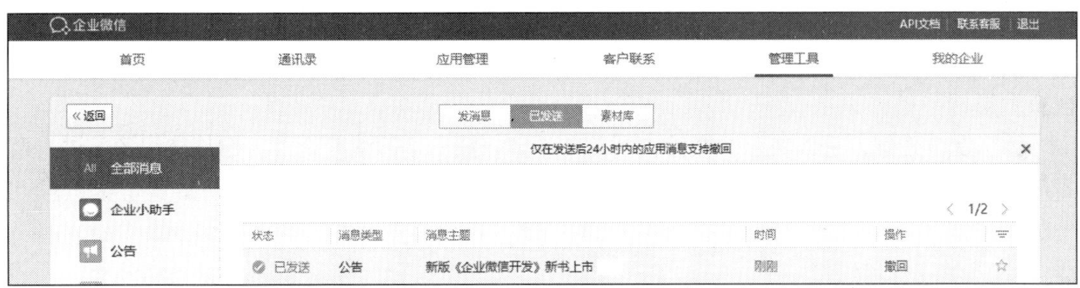

图 2-66　查询公告发布记录

公告发布后，企业微信计算机端即可接收到公告，如图 2-67 所示。

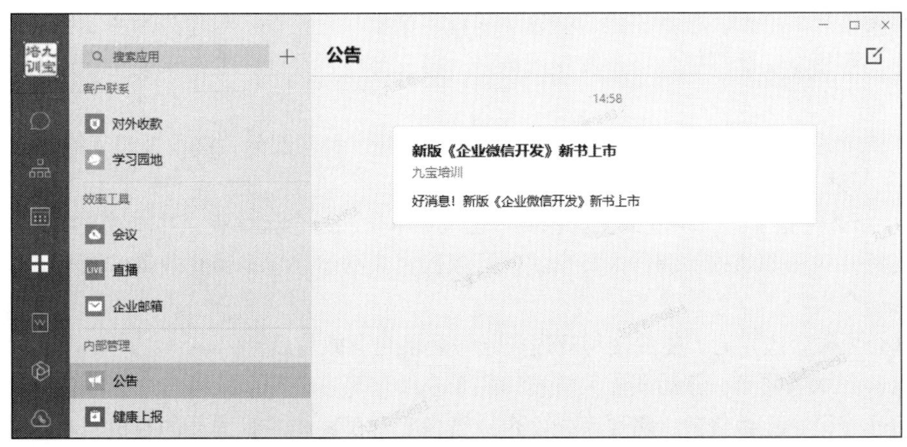

图 2-67　企业微信计算机端接收公告

第 3 章　回调开发基础知识

3.1　本章总说

从本章开始，将带领读者详细学习企业微信回调开发方式的相关基础知识。

回调开发方式是由腾讯服务器向业务服务器发起请求。业务服务器按照响应规则，首先对请求进行验证，确认请求的确是由腾讯服务器发起的；然后按照相关业务规则执行一定的业务逻辑；最后，按照企业微信的相关要求组织响应报文，对本次请求进行响应。

回调开发方式主要有以下 4 点需要注意。

（1）企业微信回调开发方式请求与响应报文需要进行解密/加密，实际上在网络上传递的是秘文。不同于微信公众号有明文、明文+秘文、秘文 3 种方式，企业微信只有秘文一种方式。

（2）微信公众号使用 openid 区分粉丝身份，企业微信使用 userid 区分成员身份。

（3）大多数微信公众号的消息类型都可以对应到企业微信上，但由于两者针对的业务需求不一样，因此企业微信相关消息发送限制条件以及消息类型与微信公众号还是有区别的。

（4）一个企业微信可能包含多个个性化应用，包括基础应用、自建应用和第三方应用。企业（如党政机关、企事业单位、社会团体等）一般会自建软件系统，因此多数情况下选择的是自建应用。

为了便于理解，可以将企业微信应用简单地想象成一个微信公众号。但从技术角度讲，两者是有本质区别的。

3.2　创建应用

企业微信中，应用分为基础应用、自建应用与第三方应用 3 类。其中，基础应用是系统自带的，由腾讯官方提供，包括日程、会议、网盘、审批、汇报等；自建应用主要针对有开发能力的企业，可根据实际需要自行开发应用场景；第三方应用是指企业购买或无偿使用的，由第三方服务商开发的应用程序。

为了便于讲解企业微信相关编程技术，从本节开始，针对部分关键词做如下约定。

（1）所述“应用”，均是指自建应用。

（2）所述“企业”，均是指党政机关、企事业单位、社会团体等，并非狭义的“×××公司”。当然，对于普通软件编程人员来说，可以以个人身份注册申请企业微信账号。此时，企业指的就是个人。

创建企业微信应用时，需要使用管理员账号登录企业微信后台。

注意，到本书截稿，移动端（手机端）的企业微信可以使用手机号与个人微信账号登录。使用手机号登录企业微信前，需要事先由企业微信管理员将相应管理员的手机号在企业微信通讯录中进行配置。使用个人微信登录企业微信的员工，企业微信接收到的红包、企业付款等，将存入个人微信钱包中。

为了简单、高效地学习企业微信编程，本书建议读者使用最高权限登录企业微信。在手机上打开企业微信，扫描二维码，登录企业微信后台。

企业微信后台管理系统的首页如图 3-1 所示。

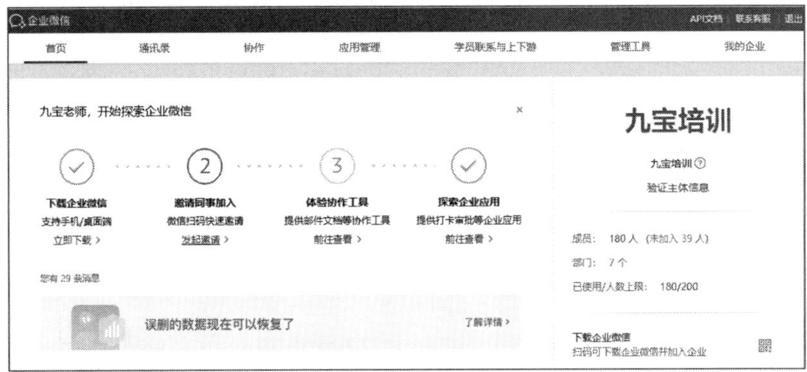

图 3-1　企业微信后台首页

在顶部导航栏中选择“应用管理”选项卡，可看到已列出许多系统基础应用，向下拉动滚动条，可以看到自建应用和第三方应用，如图 3-2 和图 3-3 所示。

图 3-2　基础应用

图 3-3　自建应用

在自建应用中单击最后的“+创建应用”按钮，可创建一个新的应用，如图 3-4 所示。创建应用时需要上传应用的 logo 图像，并填写应用名称、应用介绍，指定可见范围（部门/成员）。

图 3-4　创建应用

注意：

（1）可见范围是指哪些员工可以使用本应用。企业微信的权限控制有多重方式，设置“可见范围”就是权限控制方式的一种。

（2）对于初学者，建议选择全员可见。如果是正式环境开发，或者企业新增应用开发，建议仅指定特定编程开发人员可见。

3.3　设置接收消息的参数

下面以笔者创建的“企业微信 Java 版”应用为例（见图 3-5），介绍回调开发方式。

图 3-5　企业微信 Java 版

回调开发方式的配置信息需要在“接收消息”功能中设置。在图 3-5 中单击下方“接收消息”栏的“设置 API 接收”链接，在打开的页面中设置 API 接收消息，如图 3-6 所示，在此可配置回调开发方式所需的全部参数。

图 3-6　API 接收消息设置

图 3-6 中需要填写应用的 URL、Token、EncodingAESKey 3 个参数。

（1）URL 是企业后台接收企业微信推送请求的访问协议和地址，支持 HTTP 或 HTTPS 协议。

（2）Token 可由企业任意填写，用于生成签名。

（3）EncodingAESKey 用于消息体的加密，是 AES 密钥的 Base64 编码。

3 个参数信息填写完毕后，单击“保存”按钮，腾讯服务器会向 URL 指定地址发送一条验证消息。按照腾讯企业微信的相关业务要求，业务服务器应该做出相应的响应。腾讯企业微信服务器验证通过后，该应用的回调消息即可推送到企业服务器。

3.4　实现回调 URL 验证

完成相关参数信息配置后，需要开发业务服务器的相关程序。

创建 Web 应用，名称为 jiubao_qywx。创建 servlet，相关程序参见 WX_Interface 类。

```
package util;

import java.io.IOException;
import java.io.PrintWriter;

import javax.servlet.ServletException;
import javax.servlet.annotation.WebServlet;
import javax.servlet.http.HttpServlet;
import javax.servlet.http.HttpServletRequest;
import javax.servlet.http.HttpServletResponse;

import com.qq.weixin.mp.aes.AesException;

@WebServlet("/WX_Interface")
```

```
    public class WX_Interface extends HttpServlet {
        protected void doGet(HttpServletRequest request, HttpServletResponse response)
throws ServletException, IOException {
        }
        protected void doPost(HttpServletRequest request, HttpServletResponse response)
throws ServletException, IOException {
        }
    }
```

验证 URL 时，腾讯企业微信服务器会向业务服务器发送验证参数，如表 3-1 所示。

表 3-1　验证参数

参　数	是否必须	说　明
sMsgSignature	是	从接收消息的 URL 中获取的 msg_signature 参数
sTimeStamp	是	从接收消息的 URL 中获取的 timestamp 参数
sNonce	是	从接收消息的 URL 中获取的 nonce 参数
sEchoStr	是	从接收消息的 URL 中获取的 echostr 参数。注意，此参数必须是 urldecode 后的值
sReplyEchoStr	是	解密后的明文消息内容用于回包。注意，必须原样返回，不要加引号或做其他处理

企业微信官方文档提供了验证 URL 算法的参考程序，读者可以直接下载，步骤如下。

（1）在企业微信后台单击右上角的“API 文档”选项，如图 3-7 所示，进入开发者中心。

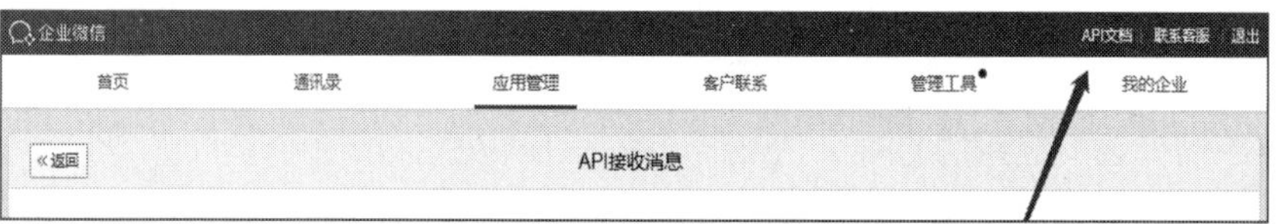

图 3-7　单击“API 文档”按钮

（2）在接口页面中单击“企业内部应用开发”选项下的“查看文档”链接，如图 3-8 所示。

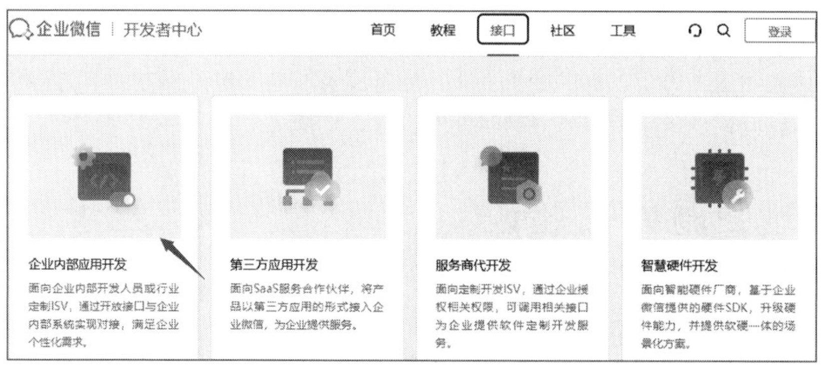

图 3-8　选择“企业内部应用开发”

（3）在打开的 API 文档首页中选择“服务端 API”选项卡，如图 3-9 所示。

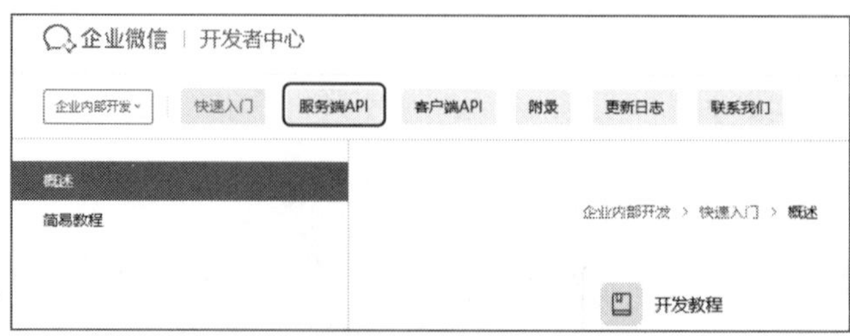

图 3-9　选择“服务端 API”选项卡

（4）在左侧目录中选择“消息推送”下的“接收消息与事件”选项，在右侧页面中查看“设置接收消息的参数”内容，如图 3-10 所示。

图 3-10　设置接收消息的参数

（5）设置接收消息的参数，然后单击下方的“加解密方案说明”链接，如图 3-11 所示。

图 3-11　单击“加解密方案说明”链接

（6）在加解密方案说明页面中选择“服务端加解密库”，如图 3-12 所示。

图 3-12　选择“服务端加解密库”

（7）在“使用已有库”文字部分单击“下载地址”链接，如图 3-13 所示。

图 3-13　单击“下载地址”链接

（8）选择相应的语言版本，这里选择 Java 库，单击“xml 版本(2018 年 10 月 11 日更新，点击下载)”链接进行下载，如图 3-14 所示。

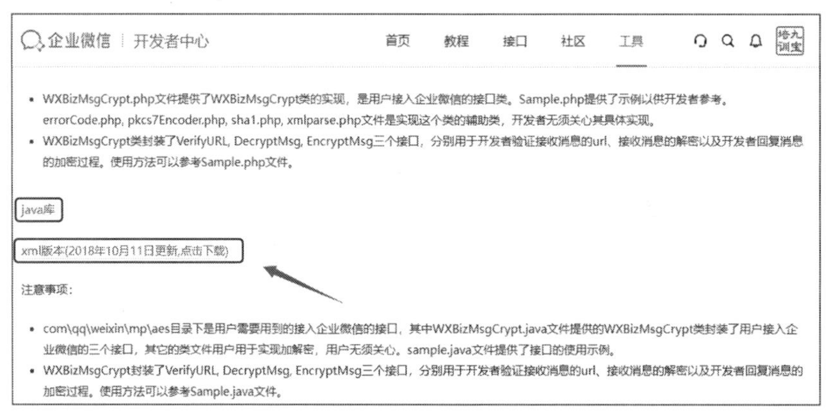

图 3-14　下载 Java 库

对于 Java 版示例程序，需要注意以下 4 点。

（1）com\qq\weixin\mp\aes 目录下提供了用户需要用到的企业微信接口。其中，WXBizMsgCrypt.java 文件提供的 WXBizMsgCrypt 类封装了用户接入企业微信的 3 个接口；其他的类文件用于实现加解密，用户无须关心；sample.java 文件提供了接口的使用示例。

（2）WXBizMsgCrypt 封装了 VerifyURL、DecryptMsg、EncryptMsg 3 个接口，分别用于开发者验证接收消息的 URL、接收消息的解密以及开发者回复消息的加密过程。使用方法参考 Sample.java 文件。

（3）开发者需使用 JDK 1.6 或以上的版本。针对 org.apache.commons.codec.binary.Base64，需要导入 jar 包 commons-codec-1.9（或 comm ons-codec-1.8 等其他版本），官方下载地址为 http://commons.apache.org/proper/commons-codec/download_codec.cgi。

（4）异常 java.security.InvalidKeyException:illegal Key Size 的解决方案：在官方网站下载 JCE 无限制权限策略文件。例如，JDK7 的下载地址为 http:// www.oracle.com/technetwork/java/javase/downloads/jce-7-download-432124.html，下载后解压，可以看到 local_policy.jar、US_export_policy.jar、readme.txt 三个文件。如果安装了 JRE，将两个 jar 文件放到%JRE_HOME%\lib\security 目录下，覆盖原来的文件；如果安装了 JDK，将两个 jar 文件放到%JDK_HOME%\jre\lib\security 目录下，覆盖原来的文件。

请读者根据实际情况酌情处理。如果需要导入 jar 包 commons-codec-1.9，可参照图 3-15 下载后导入。

图 3-15　导入 commons-codec-1.9

下载相关程序后，配置到开发环境中，如图 3-16 所示。

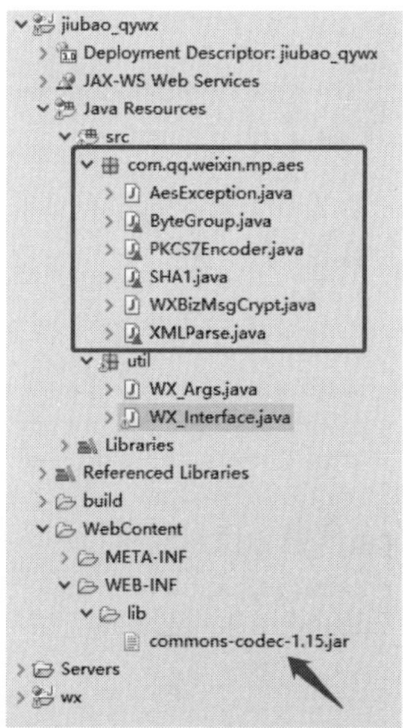

图 3-16　配置到开发环境中

创建 WX_Args 类，代码如下。

```
package util;

import com.qq.weixin.mp.aes.WXBizMsgCrypt;

public class WX_Args {
    public static final String CORPID = "ww65866557c5992dfe";
    private static String Token = "jiubao2326321088";
    private static String EncodingAESKey =
"xK5XfPOI3npLvFKlTHTdIlSTsEZUXOcSl6zkqV7nUxG";
    private static WXBizMsgCrypt wxcpt = null;

    static {
        try {
            wxcpt = new WXBizMsgCrypt(Token, EncodingAESKey, CORPID);
        } catch (Exception e) {
            e.printStackTrace();
        }
    }

    public static WXBizMsgCrypt getWxcpt() {
        return wxcpt;
    }
}
```

上述代码中，CORPID 是企业 ID，可以企业信息页面中获取，如图 3-17 所示。

图 3-17　查询企业 ID

Token 和 EncodingAESKey 在企业微信后台配置，其获取方式参见图 3-6。

构建 WXBizMsgCrypt 类实例 wxcpt，相关程序代码如下。

```
private static WXBizMsgCrypt wxcpt = null;
static {
    try {
        wxcpt = new WXBizMsgCrypt(Token, EncodingAESKey, CORPID);
    } catch (Exception e) {
```

```
            e.printStackTrace();
        }
    }

    public static WXBizMsgCrypt getWxcpt() {
        return wxcpt;
    }
```

WX_Interface 类可按照以下方式进行调用。

```
    String sEchoStr = WX_Args.getWxcpt().VerifyURL(msg_signature, timestamp, nonce,
echostr);
```

得到的 sEchoStr 可返回腾讯企业微信服务器。

WX_Interface 类的完整程序代码如下。

```
    package util;

    import java.io.IOException;
    import java.io.PrintWriter;

    import javax.servlet.ServletException;
    import javax.servlet.annotation.WebServlet;
    import javax.servlet.http.HttpServlet;
    import javax.servlet.http.HttpServletRequest;
    import javax.servlet.http.HttpServletResponse;

    import com.qq.weixin.mp.aes.AesException;

    @WebServlet("/WX_Interface")
    public class WX_Interface extends HttpServlet {
        protected void doGet(HttpServletRequest request, HttpServletResponse response)
throws ServletException, IOException {
            PrintWriter out = response.getWriter();
            try {
                String msg_signature = request.getParameter("msg_signature");
                String timestamp = request.getParameter("timestamp");
                String nonce = request.getParameter("nonce");
                String echostr = request.getParameter("echostr");
                String sEchoStr = WX_Args.getWxcpt().VerifyURL(msg_signature, timestamp,
nonce, echostr);
                out.println(sEchoStr);
            } catch (AesException e) {
                e.printStackTrace();
            }
            out.flush();
            out.close();
        }

        protected void doPost(HttpServletRequest request, HttpServletResponse response)
throws ServletException, IOException {

        }
    }
```

重启业务服务，启动 ngrok。这里使用 ngrok 启动服务，读者可以根据实际情况使用相关的解决方案。

ngrok 的使用步骤：在 ngrok 官网下载应用程序，然后在 ngrok 所在目录打开控制台程序，执行 ngrok http 80 命令（80 是本地 Web 服务端口），最后在图 3-6 所示页面中单击“保存”按钮。验证成功后的页面如图 3-18 所示。

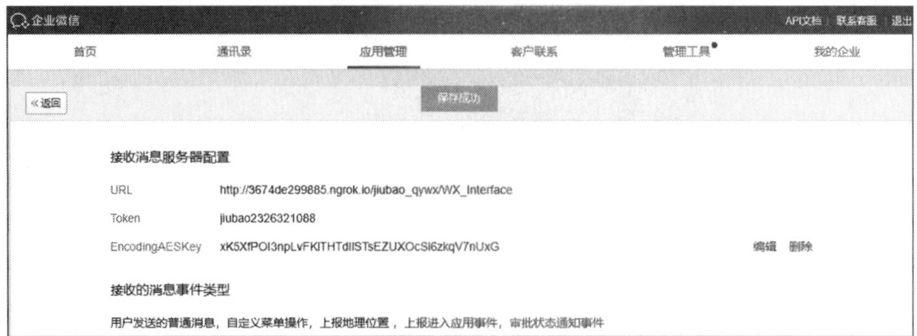

图 3-18　验证成功

3.5　接收回调消息

实现 URL 验证后，即可接收回调消息。

修改 WX_Interface 类，代码如下。

```
package util;

import java.io.IOException;
import java.io.PrintWriter;

import javax.servlet.ServletException;
import javax.servlet.annotation.WebServlet;
import javax.servlet.http.HttpServlet;
import javax.servlet.http.HttpServletRequest;
import javax.servlet.http.HttpServletResponse;

import com.qq.weixin.mp.aes.AesException;

@WebServlet("/WX_Interface")
public class WX_Interface extends HttpServlet {
    protected void doGet(HttpServletRequest request, HttpServletResponse response)
throws ServletException, IOException {
        PrintWriter out = response.getWriter();
        try {
            String msg_signature = request.getParameter("msg_signature");
            String timestamp = request.getParameter("timestamp");
            String nonce = request.getParameter("nonce");
            String echostr = request.getParameter("echostr");
            String sEchoStr = WX_Args.getWxcpt().VerifyURL(msg_signature, timestamp,
nonce, echostr);
            out.println(sEchoStr);
        } catch (AesException e) {
            e.printStackTrace();
        }
        out.flush();
        out.close();
    }

    protected void doPost(HttpServletRequest request, HttpServletResponse response)
throws ServletException, IOException {
        request.setCharacterEncoding("UTF-8");
        response.setCharacterEncoding("UTF-8");
```

```
            PrintWriter out = response.getWriter();
            String requestStr = WX_Util.getEncryptStrFromRequest(request);
            System.out.println(requestStr);
        }
    }
```

增加程序，代码如下。

```
    request.setCharacterEncoding("UTF-8");
    response.setCharacterEncoding("UTF-8");
    PrintWriter out = response.getWriter();
    String requestStr = WX_Util.getEncryptStrFromRequest(request);
    System.out.println(requestStr);
```

定义 WX_Util 类，代码如下。

```
    package util;

    import java.io.BufferedReader;
    import java.io.InputStreamReader;

    import javax.servlet.http.HttpServletRequest;

    public class WX_Util {
        public static String getEncryptStrFromRequest(HttpServletRequest request){
            String msg_signature = request.getParameter("msg_signature");
            String timestamp = request.getParameter("timestamp");
            String nonce = request.getParameter("nonce");
            String requestStr = WX_Util.getStringInputstream(request);

            try {
                return WX_Args.getWxcpt().DecryptMsg(msg_signature, timestamp, nonce,
requestStr);
            } catch (Exception e) {
                e.printStackTrace();
                return null;
            }
        }

        public static String getStringInputstream(HttpServletRequest request){
            StringBuffer strb = new StringBuffer();
            try {
                BufferedReader reader = new BufferedReader(new
InputStreamReader(request.getInputStream()));
                String str = null;
                while(null!=( str = reader.readLine())){
                    strb.append(str);
                }
                reader.close();
            } catch (Exception e) {
                e.printStackTrace();
            }
            return strb.toString();
        }
    }
```

相关函数说明如下。

- public static String getEncryptStrFromRequest(HttpServletRequest request)用于接收腾讯服务器传递的数据，同时对数据进行解密。
- public static String getStringInputstream(HttpServletRequest request)用于获取请求数据。

打开企业微信计算机端程序，选择“企业微信 Java 版”应用，发送 text 消息“企业微信”，如图 3-19 所示。

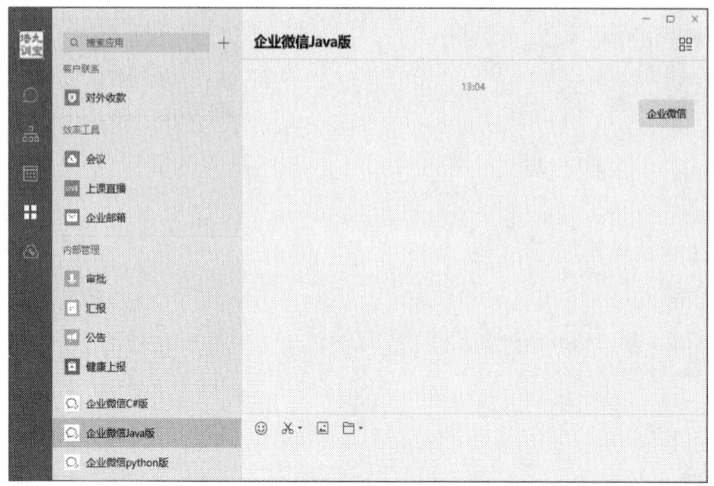

图 3-19　发送 text 消息“企业微信”

此时，console 将打印以下信息。

```
<xml><ToUserName><![CDATA[ww65866557c5992dfe]]></ToUserName><FromUserName><![CDATA[jiubao]]></FromUserName><CreateTime>1609563843</CreateTime><MsgType><![CDATA[text]]></MsgType><Content><![CDATA[企业微信]]></Content><MsgId>6913024068241040390</MsgId><AgentID>1000005</AgentID></xml>
```

将该段 XML 报文进行格式化，代码如下。

```
<xml>
    <ToUserName><![CDATA[ww65866557c5992dfe]]></ToUserName>
    <FromUserName><![CDATA[jiubao]]></FromUserName>
    <CreateTime>1609563843</CreateTime>
    <MsgType><![CDATA[text]]></MsgType>
    <Content><![CDATA[企业微信]]></Content>
    <MsgId>6913024068241040390</MsgId>
    <AgentID>1000005</AgentID>
</xml>
```

可以得到 text 类型消息“企业微信”。

测试其他类型消息，如向“企业微信 Java 版”应用发送 image 消息，如图 3-20 所示。

图 3-20　发送 image 消息

Console 将得到以下信息。

```
<xml><ToUserName><![CDATA[ww65866557c5992dfe]]></ToUserName><FromUserName><![CDATA
[jiubao]]></FromUserName><CreateTime>1609564226</CreateTime><MsgType><![CDATA[image]]>
</MsgType><PicUrl><![CDATA[https://wework.qpic.cn/wwpic/308009_udK16jluRqGljiC_1609564226/]]>
</PicUrl><MsgId>6913025712702677254</MsgId><MediaId><![CDATA[1wWkejICEV-HY4UN7-wzAr2EH
nX79ySsWKeT3QpXU2d_rC-_vvu2KpwSIl7EAilkN]]></MediaId><AgentID>1000005</AgentID></xml>
```

将 XML 报文进行格式化，代码如下。

```
<xml>
    <ToUserName><![CDATA[ww65866557c5992dfe]]></ToUserName>
    <FromUserName><![CDATA[jiubao]]></FromUserName>
    <CreateTime>1609564226</CreateTime>
    <MsgType><![CDATA[image]]></MsgType>
    <PicUrl><![CDATA[https://wework.qpic.cn/wwpic/308009_udK16jluRqGljiC_
1609564226/]]></PicUrl>
    <MsgId>6913025712702677254</MsgId>
    <MediaId><![CDATA[1wWkejICEV-HY4UN7-wzAr2EHnX79ySsWKeT3QpXU2d_rC-_
vvu2KpwSIl7EAilkN]]></MediaId>
    <AgentID>1000005</AgentID>
</xml>
```

读者可以仿照上面的例子，测试其他类型的消息。

3.6 回调消息概述

关于企业微信的回调开发方式，需要注意以下 4 点。

（1）腾讯企业微信服务器在 5 s 内收不到业务服务器响应，会断开连接，并重新发起请求，总共重试 3 次。如果调试中发现测试账号企业微信移动端（或计算机端）无法收到被动回复的消息，可以检查是否消息处理超时。

（2）接收成功后，响应报文 HTTP 协议头部返回 200，表示接收正常；返回其他错误码，企业微信后台会一律当作接收失败，再次发起重试。

（3）重试消息的排重。MsgId 消息推荐使用 MsgId 进行排重，事件类型消息推荐使用 FromUserName + CreateTime 进行排重。

（4）假如企业无法保证在 5 s 内处理并回复，或者不想回复任何内容，可以直接返回 200（即以空串为返回包）。企业后续可以使用主动发消息接口进行异步回复。

腾讯企业微信服务器向业务服务器推送消息的请求方式是 POST，使用的报文是秘文，报文格式如下。

```
<xml>
    <ToUserName><![CDATA[toUser]]></ToUserName>
    <AgentID><![CDATA[toAgentID]]></AgentID>
    <Encrypt><![CDATA[msg_encrypt]]></Encrypt>
</xml>
```

参数说明如表 3-2 所示。

表 3-2　请求报文参数说明

参　数	说　明
ToUserName	企业微信的 CORPID，当为第三方套件回调事件时，CORPID 的内容为 suiteid
AgentID	接收的应用 id，可在应用的设置页面获取
Encrypt	消息结构体加密后的字符串

企业微信回调开发方式，被动响应包的数据格式如下。

```
<xml>
   <Encrypt><![CDATA[msg_encrypt]]></Encrypt>
   <MsgSignature><![CDATA[msg_signature]]></MsgSignature>
   <TimeStamp>timestamp</TimeStamp>
   <Nonce><![CDATA[nonce]]></Nonce>
</xml>
```

参数说明如表 3-3 所示。

表 3-3　响应报文参数说明

参　数	是否必须	说　明
Encrypt	是	经过加密的消息结构体
MsgSignature	是	消息签名
TimeStamp	是	时间戳
Nonce	是	随机数，由企业自行生成

业务服务器需要做防火墙配置，可以通过以下方式获取所有相关的 IP 段。

首先需要获取 access_token。打开 Postman 工具软件，以 GET 方式访问 https://qyapi.weixin.qq.com/cgi-bin/gettoken?corpid=ID&corpsecret=SECRET。

其中，corpid 是企业 ID，corpsecret 是应用的 Secret（获取方式参见图 3-21）。

图 3-21　Secret 获取方式

修改 corpid 与 corpsecret 后，访问上述网址，获取 access_token，如图 3-22 所示。

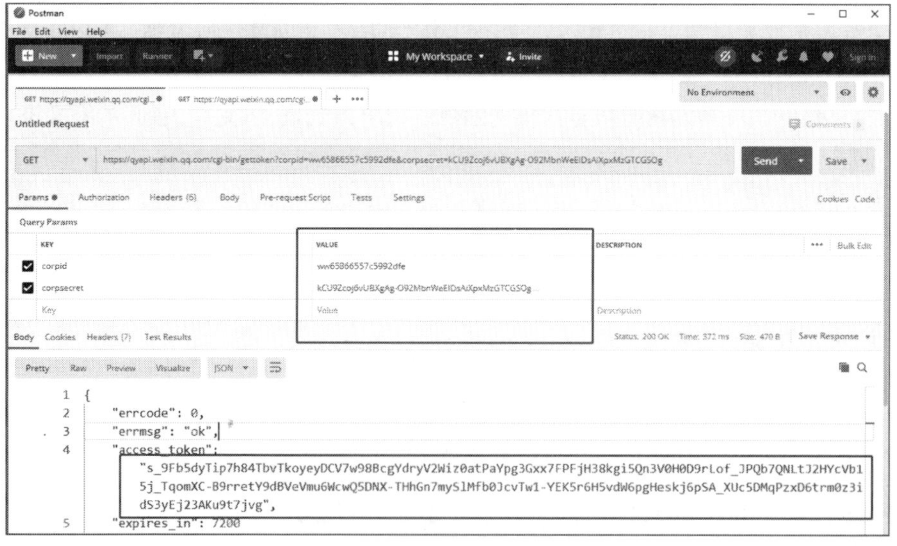

图 3-22　获取 access_token

▶ **注意：**

（1）当前阶段，读者只要知道如何使用工具软件访问获取 access_token 即可。

（2）access_token 并非永久有效，其正常情况下的有效期为 7200 s（2 h）。

（3）access_token 是针对应用的，一般来说，不同的应用 access_token 也不同。

复制得到的 access_token，使用 Postman 工具软件以 GET 方式访问如图 3-23 所示网址。

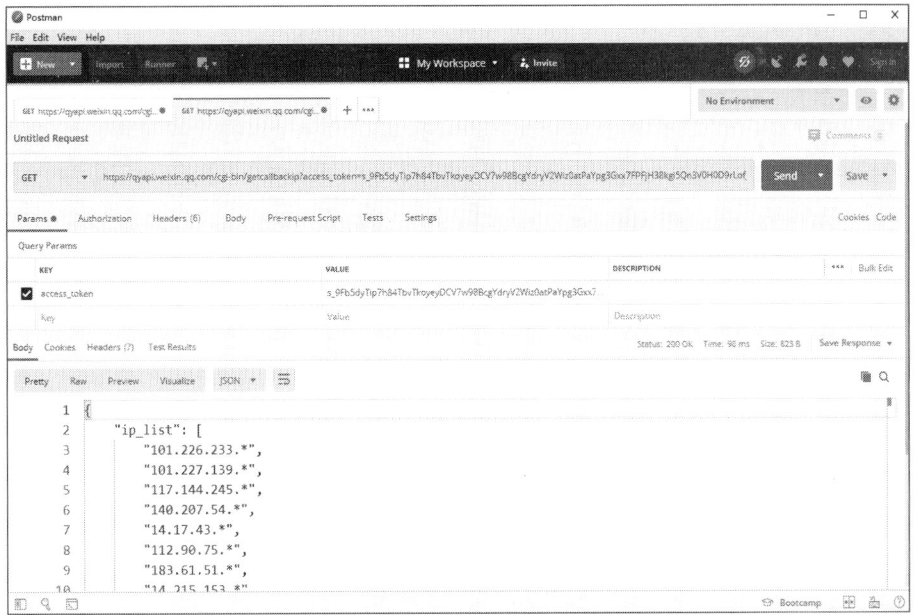

图 3-23　获取企业微信服务器的 IP 段

响应报文代码如下，即是企业微信服务器的 IP 段。

```
{
    "ip_list": [
        "101.226.233.*",
        "101.227.139.*",
        "117.144.245.*",
        "140.207.54.*",
        "14.17.43.*",
        "112.90.75.*",
        "183.61.51.*",
        "14.215.153.*",
        "163.177.87.246",
        "58.251.62.* ",
        "14.17.44.*",
        "121.51.139.*",
        "163.177.84.*",
        "183.232.98.*",
        "183.3.235.*",
        "203.205.151.*",
        "157.255.192.*",
        "121.51.162.*",
        "59.36.121.*",
        "223.166.222.100",
        "223.166.222.101",
        "223.166.222.102",
        "223.166.222.103",
```

```
            "223.166.222.104",
            "223.166.222.105",
            "223.166.222.106",
            "223.166.222.107",
            "223.166.222.111",
            "223.166.222.112",
            "223.166.222.117",
            "223.166.222.118",
            "101.91.60.80",
            "101.91.60.81",
            "121.51.66.16",
            "121.51.66.19",
            "121.51.66.26",
            "121.51.66.120"
        ],
        "errcode": 0,
        "errmsg": "ok"
    }
```

3.7 接收文本消息

在前面已实现的回调 URL 验证的基础上，使用企业微信手机端或计算机端程序向企业微信应用发送一段文本（text）消息。

此时 WX_Interface 类的相关程序代码如下。

```
    package util;

    import java.io.IOException;
    import java.io.PrintWriter;

    import javax.servlet.ServletException;
    import javax.servlet.annotation.WebServlet;
    import javax.servlet.http.HttpServlet;
    import javax.servlet.http.HttpServletRequest;
    import javax.servlet.http.HttpServletResponse;

    import com.qq.weixin.mp.aes.AesException;

    @WebServlet("/WX_Interface")
    public class WX_Interface extends HttpServlet {
        protected void doGet(HttpServletRequest request, HttpServletResponse response)
throws ServletException, IOException {
            PrintWriter out = response.getWriter();
            try {
                String msg_signature = request.getParameter("msg_signature");
                String timestamp = request.getParameter("timestamp");
                String nonce = request.getParameter("nonce");
                String echostr = request.getParameter("echostr");
                String sEchoStr = WX_Args.getWxcpt().VerifyURL(msg_signature, timestamp,
nonce, echostr);
                out.println(sEchoStr);
            } catch (AesException e) {
                e.printStackTrace();
            }
            out.flush();
            out.close();
        }
```

```
    protected void doPost(HttpServletRequest request, HttpServletResponse response)
throws ServletException, IOException {
        request.setCharacterEncoding("UTF-8");
        response.setCharacterEncoding("UTF-8");

        PrintWriter out = response.getWriter();

        String requestStr = WX_Util.getEncryptStrFromRequest(request);
        System.out.println(requestStr);
    }
}
```

发送 text 类型消息“横看成岭侧成峰”，如图 3-24 所示。

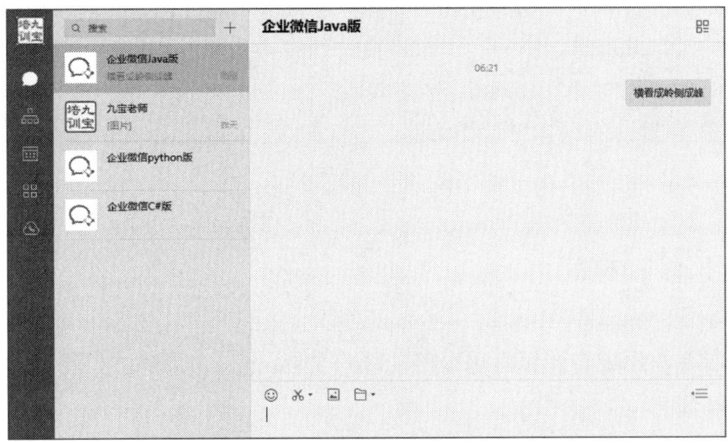

图 3-24　发送 text 类型消息

console 得到以下信息。

```
<xml>
    <ToUserName><![CDATA[ww65866557c5992dfe]]></ToUserName>
    <FromUserName><![CDATA[jiubao]]></FromUserName>
    <CreateTime>1609626074</CreateTime>
    <MsgType><![CDATA[text]]></MsgType>
    <Content><![CDATA[横看成岭侧成峰]]></Content>
    <MsgId>6913291349022916870</MsgId>
    <AgentID>1000005</AgentID>
</xml>
```

注意：

（1）ToUserName 指的是企业 ID（CorpID），查看方式参见如图 3-17 所示。

（2）FromUserName 指的是成员 ID（UserID），查看方式如图 3-25 所示。

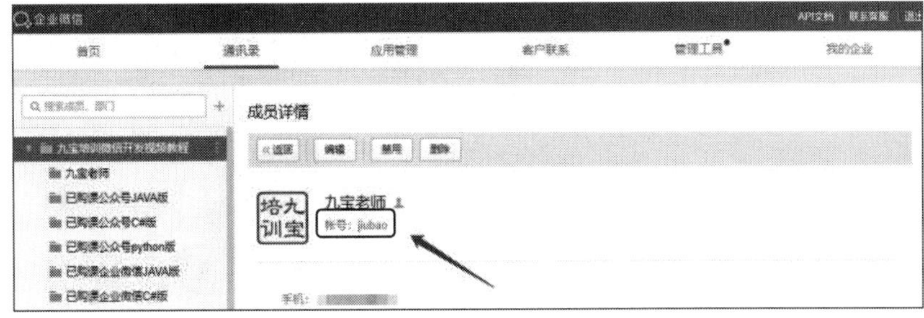

图 3-25　成员 UserID

（3）CreateTime 指的是消息创建时间（整型）。

（4）MsgType 指的是消息类型，此时固定为 text 类型。

（5）Content 指的是文本消息内容，测试的信息是“横看成岭侧成峰”。

（6）MsgId 指的是消息 ID，为 64 位整型。

（7）AgentId 指的是应用 ID，整型，查看方式如图 3-26 所示。

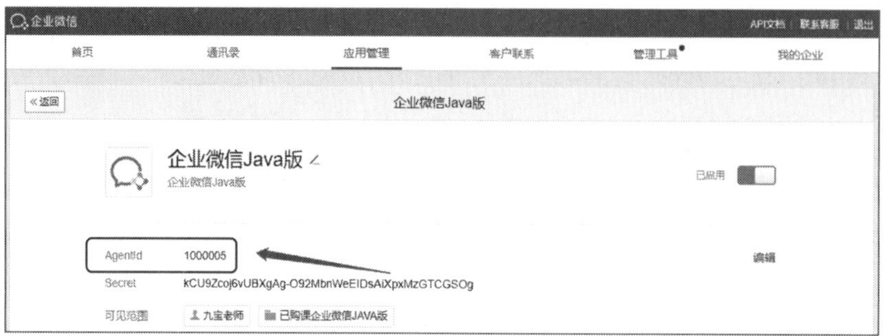

图 3-26　应用 ID

3.8　接收图片消息

使用企业微信手机端或者计算机端程序发送图片（image）消息，如图 3-27 所示。console 得到的报文代码如下。

```
<xml>
        <ToUserName><![CDATA[ww65866557c5992dfe]]></ToUserName>
        <FromUserName><![CDATA[jiubao]]></FromUserName>
        <CreateTime>1609626614</CreateTime>
        <MsgType><![CDATA[image]]></MsgType>
        <PicUrl><![CDATA[https://wework.qpic.cn/wwpic/310164_mkCBI6JJRJmBcxt_
1609626614/]]></PicUrl>
        <MsgId>6913293666973299718</MsgId>
        <MediaId><![CDATA[1Ayu8Fij8zNP2mkvB-njuszriZohY9iQRLwjWL45GEX5kk88AhX8vxBM7
xbD0Fwqx]]></MediaId>
        <AgentID>1000005</AgentID>
</xml>
```

注意：PicUrl 指的是图片链接，浏览器访问图片链接，效果如图 3-28 所示。

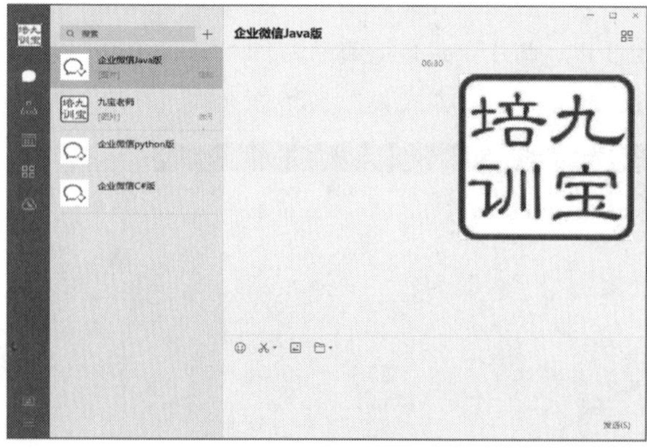

图 3-27　发送 image 消息

图 3-28　浏览器访问图片链接

3.9 接收语音消息

使用企业微信手机端或者计算机端程序发送语音（voice）消息，如图 3-29 所示。

图 3-29 发送 voice 消息

console 得到的报文代码如下。

```
<xml>
    <ToUserName><![CDATA[ww65866557c5992dfe]]></ToUserName>
    <FromUserName><![CDATA[jiubao]]></FromUserName>
    <CreateTime>1609626936</CreateTime>
    <MsgType><![CDATA[voice]]></MsgType>
    <MediaId><![CDATA[1luCXe2YVyYtoPKoAo40z97SzrPdpvsKp3Yp28jjkZkw]]></MediaId>
    <Format><![CDATA[amr]]></Format>
    <MsgId>6913295050228903942</MsgId>
    <AgentID>1000005</AgentID>
</xml>
```

注意：MediaId 是语音媒体文件 ID，可以调用获取媒体文件接口拉取数据，仅 3 天内有效。

3.10 接收视频消息

使用企业微信手机端或者计算机端程序发送视频（video）消息，如图 3-30 所示。

console 得到的报文代码如下。

```
<xml>
    <ToUserName><![CDATA[ww65866557c5992dfe]]></ToUserName>
    <FromUserName><![CDATA[jiubao]]></FromUserName>
    <CreateTime>1609627144</CreateTime>
    <MsgType><![CDATA[video]]></MsgType>
    <MediaId><![CDATA[1yEuSY6_bFUIP_YZ_UAQ-pRl7F0HmXfjGYbDYe_sJHALwPZS7-
zmS5wprVfnMMQv9]]></MediaId>
    <ThumbMediaId><![CDATA[1A0WJhkVbX6GwkksD-r0xgq1RLzJA9o8UzyLQRi1ODVTCsIMnQR-
FSWe0eZj0zb15]]></ThumbMediaId>
    <MsgId>6913295945465681414</MsgId>
    <AgentID>1000005</AgentID>
</xml>
```

图 3-30　发送 video 消息

注意：

（1）MediaId 是视频媒体文件 ID，可以调用获取媒体文件接口拉取数据，仅 3 天内有效。

（2）ThumbMediaId 是视频消息缩略图的媒体 ID，可以调用获取媒体文件接口拉取数据，仅 3 天内有效。

3.11　接收位置消息

使用企业微信手机端或者计算机端程序发送位置（location）消息，如图 3-31 所示。

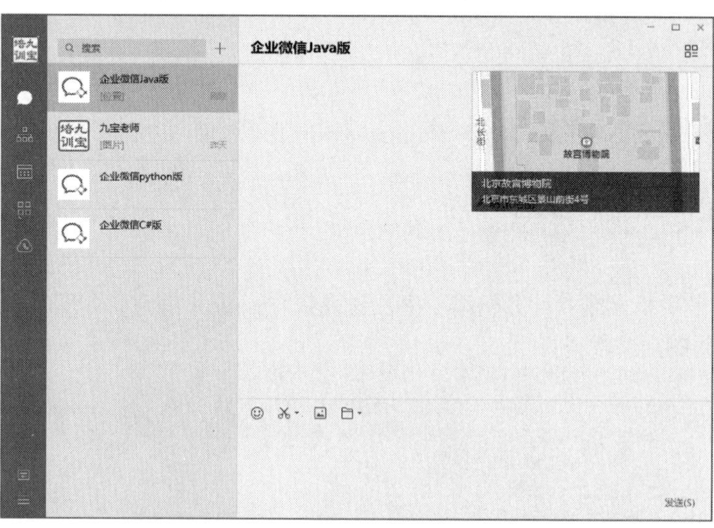

图 3-31　发送 location 消息

console 得到的报文代码如下。

```
<xml>
    <ToUserName><![CDATA[ww65866557c5992dfe]]></ToUserName>
    <FromUserName><![CDATA[jiubao]]></FromUserName>
```

```
    <CreateTime>1609627340</CreateTime>
    <MsgType><![CDATA[location]]></MsgType>
    <Location_X>39.918</Location_X>
    <Location_Y>116.397</Location_Y>
    <Scale>0</Scale>
    <Label><![CDATA[北京故宫博物院]]></Label>
    <MsgId>6913296784867950086</MsgId>
    <AgentID>1000005</AgentID>
    <AppType><![CDATA[wxwork]]></AppType>
</xml>
```

注意：

Location_X 是地理位置纬度；Location_Y 是地理位置经度；Scale 是地图缩放大小；Label 是地理位置信息；AppType 是 App 类型，在企业微信中固定返回 wxwork，在微信中不返回该字段。

3.12　接收链接消息

使用企业微信手机端或者计算机端程序发送链接（link）消息，如图 3-32 所示。

图 3-32　发送 link 信息

console 得到的报文代码如下。

```
<xml>
    <ToUserName><![CDATA[ww65866557c5992dfe]]></ToUserName>
    <FromUserName><![CDATA[jiubao]]></FromUserName>
    <CreateTime>1609627556</CreateTime>
    <MsgType><![CDATA[link]]></MsgType>
    <Title><![CDATA[企业微信]]></Title>
    <Description><![CDATA[让每个企业都有自己的微信]]></Description>
    <Url><![CDATA[https://work.weixin.qq.com]]></Url>
    <PicUrl><![CDATA[https://res.mail.qq.com/node/ww/wwmng/style/images/index_
share_logo$13c64306.png]]></PicUrl>
    <MsgId>6913297714465146630</MsgId>
    <AgentID>1000005</AgentID>
</xml>
```

注意：

Title 是标题，Description 是描述，Url 是链接跳转 URL（见图 3-33），PicUrl 是封面缩略图的 URL（见图 3-34）。

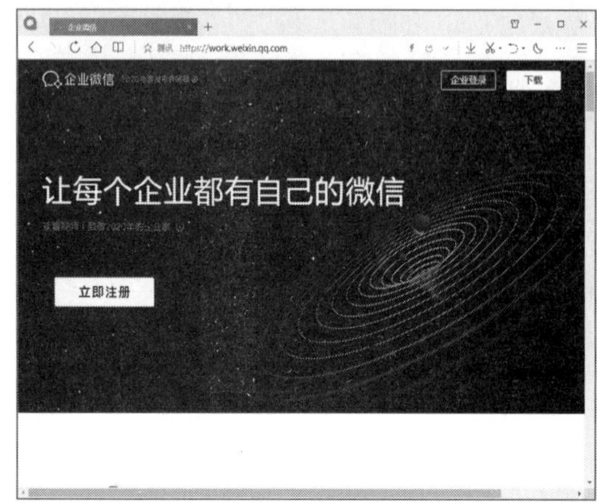

图 3-33　链接跳转的 URL

图 3-34　封面缩略图的 URL

3.13　被动回复消息

在前序章节实例程序的基础上，本节开始详细介绍企业微信回调开发方式的被动回复消息。此时 WX_Interface 类的相关程序代码如下。

```
package util;

import java.io.IOException;
import java.io.PrintWriter;

import javax.servlet.ServletException;
import javax.servlet.annotation.WebServlet;
import javax.servlet.http.HttpServlet;
import javax.servlet.http.HttpServletRequest;
import javax.servlet.http.HttpServletResponse;

import com.qq.weixin.mp.aes.AesException;

@WebServlet("/WX_Interface")
public class WX_Interface extends HttpServlet {
    protected void doGet(HttpServletRequest request, HttpServletResponse response)
throws ServletException, IOException {
        PrintWriter out = response.getWriter();
        try {
            String msg_signature = request.getParameter("msg_signature");
            String timestamp = request.getParameter("timestamp");
            String nonce = request.getParameter("nonce");
            String echostr = request.getParameter("echostr");
            String sEchoStr = WX_Args.getWxcpt().VerifyURL(msg_signature, timestamp,
nonce, echostr);
            out.println(sEchoStr);
        } catch (AesException e) {
            e.printStackTrace();
        }
```

```
        out.flush();
        out.close();
    }

    protected void doPost(HttpServletRequest request, HttpServletResponse response)
throws ServletException, IOException {
        request.setCharacterEncoding("UTF-8");
        response.setCharacterEncoding("UTF-8");
        PrintWriter out = response.getWriter();
        String requestStr = WX_Util.getEncryptStrFromRequest(request);
        System.out.println(requestStr);
    }
}
```

3.14　被动回复文本消息

文本消息的明文 XML 结构代码如下。

```
<xml>
    <ToUserName><![CDATA[toUser]]></ToUserName>
    <FromUserName><![CDATA[fromUser]]></FromUserName>
    <CreateTime>1348831860</CreateTime>
    <MsgType><![CDATA[text]]></MsgType>
    <Content><![CDATA[this is a test]]></Content>
</xml>
```

参数说明如表 3-4 所示。

表 3-4　被动回复文本消息参数说明

参　数	说　明
ToUserName	成员 UserID
FromUserName	企业微信 CorpID
CreateTime	消息创建时间（整型）
MsgType	消息类型，此时固定为 text
Content	文本消息内容，最长不超过 2048 B，超过将发生截断

手动构造响应报文，代码如下。

```
<xml>
    <ToUserName><![CDATA[jiubao]]></ToUserName>
    <FromUserName><![CDATA[ww65866557c5992dfe]]></FromUserName>
    <CreateTime>1609628498484</CreateTime>
    <MsgType><![CDATA[text]]></MsgType>
    <Content><![CDATA[远近高低各不同]]></Content>
</xml>
```

修改 WX_Interface 类，代码如下。

```
package util;

import java.io.IOException;
import java.io.PrintWriter;
import java.util.Date;

import javax.servlet.ServletException;
import javax.servlet.annotation.WebServlet;
import javax.servlet.http.HttpServlet;
import javax.servlet.http.HttpServletRequest;
import javax.servlet.http.HttpServletResponse;
```

```
    import com.qq.weixin.mp.aes.AesException;

    @WebServlet("/WX_Interface")
    public class WX_Interface extends HttpServlet {

        protected void doGet(HttpServletRequest request, HttpServletResponse response)
throws ServletException, IOException {
            PrintWriter out = response.getWriter();
            try {
                String msg_signature = request.getParameter("msg_signature");
                String timestamp = request.getParameter("timestamp");
                String nonce = request.getParameter("nonce");
                String echostr = request.getParameter("echostr");
                String sEchoStr = WX_Args.getWxcpt().VerifyURL(msg_signature, timestamp,
nonce, echostr);
                out.println(sEchoStr);
            } catch (AesException e) {
                e.printStackTrace();
            }
            out.flush();
            out.close();
        }

        protected void doPost(HttpServletRequest request, HttpServletResponse response)
throws ServletException, IOException {
            request.setCharacterEncoding("UTF-8");
            response.setCharacterEncoding("UTF-8");

            PrintWriter out = response.getWriter();
            String requestStr = WX_Util.getEncryptStrFromRequest(request);
            System.out.println(requestStr);

            StringBuffer strb = new StringBuffer();
            strb.append(" <xml> ");
            strb.append("   <ToUserName><![CDATA[jiubao]]></ToUserName> ");
            strb.append("   <FromUserName><![CDATA[ww65866557c5992dfe]]>
</FromUserName> ");
            strb.append("   <CreateTime>"+new Date().getTime()+"</CreateTime> ");
            strb.append("   <MsgType><![CDATA[text]]></MsgType> ");
            strb.append("   <Content><![CDATA[远近高低各不同]]></Content> ");
            strb.append(" </xml> ");
            System.out.println(strb.toString());

            String str = WX_Util.getEncryptStrForReturn(strb.toString());
            response.getWriter().print(str);
        }
    }
```

手动定义 text 类型响应报文，代码如下。

```
    StringBuffer strb = new StringBuffer();
    strb.append(" <xml> ");
    strb.append("   <ToUserName><![CDATA[jiubao]]></ToUserName> ");
    strb.append("   <FromUserName><![CDATA[ww65866557c5992dfe]]></FromUserName> ");
    strb.append("   <CreateTime>"+new Date().getTime()+"</CreateTime> ");
    strb.append("   <MsgType><![CDATA[text]]></MsgType> ");
    strb.append("   <Content><![CDATA[远近高低各不同]]></Content> ");
    strb.append(" </xml> ");
    System.out.println(strb.toString());
```

需重点关注的是，企业微信响应报文是秘文。代码“String str = WX_Util.getEncryptStrForReturn(strb.toString());”的作用是加密。

最后，执行代码“response.getWriter().print(str);”，响应腾讯服务器的请求。

该程序的执行效果如图 3-35 所示。

图 3-35　被动回复文本消息

3.15　被动回复图片消息

图片消息的明文 XML 结构代码如下。

```
<xml>
   <ToUserName><![CDATA[toUser]]></ToUserName>
   <FromUserName><![CDATA[fromUser]]></FromUserName>
   <CreateTime>1348831860</CreateTime>
   <MsgType><![CDATA[image]]></MsgType>
   <Image>
       <MediaId><![CDATA[media_id]]></MediaId>
   </Image>
</xml>
```

参数说明如表 3-5 所示。

表 3-5　被动回复图片消息参数说明

参　数	说　明
ToUserName	成员 UserID
FromUserName	企业微信 CorpID
CreateTime	消息创建时间（整型）
MsgType	消息类型，此时固定为 image
MediaId	图片媒体文件 ID，可以调用获取媒体文件接口拉取

手动构造响应报文，代码如下。

```
<xml>
   <ToUserName><![CDATA[jiubao]]></ToUserName>
   <FromUserName><![CDATA[ww65866557c5992dfe]]></FromUserName>
   <CreateTime>1609629135153</CreateTime>
   <MsgType><![CDATA[image]]></MsgType>
   <Image>
```

```
        <MediaId><![CDATA[1Ayu8Fij8zNP2mkvB-njuszriZohY9iQRLwjWL45GEX5kk88AhX8
vxBM7xbD0Fwqx]]></MediaId>
      </Image>
    </xml>
```

修改 WX_Interface 类，代码如下。

```
    package util;

    import java.io.IOException;
    import java.io.PrintWriter;
    import java.util.Date;

    import javax.servlet.ServletException;
    import javax.servlet.annotation.WebServlet;
    import javax.servlet.http.HttpServlet;
    import javax.servlet.http.HttpServletRequest;
    import javax.servlet.http.HttpServletResponse;

    import com.qq.weixin.mp.aes.AesException;

    @WebServlet("/WX_Interface")
    public class WX_Interface extends HttpServlet {

        protected void doGet(HttpServletRequest request, HttpServletResponse response)
throws ServletException, IOException {
            PrintWriter out = response.getWriter();
            try {
                String msg_signature = request.getParameter("msg_signature");
                String timestamp = request.getParameter("timestamp");
                String nonce = request.getParameter("nonce");
                String echostr = request.getParameter("echostr");
                String sEchoStr = WX_Args.getWxcpt().VerifyURL(msg_signature, timestamp,
nonce, echostr);
                out.println(sEchoStr);
            } catch (AesException e) {
                e.printStackTrace();
            }
            out.flush();
            out.close();
        }

        protected void doPost(HttpServletRequest request, HttpServletResponse response)
throws ServletException, IOException {
            request.setCharacterEncoding("UTF-8");
            response.setCharacterEncoding("UTF-8");

            PrintWriter out = response.getWriter();
            String requestStr = WX_Util.getEncryptStrFromRequest(request);
            System.out.println(requestStr);

            StringBuffer strb = new StringBuffer();
            strb.append(" <xml> ");
            strb.append("    <ToUserName><![CDATA[jiubao]]></ToUserName> ");
            strb.append("    <FromUserName><![CDATA[ww65866557c5992dfe]]>
</FromUserName> ");
            strb.append("    <CreateTime>"+new Date().getTime()+"</CreateTime> ");
            strb.append("   <MsgType><![CDATA[image]]></MsgType> ");
            strb.append("   <Image> ");
```

```
        strb.append("        <MediaId><![CDATA[1Ayu8Fij8zNP2mkvB-
njuszriZohY9iQRLwjWL45GEX5kk88AhX8vxBM7xbD0Fwqx]]></MediaId> ");
        strb.append("    </Image> ");
        strb.append(" </xml> ");

        System.out.println(strb.toString());
        String str = WX_Util.getEncryptStrForReturn(strb.toString());
        response.getWriter().print(str);
    }
}
```

手动定义 image 类型响应报文，代码如下。

```
StringBuffer strb = new StringBuffer();
strb.append(" <xml>");
strb.append("   <ToUserName><![CDATA[jiubao]]></ToUserName>");
strb.append("   <FromUserName><![CDATA[ww65866557c5992dfe]]></FromUserName>");
strb.append("   <CreateTime>"+new Date().getTime()+"</CreateTime>");
strb.append("   <MsgType><![CDATA[image]]></MsgType> ");
strb.append("   <Image> ");
strb.append("     <MediaId><![CDATA[1Ayu8Fij8zNP2mkvB-
njuszriZohY9iQRLwjWL45GEX5kk88AhX8vxBM7xbD0Fwqx]]></MediaId>");
strb.append("   </Image>");
strb.append(" </xml>");
System.out.println(strb.toString());
```

需要重点关注以下两点。

（1）企业微信响应报文是秘文。代码"String str = WX_Util.getEncryptStrForReturn(strb.toString());"的作用是加密。

（2）被动回复图片消息使用的图片媒体文件 ID 是借鉴前文接收图片消息的参数。

最后，执行代码"response.getWriter().print(str); "，响应腾讯服务器的请求。

该程序的执行效果如图 3-36 所示。

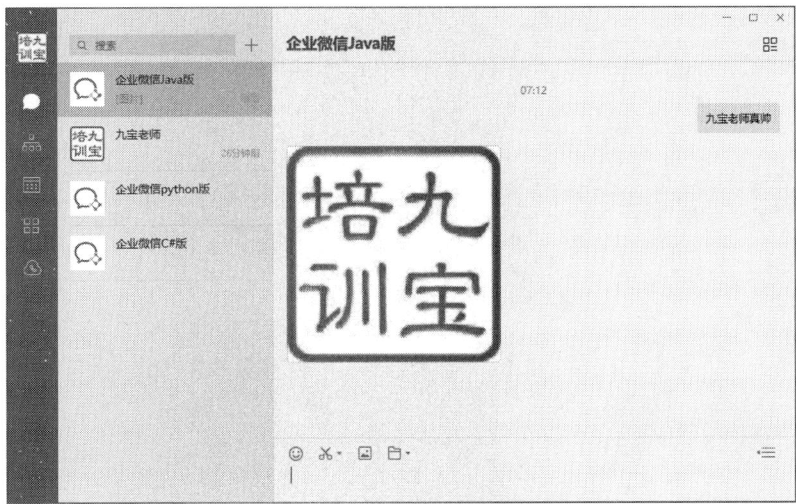

图 3-36　被动回复图片消息

3.16　被动回复语音消息

语音消息的明文 XML 结构代码如下。

```
<xml>
   <ToUserName><![CDATA[toUser]]></ToUserName>
   <FromUserName><![CDATA[fromUser]]></FromUserName>
   <CreateTime>1357290913</CreateTime>
   <MsgType><![CDATA[voice]]></MsgType>
   <Voice>
       <MediaId><![CDATA[media_id]]></MediaId>
   </Voice>
</xml>
```

参数说明如表 3-6 所示。

表 3-6　被动回复语音消息参数说明

参　　数	说　　明
ToUserName	成员 UserID
FromUserName	企业微信 CorpID
CreateTime	消息创建时间（整型）
MsgType	消息类型，此时固定为 voice
MediaId	语音文件 ID，可以调用获取媒体文件接口拉取

手动构造响应报文，代码如下。

```
<xml>
   <ToUserName><![CDATA[jiubao]]></ToUserName>
   <FromUserName><![CDATA[ww65866557c5992dfe]]></FromUserName>
   <CreateTime>1609629739304</CreateTime>
   <MsgType><![CDATA[voice]]></MsgType>
   <Voice>
     <MediaId><![CDATA[1luCXe2YVyYtoPKoAo40z97SzrPdpvsKp3Yp28jjkZkw]]></MediaId>
   </Voice>
</xml>
```

修改 WX_Interface 类，代码如下。

```
package util;

import java.io.IOException;
import java.io.PrintWriter;
import java.util.Date;

import javax.servlet.ServletException;
import javax.servlet.annotation.WebServlet;
import javax.servlet.http.HttpServlet;
import javax.servlet.http.HttpServletRequest;
import javax.servlet.http.HttpServletResponse;

import com.qq.weixin.mp.aes.AesException;

@WebServlet("/WX_Interface")
public class WX_Interface extends HttpServlet {
    protected void doGet(HttpServletRequest request, HttpServletResponse response)
throws ServletException, IOException {
        PrintWriter out = response.getWriter();
        try {
            String msg_signature = request.getParameter("msg_signature");
            String timestamp = request.getParameter("timestamp");
            String nonce = request.getParameter("nonce");
            String echostr = request.getParameter("echostr");
            String sEchoStr = WX_Args.getWxcpt().VerifyURL(msg_signature, timestamp,
nonce, echostr);
```

```
                out.println(sEchoStr);
            } catch (AesException e) {
                e.printStackTrace();
            }
            out.flush();
            out.close();
        }

        protected void doPost(HttpServletRequest request, HttpServletResponse response)
throws ServletException, IOException {
            request.setCharacterEncoding("UTF-8");
            response.setCharacterEncoding("UTF-8");

            PrintWriter out = response.getWriter();
            String requestStr = WX_Util.getEncryptStrFromRequest(request);
            System.out.println(requestStr);

            StringBuffer strb = new StringBuffer();
            strb.append(" <xml> ");
            strb.append("      <ToUserName><![CDATA[jiubao]]></ToUserName> ");
            strb.append("      <FromUserName><![CDATA[ww65866557c5992dfe]]>
</FromUserName> ");
            strb.append("      <CreateTime>"+new Date().getTime()+"</CreateTime> ");
            strb.append("     <MsgType><![CDATA[voice]]></MsgType> ");
            strb.append("     <Voice> ");
            strb.append("
<MediaId><![CDATA[1luCXe2YVyYtoPKoAo40z97SzrPdpvsKp3Yp28jjkZkw]]></MediaId> ");
            strb.append("     </Voice> ");
            strb.append(" </xml> ");

            System.out.println(strb.toString());
            String str = WX_Util.getEncryptStrForReturn(strb.toString());
            response.getWriter().print(str);
        }
    }
```

手动定义 voice 类型响应报文，代码如下。

```
    StringBuffer strb = new StringBuffer();
    strb.append(" <xml>");
    strb.append("   <ToUserName><![CDATA[jiubao]]></ToUserName>");
    strb.append("   <FromUserName><![CDATA[ww65866557c5992dfe]]></FromUserName>");
    strb.append("   <CreateTime>"+new Date().getTime()+"</CreateTime>");
    strb.append("   <MsgType><![CDATA[voice]]></MsgType>");
    strb.append("   <Voice> ");
    strb.append("     <MediaId><![CDATA[1luCXe2YVyYtoPKoAo40z97SzrPdpvsKp3Yp28jjkZkw]]>
</MediaId> ");
    strb.append("   </Voice>");
    strb.append(" </xml> ");
    System.out.println(strb.toString());
```

需要重点关注以下两点。

（1）企业微信响应报文是秘文。代码“String str = WX_Util.getEncryptStrForReturn(strb.toString());”的作用是加密。

（2）被动回复语音消息使用的语音文件 ID 是借鉴前文接收语音消息的参数。

最后，执行代码“response.getWriter().print(str); ”，响应腾讯服务器的请求。

该程序的执行效果如图 3-37 所示。

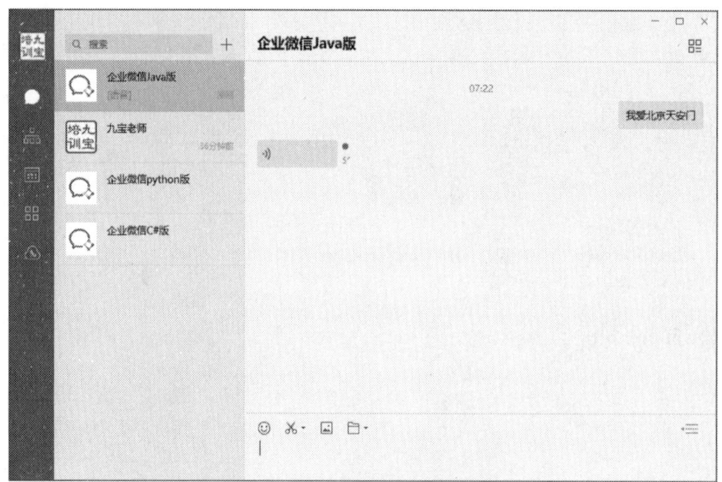

图 3-37　被动回复语音消息

3.17　被动回复视频消息

视频消息的明文 XML 结构代码如下。

```
<xml>
   <ToUserName><![CDATA[toUser]]></ToUserName>
   <FromUserName><![CDATA[fromUser]]></FromUserName>
   <CreateTime>1357290913</CreateTime>
   <MsgType><![CDATA[video]]></MsgType>
   <Video>
      <MediaId><![CDATA[media_id]]></MediaId>
      <Title><![CDATA[title]]></Title>
      <Description><![CDATA[description]]></Description>
   </Video>
</xml>
```

参数说明如表 3-7 所示。

表 3-7　被动回复视频消息参数说明

参　数	说　明
ToUserName	成员 UserID
FromUserName	企业微信 CorpID
CreateTime	消息创建时间（整型）
MsgType	消息类型，此时固定为 video
MediaId	视频文件 ID，可以调用获取媒体文件接口拉取
Title	视频消息的标题，不超过 128 B，超过会自动发生截断
Description	视频消息的描述，不超过 512 B，超过会自动发生截断

手动构造响应报文，代码如下。

```
<xml>
   <ToUserName><![CDATA[jiubao]]></ToUserName>
   <FromUserName><![CDATA[ww65866557c5992dfe]]></FromUserName>
   <CreateTime>1609630385579</CreateTime>
   <MsgType><![CDATA[video]]></MsgType>
   <Video>
      <MediaId><![CDATA[1A0WJhkVbX6GwkksD-r0xgq1RLzJA9o8UzyLQRi10DVTCsIMnQR-
```

```
FSWe0eZj0zb15]]></MediaId>
        <Title><![CDATA[使至塞上]]></Title>
        <Description><![CDATA[大漠孤烟直，长河落日圆。]]></Description>
    </Video>
</xml>
```

修改 WX_Interface 类，代码如下。

```
package util;

import java.io.IOException;
import java.io.PrintWriter;
import java.util.Date;

import javax.servlet.ServletException;
import javax.servlet.annotation.WebServlet;
import javax.servlet.http.HttpServlet;
import javax.servlet.http.HttpServletRequest;
import javax.servlet.http.HttpServletResponse;

import com.qq.weixin.mp.aes.AesException;

@WebServlet("/WX_Interface")
public class WX_Interface extends HttpServlet {

    protected void doGet(HttpServletRequest request, HttpServletResponse response)
throws ServletException, IOException {
        PrintWriter out = response.getWriter();
        try {
            String msg_signature = request.getParameter("msg_signature");
            String timestamp = request.getParameter("timestamp");
            String nonce = request.getParameter("nonce");
            String echostr = request.getParameter("echostr");
            String sEchoStr = WX_Args.getWxcpt().VerifyURL(msg_signature, timestamp,
nonce, echostr);
            out.println(sEchoStr);
        } catch (AesException e) {
            e.printStackTrace();
        }
        out.flush();
        out.close();
    }

    protected void doPost(HttpServletRequest request, HttpServletResponse response)
throws ServletException, IOException {
        request.setCharacterEncoding("UTF-8");
        response.setCharacterEncoding("UTF-8");

        PrintWriter out = response.getWriter();
        String requestStr = WX_Util.getEncryptStrFromRequest(request);
        System.out.println(requestStr);

        StringBuffer strb = new StringBuffer();
        strb.append(" <xml> ");
        strb.append("   <ToUserName><![CDATA[jiubao]]></ToUserName> ");
        strb.append("   <FromUserName><![CDATA[ww65866557c5992dfe]]>
</FromUserName> ");
        strb.append("   <CreateTime>"+new Date().getTime()+"</CreateTime> ");
```

```
            strb.append("   <MsgType><![CDATA[video]]></MsgType> ");
            strb.append("   <Video> ");
            strb.append("     <MediaId><![CDATA[1A0WJhkVbX6GwkksD-
r0xgq1RLzJA9o8UzyLQRi1ODVTCsIMnQR-FSWe0eZj0zb15]]></MediaId> ");
            strb.append("     <Title><![CDATA[使至塞上]]></Title> ");
            strb.append("     <Description><![CDATA[大漠孤烟直，长河落日圆。]]>
</Description> ");
            strb.append("   </Video> ");
            strb.append(" </xml> ");

            System.out.println(strb.toString());
            String str = WX_Util.getEncryptStrForReturn(strb.toString());
            response.getWriter().print(str);
        }
    }
```

手动定义 video 类型响应报文，代码如下。

```
    StringBuffer strb = new StringBuffer();
    strb.append(" <xml>");
    strb.append("   <ToUserName><![CDATA[jiubao]]></ToUserName>");
    strb.append("   <FromUserName><![CDATA[ww65866557c5992dfe]]></FromUserName>");
    strb.append("   <CreateTime>"+new Date().getTime()+"</CreateTime>");
    strb.append("   <MsgType><![CDATA[video]]></MsgType>");
    strb.append("   <Video> ");
    strb.append("     <MediaId><![CDATA[1A0WJhkVbX6GwkksD-
r0xgq1RLzJA9o8UzyLQRi1ODVTCsIMnQR-FSWe0eZj0zb15]]></MediaId>");
    strb.append("     <Title><![CDATA[使至塞上]]></Title> ");
    strb.append("     <Description><![CDATA[大漠孤烟直，长河落日圆。]]></Description> ");
    strb.append("   </Video>");
    strb.append(" </xml> ");
    System.out.println(strb.toString());
```

需要重点关注以下两点。

（1）企业微信响应报文是秘文。代码“String str = WX_Util.getEncryptStrForReturn(strb.toString());”的作用是加密。

（2）被动回复视频消息使用的视频文件 ID 是借鉴前文接收视频消息的参数。

最后，执行代码“response.getWriter().print(str); ”，响应腾讯服务器的请求。

该程序的执行效果如图 3-38 所示。

图 3-38　被动回复视频消息

3.18 被动回复图文消息

图文消息的明文 XML 结构代码如下。

```
<xml>
   <ToUserName><![CDATA[toUser]]></ToUserName>
   <FromUserName><![CDATA[fromUser]]></FromUserName>
   <CreateTime>12345678</CreateTime>
   <MsgType><![CDATA[news]]></MsgType>
   <ArticleCount>2</ArticleCount>
   <Articles>
       <item>
           <Title><![CDATA[title1]]></Title>
           <Description><![CDATA[description1]]></Description>
           <PicUrl><![CDATA[picurl]]></PicUrl>
           <Url><![CDATA[url]]></Url>
       </item>
       <item>
           <Title><![CDATA[title]]></Title>
           <Description><![CDATA[description]]></Description>
           <PicUrl><![CDATA[picurl]]></PicUrl>
           <Url><![CDATA[url]]></Url>
       </item>
   </Articles>
</xml>
```

参数说明如表 3-8 所示。

表 3-8　被动回复图文消息参数说明

参　　数	说　　明
ToUserName	成员 UserID
FromUserName	企业微信 CorpID
CreateTime	消息创建时间（整型）
MsgType	消息类型，此时固定为 news
ArticleCount	图文消息的数量
Title	标题，不超过 128 B，超过会自动发生截断
Description	描述，不超过 512 B，超过会自动发生截断
Url	单击后跳转的链接
PicUrl	图文消息的图片链接，支持 JPG、PNG 格式，较好的效果为大图 640×320 像素，小图 80×80 像素

手动构造响应报文代码如下。

```
<xml>
     <ToUserName><![CDATA[jiubao]]></ToUserName>
     <FromUserName><![CDATA[ww65866557c5992dfe]]></FromUserName>
     <CreateTime>1609642121141</CreateTime>
     <MsgType><![CDATA[news]]></MsgType>
     <ArticleCount>2</ArticleCount>
     <Articles>
          <item>
               <Title><![CDATA[一将功成万骨枯]]></Title>
               <Description><![CDATA[一个将帅的成功是靠牺牲成千上万人的生命换来的]]>
</Description>
               <PicUrl><![CDATA[https://mat1.gtimg.com/pingjs/ext2020/qqindex2018/
dist/img/qq_logo_2x.png]]></PicUrl>
```

```
            <Url><![CDATA[https://www.qq.com/]]></Url>
        </item>
        <item>
            <Title><![CDATA[只解沙场为国死，何须马革裹尸还。]]></Title>
            <Description><![CDATA[战士只知道在战场上为国捐躯，哪会想将来战死后尸体以马革包
裹而还。]]></Description>
            <PicUrl><![CDATA[https://mat1.gtimg.com/pingjs/ext2020/qqindex2018/
dist/img/qq_logo_2x.png]]></PicUrl>
            <Url><![CDATA[https://www.qq.com/]]></Url>
        </item>
    </Articles>
</xml>
```

修改 WX_Interface 类，代码如下。

```
package util;

import java.io.IOException;
import java.io.PrintWriter;
import java.util.Date;

import javax.servlet.ServletException;
import javax.servlet.annotation.WebServlet;
import javax.servlet.http.HttpServlet;
import javax.servlet.http.HttpServletRequest;
import javax.servlet.http.HttpServletResponse;

import com.qq.weixin.mp.aes.AesException;

@WebServlet("/WX_Interface")
public class WX_Interface extends HttpServlet {
    protected void doGet(HttpServletRequest request, HttpServletResponse response)
throws ServletException, IOException {
        PrintWriter out = response.getWriter();
        try {
            String msg_signature = request.getParameter("msg_signature");
            String timestamp = request.getParameter("timestamp");
            String nonce = request.getParameter("nonce");
            String echostr = request.getParameter("echostr");
            String sEchoStr = WX_Args.getWxcpt().VerifyURL(msg_signature, timestamp,
nonce, echostr);
            out.println(sEchoStr);
        } catch (AesException e) {
            e.printStackTrace();
        }
        out.flush();
        out.close();
    }

    protected void doPost(HttpServletRequest request, HttpServletResponse response)
throws ServletException, IOException {
        request.setCharacterEncoding("UTF-8");
        response.setCharacterEncoding("UTF-8");

        PrintWriter out = response.getWriter();

        String requestStr = WX_Util.getEncryptStrFromRequest(request);
        System.out.println(requestStr);

        StringBuffer strb = new StringBuffer();
```

```
            strb.append(" <xml> ");
            strb.append("     <ToUserName><![CDATA[jiubao]]></ToUserName> ");
            strb.append("     <FromUserName><![CDATA[ww65866557c5992dfe]]>
</FromUserName> ");
            strb.append("     <CreateTime>"+new Date().getTime()+"</CreateTime> ");
            strb.append("    <MsgType><![CDATA[news]]></MsgType> ");
            strb.append("    <ArticleCount>2</ArticleCount> ");
            strb.append("    <Articles> ");
            strb.append("       <item> ");
            strb.append("          <Title><![CDATA[一将功成万骨枯]]></Title>  ");
            strb.append("          <Description><![CDATA[一个将帅的成功是靠牺牲成千上万人
的生命换来的]]></Description> ");
            strb.append("          <PicUrl><![CDATA[https://mat1.gtimg.com/pingjs/
ext2020/qqindex2018/dist/img/qq_logo_2x.png]]></PicUrl> ");
            strb.append("          <Url><![CDATA[https://www.qq.com/]]></Url> ");
            strb.append("       </item> ");
            strb.append("       <item> ");
            strb.append("          <Title><![CDATA[只解沙场为国死，何须马革裹尸还。]]>
</Title> ");
            strb.append("          <Description><![CDATA[战士只知道在战场上为国捐躯，哪会想
将来战死后尸体以马革包裹而还。]]></Description> ");
            strb.append("          <PicUrl><![CDATA[https://mat1.gtimg.com/pingjs/
ext2020/qqindex2018/dist/img/qq_logo_2x.png]]></PicUrl> ");
            strb.append("          <Url><![CDATA[https://www.qq.com/]]></Url> ");
            strb.append("       </item> ");
            strb.append("    </Articles> ");
            strb.append(" </xml> ");

            System.out.println(strb.toString());
            String str = WX_Util.getEncryptStrForReturn(strb.toString());
            response.getWriter().print(str);
        }
    }
```

手动定义 news 类型响应报文，代码如下。

```
    StringBuffer strb = new StringBuffer();
    strb.append(" <xml> ");
    strb.append("     <ToUserName><![CDATA[jiubao]]></ToUserName> ");
    strb.append("     <FromUserName><![CDATA[ww65866557c5992dfe]]></FromUserName> ");
    strb.append("     <CreateTime>"+new Date().getTime()+"</CreateTime> ");
    strb.append("    <MsgType><![CDATA[news]]></MsgType> ");
    strb.append("    <ArticleCount>2</ArticleCount> ");
    strb.append("    <Articles> ");
    strb.append("       <item> ");
    strb.append("          <Title><![CDATA[一将功成万骨枯]]></Title>  ");
    strb.append("          <Description><![CDATA[一个将帅的成功是靠牺牲成千上万人的生命换来
的]]></Description> ");
    strb.append("          <PicUrl><![CDATA[https://mat1.gtimg.com/pingjs/ext2020/
qqindex2018/dist/img/qq_logo_2x.png]]></PicUrl> ");
    strb.append("          <Url><![CDATA[https://www.qq.com/]]></Url> ");
    strb.append("       </item> ");
    strb.append("       <item> ");
    strb.append("          <Title><![CDATA[只解沙场为国死，何须马革裹尸还。]]></Title> ");
    strb.append("          <Description><![CDATA[战士只知道在战场上为国捐躯，哪会想将来战死后
尸体以马革包裹而还。]]></Description> ");
    strb.append("          <PicUrl><![CDATA[https://mat1.gtimg.com/pingjs/ext2020/
qqindex2018/dist/img/qq_logo_2x.png]]></PicUrl> ");
    strb.append("          <Url><![CDATA[https://www.qq.com/]]></Url> ");
    strb.append("       </item> ");
```

```
strb.append("    </Articles> ");
strb.append(" </xml> ");
System.out.println(strb.toString());
```

需要重点关注的是以下 6 点。

（1）企业微信响应报文是秘文。代码“String str = WX_Util.getEncryptStrForReturn(strb.toString());”的作用是加密。

（2）ArticleCount 指的是图文消息的数量。

（3）Title 指的是标题，不超过 128 B，超过会自动截断。

（4）Description 指的是描述，不超过 512 B，超过会自动截断。

（5）Url 指的是单击后跳转的链接。

（6）PicUrl 指的是图文消息的图片链接，支持 JPG、PNG 格式，较好的效果为大图 640×320 像素，小图 80×80 像素。

最后，执行代码“response.getWriter().print(str); ”，响应腾讯服务器的请求。

该程序的执行效果如图 3-39 所示。

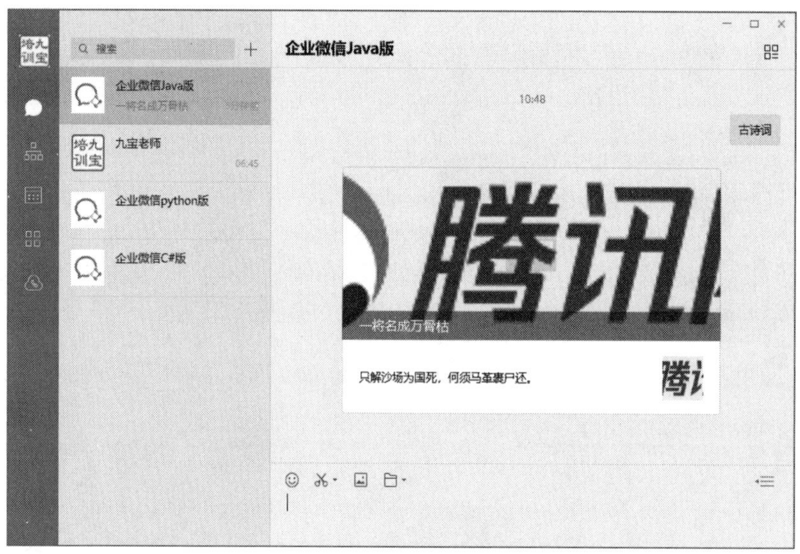

图 3-39　被动回复图文消息

▶ **注意：** 当 ArticleCount 大于 1 时，Description 不被显示。

修改程序，代码如下。

```
package util;

import java.io.IOException;
import java.io.PrintWriter;
import java.util.Date;

import javax.servlet.ServletException;
import javax.servlet.annotation.WebServlet;
import javax.servlet.http.HttpServlet;
import javax.servlet.http.HttpServletRequest;
import javax.servlet.http.HttpServletResponse;

import com.qq.weixin.mp.aes.AesException;
```

```
    @WebServlet("/WX_Interface")
    public class WX_Interface extends HttpServlet {
        protected void doGet(HttpServletRequest request, HttpServletResponse response)
throws ServletException, IOException {
            PrintWriter out = response.getWriter();
            try {
                String msg_signature = request.getParameter("msg_signature");
                String timestamp = request.getParameter("timestamp");
                String nonce = request.getParameter("nonce");
                String echostr = request.getParameter("echostr");
                String sEchoStr = WX_Args.getWxcpt().VerifyURL(msg_signature, timestamp,
nonce, echostr);
                out.println(sEchoStr);
            } catch (AesException e) {
                e.printStackTrace();
            }
            out.flush();
            out.close();
        }

        protected void doPost(HttpServletRequest request, HttpServletResponse response)
throws ServletException, IOException {
            request.setCharacterEncoding("UTF-8");
            response.setCharacterEncoding("UTF-8");

            PrintWriter out = response.getWriter();
            String requestStr = WX_Util.getEncryptStrFromRequest(request);
            System.out.println(requestStr);

            StringBuffer strb = new StringBuffer();
            strb.append(" <xml> ");
            strb.append("     <ToUserName><![CDATA[jiubao]]></ToUserName> ");
            strb.append("     <FromUserName><![CDATA[ww65866557c5992dfe]]>
</FromUserName> ");
            strb.append("     <CreateTime>"+new Date().getTime()+"</CreateTime> ");
            strb.append("    <MsgType><![CDATA[news]]></MsgType> ");
            strb.append("    <ArticleCount>1</ArticleCount> ");
            strb.append("    <Articles> ");
            strb.append("       <item> ");
            strb.append("          <Title><![CDATA[一将功成万骨枯]]></Title>  ");
            strb.append("          <Description><![CDATA[一个将帅的成功是靠牺牲成千上万人
的生命换来的]]></Description> ");
            strb.append("          <PicUrl><![CDATA[https://mat1.gtimg.com/pingjs/
ext2020/qqindex2018/dist/img/qq_logo_2x.png]]></PicUrl> ");
            strb.append("          <Url><![CDATA[https://www.qq.com/]]></Url> ");
            strb.append("       </item> ");
            strb.append("    </Articles> ");
            strb.append(" </xml> ");

            System.out.println(strb.toString());
            String str = WX_Util.getEncryptStrForReturn(strb.toString());
            response.getWriter().print(str);
        }
    }
```

使用一样的方式测试，效果如图 3-40 所示。

图 3-40　被动回复图文消息（显示描述）

3.19　事件

企业微信后台开启接收消息模式后，可以配置接收事件消息。当企业微信成员通过企业微信计算机端/手机端应用或微工作台（原企业号）触发进入应用、上报地理位置、单击菜单等事件时，企业微信会将这些事件消息发送给业务服务器。

企业微信提供的事件代码如下。

（1）成员关注及取消关注事件。

（2）进入应用。

（3）上报地理位置。

（4）异步任务完成事件推送。

（5）通讯录变更事件，包括新增、更新和删除成员事件，新增、更新和删除部门事件，以及标签成员变更事件。

（6）菜单事件，包括以下内容。

- 单击菜单拉取消息的事件推送。
- 单击菜单跳转链接的事件推送。
- 扫码推事件的事件推送。
- 扫码推事件且弹出“消息接收中”提示框的事件推送。
- 弹出系统拍照发图的事件推送。
- 弹出拍照或者相册发图的事件推送。
- 弹出微信相册发图器的事件推送。
- 弹出地理位置选择器的事件推送。

（7）审批状态通知事件。

（8）任务卡片事件推送。

（9）共享应用事件回调。

注意：部分事件需要在企业微信后台配置 API，配置过程如图 3-41～图 3-43 所示。

图 3-41　事件后台配置 1

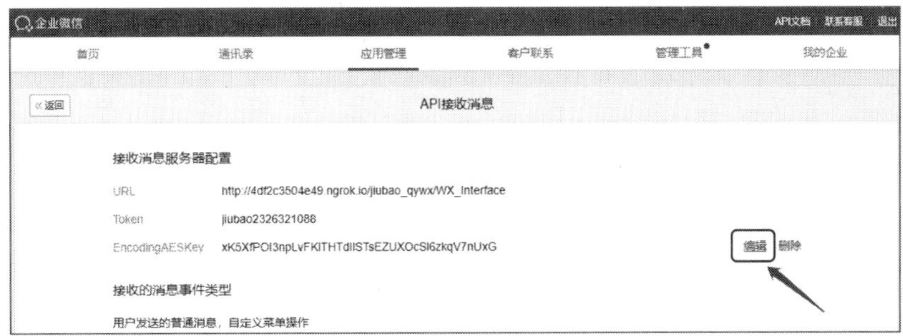

图 3-42　事件后台配置 2

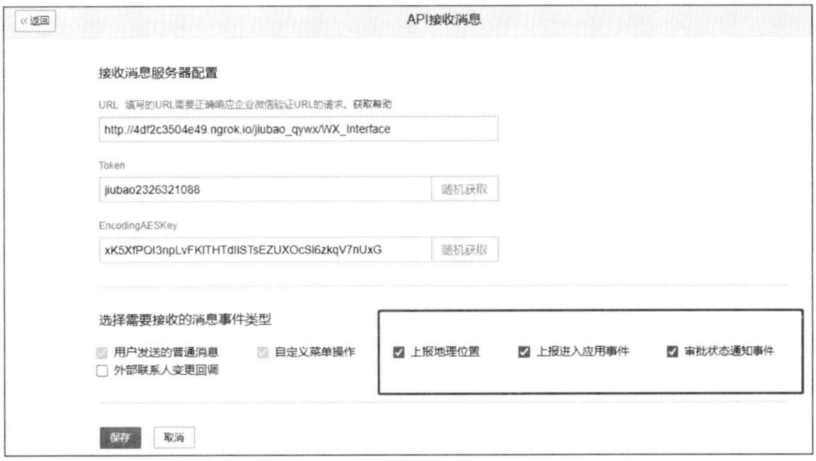

图 3-43　事件后台配置 3

企业微信回调开发方式的事件消息实现思路，与文本消息、图片消息、语音消息、视频消息、位置消息、链接消息相似，本节不再赘述。需要注意的是，通讯录变更事件、菜单事件与后续讲解主动开发方式的章节管理密切，读者可以结合主动开发方式的内容，对企业微信事件进行学习。

第 4 章　回调开发架构设计建议

4.1　本章总说

关于回调开发方式，企业微信与微信公众号的软件架构设计需要解决的问题比较相似，不同点是企业微信相比微信公众号更复杂一些。

4.2　基础工作

本节继续沿用前序章节的程序，在此基础上进行修改、完善。

定义 WX_Args 类，程序代码如下。

```
package util;

import com.qq.weixin.mp.aes.WXBizMsgCrypt;

public class WX_Args {
    public static final String CORPID = "ww65866557c5992dfe";
    private static String Token = "jiubao2326321088";
    private static String EncodingAESKey =
"xK5XfPOI3npLvFKlTHTdIlSTsEZUXOcSl6zkqV7nUxG";
    private static WXBizMsgCrypt wxcpt = null;

    static {
        try {
            wxcpt = new WXBizMsgCrypt(Token, EncodingAESKey, CORPID);
        } catch (Exception e) {
            e.printStackTrace();
        }
    }

    public static WXBizMsgCrypt getWxcpt() {
        return wxcpt;
    }
}
```

定义 WX_Interface 类，程序代码如下。

```
package util;

import java.io.IOException;
import java.io.PrintWriter;
import java.util.Date;

import javax.servlet.ServletException;
import javax.servlet.annotation.WebServlet;
import javax.servlet.http.HttpServlet;
```

```
    import javax.servlet.http.HttpServletRequest;
    import javax.servlet.http.HttpServletResponse;

    import com.qq.weixin.mp.aes.AesException;

    @WebServlet("/WX_Interface")
    public class WX_Interface extends HttpServlet {

        protected void doGet(HttpServletRequest request, HttpServletResponse response)
throws ServletException, IOException {
            PrintWriter out = response.getWriter();
            try {
                String msg_signature = request.getParameter("msg_signature");
                String timestamp = request.getParameter("timestamp");
                String nonce = request.getParameter("nonce");
                String echostr = request.getParameter("echostr");
                String sEchoStr = WX_Args.getWxcpt().VerifyURL(msg_signature, timestamp,
nonce, echostr);
                out.println(sEchoStr);
            } catch (AesException e) {
                e.printStackTrace();
            }
            out.flush();
            out.close();
        }

        protected void doPost(HttpServletRequest request, HttpServletResponse response)
throws ServletException, IOException {

            request.setCharacterEncoding("UTF-8");
            response.setCharacterEncoding("UTF-8");

            PrintWriter out = response.getWriter();

            String requestStr = WX_Util.getEncryptStrFromRequest(request);
            System.out.println(requestStr);

            StringBuffer strb = new StringBuffer();
            strb.append(" <xml> ");
            strb.append("   <ToUserName><![CDATA[jiubao]]></ToUserName> ");
            strb.append("   <FromUserName><![CDATA[ww65866557c5992dfe]]>
</FromUserName> ");
            strb.append("   <CreateTime>"+new Date().getTime()+"</CreateTime> ");
            strb.append("   <MsgType><![CDATA[news]]></MsgType> ");
            strb.append("   <ArticleCount>1</ArticleCount> ");
            strb.append("   <Articles> ");
            strb.append("     <item> ");
            strb.append("       <Title><![CDATA[一将功成万骨枯]]></Title>  ");
            strb.append("       <Description><![CDATA[一个将帅的成功是靠牺牲成千上万人的生命
换来的]]></Description> ");
            strb.append("       <PicUrl><![CDATA[https://mat1.gtimg.com/pingjs/
ext2020/qqindex2018/dist/img/qq_logo_2x.png]]></PicUrl> ");
            strb.append("       <Url><![CDATA[https://www.qq.com/]]></Url> ");
            strb.append("     </item> ");
            strb.append("   </Articles> ");
            strb.append(" </xml> ");

            System.out.println(strb.toString());
```

```
            String str = WX_Util.getEncryptStrForReturn(strb.toString());

            response.getWriter().print(str);
        }
    }
```

定义 WX_Util 类，程序代码如下。

```
    package util;

    import java.io.BufferedReader;
    import java.io.InputStreamReader;
    import java.util.Date;
    import javax.servlet.http.HttpServletRequest;

    public class WX_Util {
        public static String getEncryptStrFromRequest(HttpServletRequest request){
            String msg_signature = request.getParameter("msg_signature");
            String timestamp = request.getParameter("timestamp");
            String nonce = request.getParameter("nonce");
            String requestStr = WX_Util.getStringInputstream(request);
            try {
                return WX_Args.getWxcpt().DecryptMsg(msg_signature, timestamp, nonce,
requestStr);
            } catch (Exception e) {
                e.printStackTrace();
                return null;
            }
        }

        public static String getStringInputstream(HttpServletRequest request){
            StringBuffer strb = new StringBuffer();
            try {
                BufferedReader reader = new BufferedReader(new InputStreamReader
(request.getInputStream()));
                String str = null;
                while(null!=( str = reader.readLine())){
                    strb.append(str);
                }
                reader.close();
            } catch (Exception e) {
                e.printStackTrace();
            }
            return strb.toString();
        }

        public static String getEncryptStrForReturn(String str) {
            String timestamp = new Date().getTime() + "";
            String nonce = new Date().getTime() + "";
            try {
                return WX_Args.getWxcpt().EncryptMsg(str, timestamp, nonce);
            } catch (Exception e) {
                e.printStackTrace();
                return null;
            }
        }
    }
```

启动服务，保证回调开发方式配置正确，效果如图 4-1 所示。

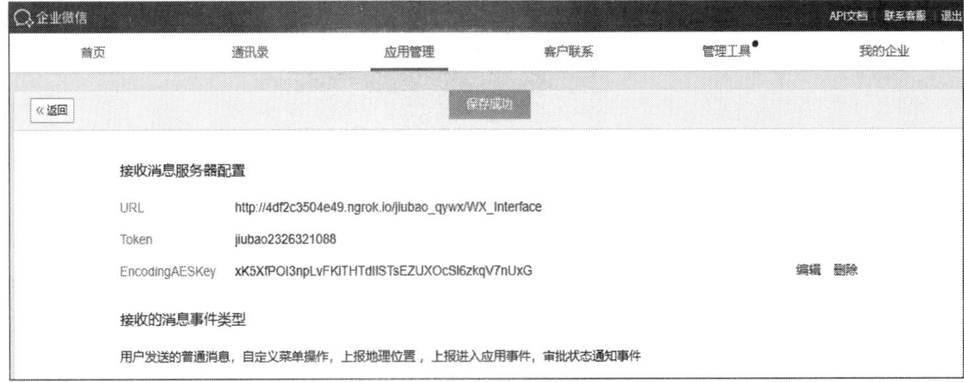

图 4-1　回调开发方式配置正确

4.3　封装请求与响应

定义 WXRequestBase 类，程序代码如下。

```
package bean;

import util.WX_Util;

public class WXRequestBase {
    private String ToUserName;
    private String FromUserName;
    private String CreateTime;
    private String MsgType;
    private String MsgId;
    private String AgentID;

    public WXRequestBase(String requestStr) {
        this.setToUserName(WX_Util.getXMLCDATA(requestStr,"ToUserName"));
        this.setFromUserName(WX_Util.getXMLCDATA(requestStr,"FromUserName"));
        this.setCreateTime(WX_Util.getXMLCDATA(requestStr,"CreateTime"));
        this.setMsgType(WX_Util.getXMLCDATA(requestStr,"MsgType"));
        this.setMsgId(WX_Util.getXMLCDATA(requestStr,"MsgId"));
        this.setAgentID(WX_Util.getXMLCDATA(requestStr,"AgentID"));
    }

    public String toString() {
        return "WXRequestBase [ToUserName=" + ToUserName + ", FromUserName=" +
FromUserName + ", CreateTime=" + CreateTime + ", MsgType=" + MsgType + ", MsgId=" + MsgId
+ ", AgentID=" + AgentID + "]";
    }

    public String getToUserName() {
        return ToUserName;
    }
    public void setToUserName(String toUserName) {
        ToUserName = toUserName;
    }
    public String getFromUserName() {
        return FromUserName;
    }
    public void setFromUserName(String fromUserName) {
```

```
        FromUserName = fromUserName;
    }
    public String getCreateTime() {
        return CreateTime;
    }
    public void setCreateTime(String createTime) {
        CreateTime = createTime;
    }
    public String getMsgType() {
        return MsgType;
    }
    public void setMsgType(String msgType) {
        MsgType = msgType;
    }
    public String getMsgId() {
        return MsgId;
    }
    public void setMsgId(String msgId) {
        MsgId = msgId;
    }
    public String getAgentID() {
        return AgentID;
    }
    public void setAgentID(String agentID) {
        AgentID = agentID;
    }
}
```

定义 WXRequest 类，程序代码如下。

```
package bean;

import util.WX_Util;

public class WXRequest extends WXRequestBase {
    private String Content;
    private String PicUrl;
    private String MediaId;
    private String Format;
    private String ThumbMediaId;
    private String Location_X;
    private String Location_Y;
    private String Scale;
    private String Label;
    private String AppType;
    private String Title;
    private String Description;
    private String Url;

    public WXRequest(String requestStr) {
        super(requestStr);
        this.setContent(WX_Util.getXMLCDATA(requestStr,"Content"));
        this.setPicUrl(WX_Util.getXMLCDATA(requestStr,"PicUrl"));
        this.setMediaId(WX_Util.getXMLCDATA(requestStr,"MediaId"));
        this.setFormat(WX_Util.getXMLCDATA(requestStr,"Format"));
        this.setThumbMediaId(WX_Util.getXMLCDATA(requestStr,"ThumbMediaId"));
        this.setLocation_X(WX_Util.getXMLCDATA(requestStr,"Location_X"));
        this.setLocation_Y(WX_Util.getXMLCDATA(requestStr,"Location_Y"));
        this.setScale(WX_Util.getXMLCDATA(requestStr,"Scale"));
        this.setLabel(WX_Util.getXMLCDATA(requestStr,"Label"));
        this.setAppType(WX_Util.getXMLCDATA(requestStr,"AppType"));
```

```
            this.setTitle(WX_Util.getXMLCDATA(requestStr,"Title"));
            this.setDescription(WX_Util.getXMLCDATA(requestStr,"Description"));
            this.setUrl(WX_Util.getXMLCDATA(requestStr,"Url"));
        }

        public String toString() {
            return "WXRequest [Content=" + Content + ", PicUrl=" + PicUrl + ", MediaId=" +
MediaId + ", Format=" + Format + ", ThumbMediaId=" + ThumbMediaId + ", Location_X=" +
Location_X + ", Location_Y=" + Location_Y + ", Scale=" + Scale + ", Label=" + Label + ", AppType="
+ AppType + ", Title=" + Title + ", Description=" + Description + ", Url=" + Url + "]";
        }

        public String getContent() {
            return Content;
        }
        public void setContent(String content) {
            Content = content;
        }
        public String getPicUrl() {
            return PicUrl;
        }
        public void setPicUrl(String picUrl) {
            PicUrl = picUrl;
        }
        public String getMediaId() {
            return MediaId;
        }
        public void setMediaId(String mediaId) {
            MediaId = mediaId;
        }
        public String getFormat() {
            return Format;
        }
        public void setFormat(String format) {
            Format = format;
        }
        public String getThumbMediaId() {
            return ThumbMediaId;
        }
        public void setThumbMediaId(String thumbMediaId) {
            ThumbMediaId = thumbMediaId;
        }
        public String getLocation_X() {
            return Location_X;
        }
        public void setLocation_X(String location_X) {
            Location_X = location_X;
        }
        public String getLocation_Y() {
            return Location_Y;
        }
        public void setLocation_Y(String location_Y) {
            Location_Y = location_Y;
        }
        public String getScale() {
            return Scale;
        }
        public void setScale(String scale) {
            Scale = scale;
```

```
        }
        public String getLabel() {
            return Label;
        }
        public void setLabel(String label) {
            Label = label;
        }
        public String getAppType() {
            return AppType;
        }
        public void setAppType(String appType) {
            AppType = appType;
        }
        public String getTitle() {
            return Title;
        }
        public void setTitle(String title) {
            Title = title;
        }
        public String getDescription() {
            return Description;
        }
        public void setDescription(String description) {
            Description = description;
        }
        public String getUrl() {
            return Url;
        }
        public void setUrl(String url) {
            Url = url;
        }
    }
```

定义 WXResponse 类，程序代码如下。

```
package bean;

import java.util.ArrayList;
import java.util.List;
import util.WX_Util;

public class WXResponse {
    private String ToUserName;
    private String FromUserName;
    private String CreateTime;
    private String MsgType;
    private String Content;
    private String MediaId;
    private String Title;
    private String Description;
    private String PicUrl;
    private String Url;
    private List<WXResponse> Articles = new ArrayList<WXResponse>();
    private String ArticleCount;

    private WXResponse() {

    }

    private WXResponse(WXRequestBase wxRequestBase,String msgType) {
```

```
        this.setToUserName(wxRequestBase.getFromUserName());
        this.setFromUserName(wxRequestBase.getToUserName());
        this.setMsgType(msgType);
        this.setCreateTime(WX_Util.getCreateTime());
    }

    public static WXResponse getWXResponseTextBean(WXRequestBase wxRequestBase,
String content) {
        WXResponse response = new WXResponse(wxRequestBase,"text");
        response.setContent(content);
        return response;
    }
    public static String getWXResponseTextStr(WXRequestBase wxRequestBase,String
content) {
        WXResponse response = WXResponse.getWXResponseTextBean(wxRequestBase,
content);
        StringBuffer strb = new StringBuffer();
        strb.append(" <xml> ");
        strb.append("   <ToUserName><![CDATA["+response.getToUserName()+"]]>
</ToUserName>     ");
        strb.append("   <FromUserName><![CDATA["+response.getFromUserName()+"]]>
</FromUserName>");
        strb.append("   <CreateTime>"+response.getCreateTime()+"</CreateTime>");
        strb.append("   <MsgType><![CDATA["+response.getMsgType()+"]]></MsgType>");
        strb.append("   <Content><![CDATA["+content+"]]></Content>");
        strb.append(" </xml>");
        return strb.toString();
    }

    public static WXResponse getWXResponseImageBean(WXRequestBase wxRequestBase,
String media_id) {
        WXResponse response = new WXResponse(wxRequestBase,"image");
        response.setMediaId(media_id);
        return response;
    }
    public static String getWXResponseImageStr(WXRequestBase wxRequestBase,String
media_id) {
        WXResponse response = WXResponse.getWXResponseImageBean(wxRequestBase,
media_id);
        StringBuffer strb = new StringBuffer();
        strb.append(" <xml> ");
        strb.append("   <ToUserName><![CDATA["+response.getToUserName()+"]]>
</ToUserName>");
        strb.append("   <FromUserName><![CDATA["+response.getFromUserName()+"]]>
</FromUserName>");
        strb.append("   <CreateTime>"+response.getCreateTime()+"</CreateTime>");
        strb.append("   <MsgType><![CDATA["+response.getMsgType()+"]]></MsgType>");
        strb.append("   <Image> ");
        strb.append("     <MediaId><![CDATA["+media_id+"]]></MediaId> ");
        strb.append("   </Image> ");
        strb.append(" </xml> ");
        return strb.toString();
    }

    public static WXResponse getWXResponseVoiceBean(WXRequestBase wxRequestBase,
String media_id) {
        WXResponse response = new WXResponse(wxRequestBase,"voice");
        response.setMediaId(media_id);
```

```
        return response;
    }
    public static String getWXResponseVoiceStr(WXRequestBase wxRequestBase,String
media_id) {
        WXResponse response = WXResponse.getWXResponseVoiceBean(wxRequestBase,
media_id);
        StringBuffer strb = new StringBuffer();
        strb.append(" <xml> ");
        strb.append("   <ToUserName><![CDATA["+response.getToUserName()+"]]>
</ToUserName>     ");
        strb.append("   <FromUserName><![CDATA["+response.getFromUserName()+"]]>
</FromUserName>");
        strb.append("   <CreateTime>"+response.getCreateTime()+"</CreateTime>");
        strb.append("   <MsgType><![CDATA["+response.getMsgType()+"]]></MsgType>");
        strb.append("   <Voice> ");
        strb.append("     <MediaId><![CDATA["+media_id+"]]></MediaId> ");
        strb.append("   </Voice> ");
        strb.append(" </xml> ");
        return strb.toString();
    }

    public static WXResponse getWXResponseVideoBean(
            WXRequestBase wxRequestBase,
            String media_id,
            String title,
            String description) {
        WXResponse response = new WXResponse(wxRequestBase,"video");
        response.setMediaId(media_id);
        response.setTitle(title);
        response.setDescription(description);
        return response;
    }
    public static String getWXResponseVideoStr(
            WXRequestBase wxRequestBase,
            String media_id,
            String title,
            String description) {
        WXResponse response = WXResponse.getWXResponseVideoBean(
                wxRequestBase,
                media_id,
                title,
                description);
        StringBuffer strb = new StringBuffer();
        strb.append(" <xml> ");
        strb.append("   <ToUserName><![CDATA["+response.getToUserName()+"]]>
</ToUserName>     ");
        strb.append("   <FromUserName><![CDATA["+response.getFromUserName()+"]]>
</FromUserName>");
        strb.append("   <CreateTime>"+response.getCreateTime()+"</CreateTime>");
        strb.append("   <MsgType><![CDATA["+response.getMsgType()+"]]></MsgType>");
        strb.append("   <Video> ");
        strb.append("     <MediaId><![CDATA["+media_id+"]]></MediaId>");
        strb.append("     <Title><![CDATA["+title+"]]></Title> ");
        strb.append("     <Description><![CDATA["+description+"]]>
</Description>");
        strb.append("   </Video> ");
        strb.append(" </xml> ");
        return strb.toString();
    }
```

```
	public static WXResponse getWXResponseNewsBean(WXRequestBase wxRequestBase, 
List<WXResponse> articles) {
		WXResponse response = new WXResponse(wxRequestBase,"news");
		response.setArticles(articles);
		response.setArticleCount(articles.size()+"");
		return response;
	}
	public static WXResponse getWXResponseNewsArticle(
			String title,
			String description,
			String picurl,
			String url
			) {
		WXResponse wxResponse = new WXResponse();
		wxResponse.setTitle(title);
		wxResponse.setDescription(description);
		wxResponse.setPicUrl(picurl);
		wxResponse.setUrl(url);
		return wxResponse;
	}
	public static String getWXResponseNewsStr(WXRequestBase wxRequestBase,List
<WXResponse> articles) {
		WXResponse response = WXResponse.getWXResponseNewsBean(wxRequestBase, 
articles);
		StringBuffer strb = new StringBuffer();
		strb.append(" <xml>");
		strb.append("   <ToUserName><![CDATA["+response.getToUserName()+"]]>
</ToUserName>     ");
		strb.append("   <FromUserName><![CDATA["+response.getFromUserName()+"]]>
</FromUserName>");
		strb.append("   <CreateTime>"+response.getCreateTime()+"</CreateTime>");
		strb.append("   <MsgType><![CDATA["+response.getMsgType()+"]]></MsgType>");
		strb.append("   <ArticleCount>"+response.getArticleCount()+
"</ArticleCount>");
		strb.append("   <Articles>");
		for(int x = 0 ; x < articles.size() ; x++) {
			strb.append("   <item>");
			strb.append("     <Title><![CDATA["+articles.get(x).getTitle()+"]]>
</Title>");
			strb.append("     <Description><![CDATA["+articles.get(x)
.getDescription()+"]]></Description>");
			strb.append("     <PicUrl><![CDATA["+articles.get(x).getPicUrl()+"]]>
</PicUrl>");
			strb.append("     <Url><![CDATA["+articles.get(x).getUrl()+"]]></Url>);
			strb.append("   </item>");
		}
		strb.append("  </Articles>");
		strb.append("</xml>");
		return strb.toString();
	}

	public String getToUserName() {
		return ToUserName;
	}
	public void setToUserName(String toUserName) {
		ToUserName = toUserName;
	}
	public String getFromUserName() {
```

```
        return FromUserName;
    }
    public void setFromUserName(String fromUserName) {
        FromUserName = fromUserName;
    }
    public String getCreateTime() {
        return CreateTime;
    }
    public void setCreateTime(String createTime) {
        CreateTime = createTime;
    }
    public String getMsgType() {
        return MsgType;
    }
    public void setMsgType(String msgType) {
        MsgType = msgType;
    }
    public String getContent() {
        return Content;
    }
    public void setContent(String content) {
        Content = content;
    }
    public String getMediaId() {
        return MediaId;
    }
    public void setMediaId(String mediaId) {
        MediaId = mediaId;
    }
    public String getTitle() {
        return Title;
    }
    public void setTitle(String title) {
        Title = title;
    }
    public String getDescription() {
        return Description;
    }
    public void setDescription(String description) {
        Description = description;
    }
    public String getPicUrl() {
        return PicUrl;
    }
    public void setPicUrl(String picUrl) {
        PicUrl = picUrl;
    }
    public String getUrl() {
        return Url;
    }
    public void setUrl(String url) {
        Url = url;
    }
    public List<WXResponse> getArticles() {
        return Articles;
    }
    public void setArticles(List<WXResponse> articles) {
        Articles = articles;
    }
```

```
    public String getArticleCount() {
        return ArticleCount;
    }
    public void setArticleCount(String articleCount) {
        ArticleCount = articleCount;
    }
}
```

修改 WX_Util 类，增加 public static String getXMLCDATA(String requestStr, String string) 函数、public static String getCreateTime()函数。

```
public static String getXMLCDATA(String requestStr, String string) {
    try {
        DocumentBuilderFactory dbf = DocumentBuilderFactory.newInstance();
        DocumentBuilder db = dbf.newDocumentBuilder();
        StringReader sr = new StringReader(requestStr);
        InputSource is = new InputSource(sr);
        Document document = db.parse(is);
        Element root = document.getDocumentElement();
        NodeList nodeList = root.getElementsByTagName(string);
        if(0!=nodeList.getLength()){
            return root.getElementsByTagName(string).item(0).getTextContent();
        }else{
            return "";
        }
    } catch (Exception e) {
        e.printStackTrace();
        return "";
    }
}

public static String getCreateTime() {
    return new Date().getTime()+"";
}
```

相关函数说明如下。

public static String getXMLCDATA(String requestStr, String string)函数用于解析 XML 报文。注意，解析 XML 的方法有很多，读者可以根据项目情况酌情调整。

public static String getCreateTime()函数用于构造 CreateTime 参数。

4.4　请求信息

WXRequestBase 类作为基类，可封装文本、图片、语音、视频、位置、链接消息的公共字段。

WXRequest 类继承自 WXRequestBase 类，可封装文本、图片、语音、视频、位置、链接消息的特有字段。

注意，读者可以按照项目实际要求，将每种消息都定义为一个单独的类。这取决于项目的要求。

WXRequestBase 类的构造函数 public WXRequestBase(String requestStr)用于实现公共字段的赋值。

```
public WXRequestBase(String requestStr) {
    this.setToUserName(WX_Util.getXMLCDATA(requestStr,"ToUserName"));
    this.setFromUserName(WX_Util.getXMLCDATA(requestStr,"FromUserName"));
    this.setCreateTime(WX_Util.getXMLCDATA(requestStr,"CreateTime"));
```

```
        this.setMsgType(WX_Util.getXMLCDATA(requestStr,"MsgType"));
        this.setMsgId(WX_Util.getXMLCDATA(requestStr,"MsgId"));
        this.setAgentID(WX_Util.getXMLCDATA(requestStr,"AgentID"));
    }
```

WXRequest 类的构造函数 public WXRequest(String requestStr)用于实现文本、图片、语音、视频、位置、链接消息特有成员字段的赋值。

```
    public WXRequest(String requestStr) {
        super(requestStr);
        this.setContent(WX_Util.getXMLCDATA(requestStr,"Content"));
        this.setPicUrl(WX_Util.getXMLCDATA(requestStr,"PicUrl"));
        this.setMediaId(WX_Util.getXMLCDATA(requestStr,"MediaId"));
        this.setFormat(WX_Util.getXMLCDATA(requestStr,"Format"));
        this.setThumbMediaId(WX_Util.getXMLCDATA(requestStr,"ThumbMediaId"));
        this.setLocation_X(WX_Util.getXMLCDATA(requestStr,"Location_X"));
        this.setLocation_Y(WX_Util.getXMLCDATA(requestStr,"Location_Y"));
        this.setScale(WX_Util.getXMLCDATA(requestStr,"Scale"));
        this.setLabel(WX_Util.getXMLCDATA(requestStr,"Label"));
        this.setAppType(WX_Util.getXMLCDATA(requestStr,"AppType"));
        this.setTitle(WX_Util.getXMLCDATA(requestStr,"Title"));
        this.setDescription(WX_Util.getXMLCDATA(requestStr,"Description"));
        this.setUrl(WX_Util.getXMLCDATA(requestStr,"Url"));
    }
```

4.5 被动回复消息请求

WXResponse 类的构造函数 private WXResponse(WXRequestBase wxRequestBase, String msgType)的作用是利用请求信息 WXRequestBase 类的实例，赋值被动回复消息的公共字段。

```
    private WXResponse(WXRequestBase wxRequestBase,String msgType) {
        this.setToUserName(wxRequestBase.getFromUserName());
        this.setFromUserName(wxRequestBase.getToUserName());
        this.setMsgType(msgType);
        this.setCreateTime(WX_Util.getCreateTime());
    }
```

1. 文本消息

相关函数说明如下。

public static WXResponse getWXResponseTextBean(WXRequestBase wxRequestBase, String content)的作用是构造 text 类型的被动响应消息实例。wxRequestBase 是请求报文实例，content 是 text 被动响应报文文本消息内容。

public static String getWXResponseTextStr(WXRequestBase wxRequestBase, String content)的作用是获取 text 类型被动响应消息返回的报文明文。

```
    public static WXResponse getWXResponseTextBean(WXRequestBase wxRequestBase,String
content) {
        WXResponse response = new WXResponse(wxRequestBase,"text");
        response.setContent(content);
            return response;
        }
        public static String getWXResponseTextStr(WXRequestBase wxRequestBase,String
content) {
        WXResponse response = WXResponse.getWXResponseTextBean(wxRequestBase, content);
        StringBuffer strb = new StringBuffer();
```

```
        strb.append(" <xml>");
        strb.append("   <ToUserName><![CDATA["+response.getToUserName()+"]]>
</ToUserName>");
        strb.append("   <FromUserName><![CDATA["+response.getFromUserName()+"]]>
</FromUserName>");
        strb.append("   <CreateTime>"+response.getCreateTime()+"</CreateTime>");
        strb.append("   <MsgType><![CDATA["+response.getMsgType()+"]]></MsgType>");
        strb.append("   <Content><![CDATA["+content+"]]></Content>");
        strb.append(" </xml>");
        return strb.toString();
    }
```

2．图片消息

相关函数说明如下。

public static WXResponse getWXResponseImageBean(WXRequestBase wxRequestBase, String media_id)的作用是构造 image 类型的被动响应消息实例。其中，wxRequestBase 是请求报文实例，media_id 是 image 被动响应报文图片媒体文件 ID。

public static String getWXResponseImageStr(WXRequestBase wxRequestBase, String media_id)的作用是获取 image 类型被动响应消息返回的报文明文。

```
    public static WXResponse getWXResponseImageBean(WXRequestBase wxRequestBase,String
media_id) {
        WXResponse response = new WXResponse(wxRequestBase,"image");
        response.setMediaId(media_id);
        return response;
    }
    public static String getWXResponseImageStr(WXRequestBase wxRequestBase,String
media_id) {
        WXResponse response = WXResponse.getWXResponseImageBean(wxRequestBase,
media_id);
        StringBuffer strb = new StringBuffer();
        strb.append(" <xml>");
        strb.append("   <ToUserName><![CDATA["+response.getToUserName()+"]]>
</ToUserName>");
        strb.append("   <FromUserName><![CDATA["+response.getFromUserName()+"]]>
</FromUserName>");
        strb.append("   <CreateTime>"+response.getCreateTime()+"</CreateTime>");
        strb.append("   <MsgType><![CDATA["+response.getMsgType()+"]]></MsgType>");
        strb.append("   <Image> ");
        strb.append("     <MediaId><![CDATA["+media_id+"]]></MediaId>");
        strb.append("   </Image>");
        strb.append(" </xml>");
        return strb.toString();
    }
```

3．语音消息

相关函数说明如下。

public static WXResponse getWXResponseVoiceBean(WXRequestBase wxRequestBase, String media_id)的作用是构造 voice 类型的被动响应消息实例。其中，wxRequestBase 是请求报文实例，media_id 是 voice 被动响应报文语音文件 ID。

public static String getWXResponseVoiceStr(WXRequestBase wxRequestBase,String media_id)的作用是获取 voice 类型被动响应消息返回的报文明文。

```
    public static WXResponse getWXResponseVoiceBean(WXRequestBase wxRequestBase,String
```

```
media_id) {
        WXResponse response = new WXResponse(wxRequestBase,"voice");
        response.setMediaId(media_id);
        return response;
    }
    public static String getWXResponseVoiceStr(WXRequestBase wxRequestBase,String
media_id) {
        WXResponse response = WXResponse.getWXResponseVoiceBean(wxRequestBase,
media_id);
        StringBuffer strb = new StringBuffer();
        strb.append(" <xml> ");
        strb.append("   <ToUserName><![CDATA["+response.getToUserName()+"]]>
</ToUserName>");
        strb.append("   <FromUserName><![CDATA["+response.getFromUserName()+"]]>
</FromUserName>");
        strb.append("   <CreateTime>"+response.getCreateTime()+"</CreateTime>");
        strb.append("   <MsgType><![CDATA["+response.getMsgType()+"]]></MsgType>");
        strb.append("   <Voice>");
        strb.append("     <MediaId><![CDATA["+media_id+"]]></MediaId> ");
        strb.append("   </Voice>");
        strb.append(" </xml> ");
        return strb.toString();
    }
```

4．视频消息

相关函数说明如下。

public static WXResponse getWXResponseVideoBean(WXRequestBase wxRequestBase, String media_id, String title, String description)的作用是构造 video 类型的被动响应消息实例。其中，wxRequestBase 是请求报文实例，media_id 是 video 被动响应报文视频文件 ID，title 是视频消息的标题，description 是视频消息的描述。

public static String getWXResponseVideoStr(WXRequestBase wxRequestBase, String media_id, String title, String description)的作用是获取 video 类型被动响应消息返回的报文明文。

```
    public static WXResponse getWXResponseVideoBean(
        WXRequestBase wxRequestBase,
        String media_id,
        String title,
        String description) {
            WXResponse response = new WXResponse(wxRequestBase,"video");
            response.setMediaId(media_id);
            response.setTitle(title);
            response.setDescription(description);
            return response;
    }
    public static String getWXResponseVideoStr(
        WXRequestBase wxRequestBase,
        String media_id,
        String title,
        String description) {
            WXResponse response = WXResponse.getWXResponseVideoBean(
                wxRequestBase,
                media_id,
                title,
                description);
            StringBuffer strb = new StringBuffer();
```

```
            strb.append(" <xml> ");
            strb.append("   <ToUserName><![CDATA["+response.getToUserName()+"]]>
</ToUserName> ");
            strb.append("   <FromUserName><![CDATA["+response.getFromUserName()+"]]>
</FromUserName>");
            strb.append("   <CreateTime>"+response.getCreateTime()+"</CreateTime>");
            strb.append("   <MsgType><![CDATA["+response.getMsgType()+"]]></MsgType>");
            strb.append("   <Video> ");
            strb.append("     <MediaId><![CDATA["+media_id+"]]></MediaId>");
            strb.append("     <Title><![CDATA["+title+"]]></Title> ");
            strb.append("     <Description><![CDATA["+description+"]]>
</Description>");
            strb.append("   </Video> ");
            strb.append(" </xml> ");
            return strb.toString();
    }
```

5. 图文消息

相关函数说明如下。

public static WXResponse getWXResponseNewsBean(WXRequestBase wxRequestBase, List<WXResponse> articles)的作用是构造 news 类型的被动响应消息实例。其中，wxRequestBase 是请求报文实例，articles 是 news 被动响应报文图文消息列表。

public static WXResponse getWXResponseNewsArticle(String title, String description, String picurl,String url)的作用是构造图文消息实例。其中，title 是标题，description 是描述，picurl 是单击后跳转的链接，url 是图文消息的图片链接。

public static String getWXResponseNewsStr(WXRequestBase wxRequestBase, List <WXResponse> articles)的作用是获取 news 类型被动响应消息返回的报文明文。

```
    public static WXResponse getWXResponseNewsBean(WXRequestBase wxRequestBase,List
<WXResponse> articles) {
        WXResponse response = new WXResponse(wxRequestBase,"news");
        response.setArticles(articles);
        response.setArticleCount(articles.size()+"");
        return response;
    }
    public static WXResponse getWXResponseNewsArticle(
        String title,
        String description,
        String picurl,
        String url
        ) {
            WXResponse wxResponse = new WXResponse();
            wxResponse.setTitle(title);
            wxResponse.setDescription(description);
            wxResponse.setPicUrl(picurl);
            wxResponse.setUrl(url);
            return wxResponse;
    }
    public static String getWXResponseNewsStr(WXRequestBase wxRequestBase,
List<WXResponse> articles) {
        WXResponse response = WXResponse.getWXResponseNewsBean(wxRequestBase,
articles);
        StringBuffer strb = new StringBuffer();
        strb.append(" <xml> ");
        strb.append("   <ToUserName><![CDATA["+response.getToUserName()+"]]>
```

```
</ToUserName>");
        strb.append("   <FromUserName><![CDATA["+response.getFromUserName()+"]]>
</FromUserName>");
        strb.append("   <CreateTime>"+response.getCreateTime()+"</CreateTime> ");
        strb.append("   <MsgType><![CDATA["+response.getMsgType()+"]]></MsgType>");
        strb.append("   <ArticleCount>"+response.getArticleCount()+
"</ArticleCount>");
        strb.append("   <Articles>");
        for(int x = 0 ; x < articles.size() ; x++) {
            strb.append("   <item>");
            strb.append("     <Title><![CDATA["+articles.get(x).getTitle()+"]]>
</Title>");
            strb.append("     <Description><![CDATA["+articles.get(x).
getDescription()+"]]></Description>");
            strb.append("     <PicUrl><![CDATA["+articles.get(x).getPicUrl()+"]]>
</PicUrl>");
            strb.append("     <Url><![CDATA["+articles.get(x).getUrl()+"]]></Url> ");
            strb.append("   </item> ");
        }
        strb.append("  </Articles> ");
        strb.append("</xml> ");
        return strb.toString();
    }
```

4.6 整合被动回复消息请求与响应程序

企业微信回调开发方式的操作步骤如下。

（1）完成 URL 验证。

（2）获取请求报文。

（3）解密请求报文，验证请求报文来自腾讯企业微信服务器。

（4）获得请求明文。

（5）按照相应业务要求构造响应报文。

（6）加密响应报文。

（7）响应腾讯企业微信服务器请求。

注意：需要连接数据库或者请求其他网络资源时，应该考虑被动响应的时效问题。应该先在规定的时间限制内响应腾讯企业微信服务器的本次请求。当完成相关业务后，利用主动开发方式主动推送相关消息。

4.7 请求文本时返回文本

修改 WX_Interface 类，程序代码如下。

```
package util;

import java.io.IOException;
import java.io.PrintWriter;
import java.util.ArrayList;
import java.util.Date;
import java.util.List;
```

```
    import javax.servlet.ServletException;
    import javax.servlet.annotation.WebServlet;
    import javax.servlet.http.HttpServlet;
    import javax.servlet.http.HttpServletRequest;
    import javax.servlet.http.HttpServletResponse;

    import com.qq.weixin.mp.aes.AesException;

    import bean.WXRequest;
    import bean.WXRequestBase;
    import bean.WXResponse;

    @WebServlet("/WX_Interface")
    public class WX_Interface extends HttpServlet {
        protected void doGet(HttpServletRequest request, HttpServletResponse response)
throws ServletException, IOException {
            PrintWriter out = response.getWriter();
            try {
                String msg_signature = request.getParameter("msg_signature");
                String timestamp = request.getParameter("timestamp");
                String nonce = request.getParameter("nonce");
                String echostr = request.getParameter("echostr");
                String sEchoStr = WX_Args.getWxcpt().VerifyURL(msg_signature, timestamp,
nonce, echostr);
                out.println(sEchoStr);
            } catch (AesException e) {
                e.printStackTrace();
            }
            out.flush();
            out.close();
        }

        protected void doPost(HttpServletRequest request, HttpServletResponse response)
throws ServletException, IOException {
            request.setCharacterEncoding("UTF-8");
            response.setCharacterEncoding("UTF-8");
            String requestStr = WX_Util.getEncryptStrFromRequest(request);
            WXRequestBase wxRequestBase = new WXRequestBase(requestStr);
            WXRequest wxRequest = new WXRequest(requestStr);
            String responseStr = WXResponse.getWXResponseTextStr(wxRequestBase,
wxRequest.getContent() + "，不教胡马度阴山");
            String str = WX_Util.getEncryptStrForReturn(responseStr);
            response.getWriter().print(str);
        }
    }
```

相关语句说明如下。

语句“String requestStr = WX_Util.getEncryptStrFromRequest(request);”的作用是以 String 的形式得到请求报文。

语句“WXRequestBase wxRequestBase = new WXRequestBase(requestStr);”的作用是构造 WXRequestBase 实例。

语句“WXRequest wxRequest = new WXRequest(requestStr);”的作用是构造 WXRequest 实例。

语句“String responseStr = WXResponse.getWXResponseTextStr(wxRequestBase, wxRequest.getContent() + "，不教胡马度阴山");”的作用是构造响应报文。针对该示例确定请求是 text 类型，响应是 text 类型。因此，采用拼接字符串的形式构造被动响应 text 报文。

语句“String str = WX_Util.getEncryptStrForReturn(responseStr);”的作用是加密被动响应报文。

语句“response.getWriter().print(str);”的作用是响应腾讯企业微信服务器请求。

在企业微信计算机端发送 text 消息“但使龙城飞将在”，得到 text 消息“但使龙城飞将在，不教胡马度阴山”，如图 4-2 所示。

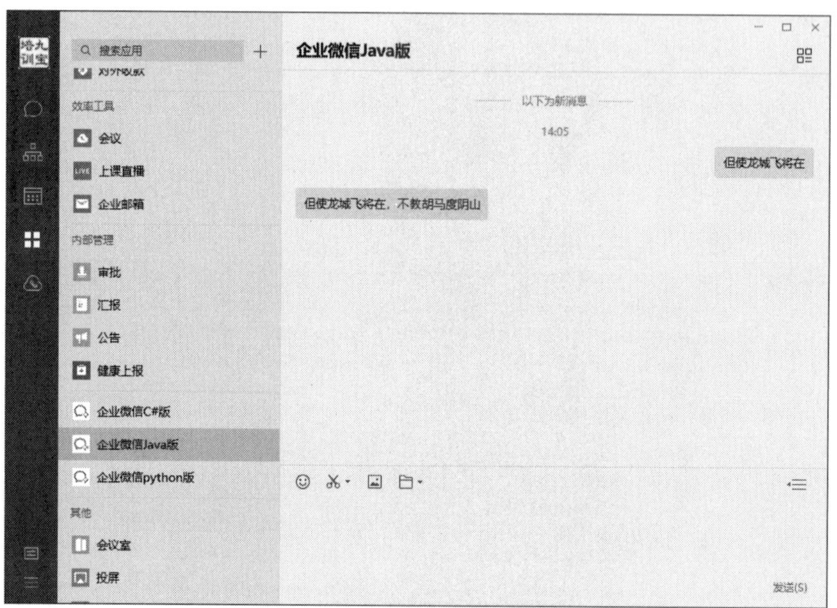

图 4-2　请求文本时返回文本

4.8　请求图片时返回图片

修改 WX_Interface 类，程序代码如下。

```
package util;

import java.io.IOException;
import java.io.PrintWriter;
import java.util.ArrayList;
import java.util.Date;
import java.util.List;

import javax.servlet.ServletException;
import javax.servlet.annotation.WebServlet;
import javax.servlet.http.HttpServlet;
import javax.servlet.http.HttpServletRequest;
import javax.servlet.http.HttpServletResponse;

import com.qq.weixin.mp.aes.AesException;

import bean.WXRequest;
```

```
    import bean.WXRequestBase;
    import bean.WXResponse;

    @WebServlet("/WX_Interface")
    public class WX_Interface extends HttpServlet {
        protected void doGet(HttpServletRequest request, HttpServletResponse response)
throws ServletException, IOException {
            PrintWriter out = response.getWriter();
            try {
                String msg_signature = request.getParameter("msg_signature");
                String timestamp = request.getParameter("timestamp");
                String nonce = request.getParameter("nonce");
                String echostr = request.getParameter("echostr");
                String sEchoStr = WX_Args.getWxcpt().VerifyURL(msg_signature, timestamp,
nonce, echostr);
                out.println(sEchoStr);
            } catch (AesException e) {
                e.printStackTrace();
            }
            out.flush();
            out.close();
        }

        protected void doPost(HttpServletRequest request, HttpServletResponse response)
throws ServletException, IOException {
            request.setCharacterEncoding("UTF-8");
            response.setCharacterEncoding("UTF-8");

            String requestStr = WX_Util.getEncryptStrFromRequest(request);
            WXRequestBase wxRequestBase = new WXRequestBase(requestStr);
            WXRequest wxRequest = new WXRequest(requestStr);
            String responseStr = WXResponse.getWXResponseImageStr(wxRequestBase,
wxRequest.getMediaId());
            String str = WX_Util.getEncryptStrForReturn(responseStr);
            response.getWriter().print(str);
        }
    }
```

相关语句说明如下。

语句“String requestStr = WX_Util.getEncryptStrFromRequest(request);”的作用是以 String 的形式得到请求报文。

语句“WXRequestBase wxRequestBase = new WXRequestBase(requestStr);”的作用是构造 WXRequestBase 实例。

语句“WXRequest wxRequest = new WXRequest(requestStr);”的作用是构造 WXRequest 实例。

语句“String responseStr = WXResponse.getWXResponseImageStr(wxRequestBase, wxRequest.getMediaId());”的作用是构造响应报文。针对该示例，请求是 image 类型，响应是 image 类型，因此采用直接复用的形式构造被动响应 image 报文。

语句“String str = WX_Util.getEncryptStrForReturn(responseStr);”的作用是加密被动响应报文。

语句“response.getWriter().print(str);”的作用是响应腾讯企业微信服务器请求。

在企业微信计算机端发送 image 消息，得到 image 消息，如图 4-3 所示。

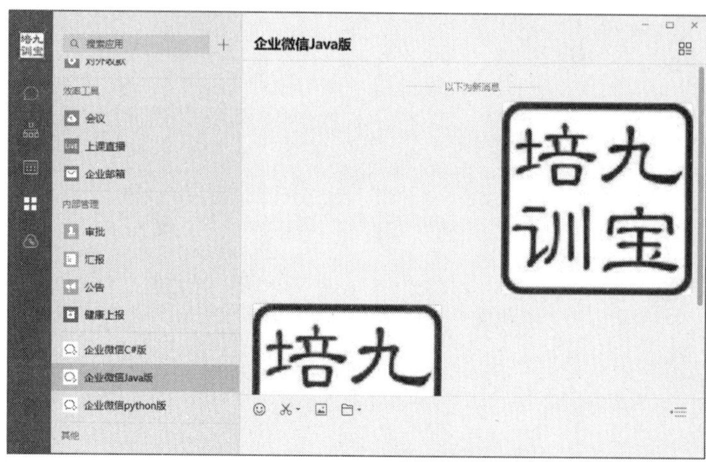

图 4-3　请求图片时返回图片

4.9　请求语音时返回语音

修改 WX_Interface 类，程序代码如下。

```
    package util;

    import java.io.IOException;
    import java.io.PrintWriter;
    import java.util.ArrayList;
    import java.util.Date;
    import java.util.List;

    import javax.servlet.ServletException;
    import javax.servlet.annotation.WebServlet;
    import javax.servlet.http.HttpServlet;
    import javax.servlet.http.HttpServletRequest;
    import javax.servlet.http.HttpServletResponse;

    import com.qq.weixin.mp.aes.AesException;

    import bean.WXRequest;
    import bean.WXRequestBase;
    import bean.WXResponse;

    @WebServlet("/WX_Interface")
    public class WX_Interface extends HttpServlet {

        protected void doGet(HttpServletRequest request, HttpServletResponse response)
throws ServletException, IOException {
            PrintWriter out = response.getWriter();
            try {
                String msg_signature = request.getParameter("msg_signature");
                String timestamp = request.getParameter("timestamp");
                String nonce = request.getParameter("nonce");
                String echostr = request.getParameter("echostr");
                String sEchoStr = WX_Args.getWxcpt().VerifyURL(msg_signature, timestamp,
nonce, echostr);
                out.println(sEchoStr);
            } catch (AesException e) {
```

```
                e.printStackTrace();
            }
            out.flush();
            out.close();
        }

        protected void doPost(HttpServletRequest request, HttpServletResponse response)
throws ServletException, IOException {
            request.setCharacterEncoding("UTF-8");
            response.setCharacterEncoding("UTF-8");

            String requestStr = WX_Util.getEncryptStrFromRequest(request);
            WXRequestBase wxRequestBase = new WXRequestBase(requestStr);
            WXRequest wxRequest = new WXRequest(requestStr);
            String responseStr = WXResponse.getWXResponseVoiceStr(wxRequestBase,
wxRequest.getMediaId());
            String str = WX_Util.getEncryptStrForReturn(responseStr);
            response.getWriter().print(str);
        }
    }
```

相关语句说明如下。

语句“String requestStr = WX_Util.getEncryptStrFromRequest(request);”的作用是以 String 的形式得到请求报文。

语句“WXRequestBase wxRequestBase = new WXRequestBase(requestStr);”的作用是构造 WXRequestBase 实例。

语句“WXRequest wxRequest = new WXRequest(requestStr);”的作用是构造 WXRequest 实例。

语句“String responseStr = WXResponse.getWXResponseVoiceStr(wxRequestBase, wxRequest.getMediaId());”的作用是构造响应报文。针对该示例，请求是 voice 类型，响应是 voice 类型，因此采用直接复用的形式构造被动响应 voice 报文。

语句“String str = WX_Util.getEncryptStrForReturn(responseStr);”的作用是加密被动响应报文。

语句“response.getWriter().print(str);”的作用是响应腾讯企业微信服务器请求。

企业微信计算机端发送 voice 消息，得到 voice 消息，如图 4-4 所示。

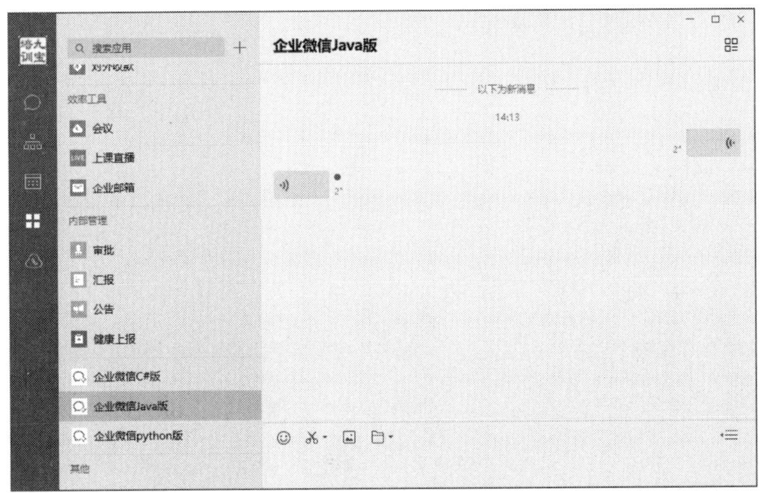

图 4-4　请求语音时返回语音

4.10 请求视频时返回视频

修改 WX_Interface 类，程序代码如下。

```
package util;

import java.io.IOException;
import java.io.PrintWriter;
import java.util.ArrayList;
import java.util.Date;
import java.util.List;

import javax.servlet.ServletException;
import javax.servlet.annotation.WebServlet;
import javax.servlet.http.HttpServlet;
import javax.servlet.http.HttpServletRequest;
import javax.servlet.http.HttpServletResponse;

import com.qq.weixin.mp.aes.AesException;

import bean.WXRequest;
import bean.WXRequestBase;
import bean.WXResponse;

@WebServlet("/WX_Interface")
public class WX_Interface extends HttpServlet {
    protected void doGet(HttpServletRequest request, HttpServletResponse response)
throws ServletException, IOException {
        PrintWriter out = response.getWriter();
        try {
            String msg_signature = request.getParameter("msg_signature");
            String timestamp = request.getParameter("timestamp");
            String nonce = request.getParameter("nonce");
            String echostr = request.getParameter("echostr");
            String sEchoStr = WX_Args.getWxcpt().VerifyURL(msg_signature, timestamp,
nonce, echostr);
            out.println(sEchoStr);
        } catch (AesException e) {
            e.printStackTrace();
        }
        out.flush();
        out.close();
    }

    protected void doPost(HttpServletRequest request, HttpServletResponse response)
throws ServletException, IOException {
        request.setCharacterEncoding("UTF-8");
        response.setCharacterEncoding("UTF-8");

        String requestStr = WX_Util.getEncryptStrFromRequest(request);
        WXRequestBase wxRequestBase = new WXRequestBase(requestStr);
        WXRequest wxRequest = new WXRequest(requestStr);
        String responseStr = WXResponse.getWXResponseVideoStr(wxRequestBase,
wxRequest.getMediaId(), "标题", "描述");
        String str = WX_Util.getEncryptStrForReturn(responseStr);
        response.getWriter().print(str);
```

```
    }
}
```

相关语句说明如下。

语句“String requestStr = WX_Util.getEncryptStrFromRequest(request);”的作用是以 String 的形式得到请求报文。

语句“WXRequestBase wxRequestBase = new WXRequestBase(requestStr);”的作用是构造 WXRequestBase 实例。

语句“WXRequest wxRequest = new WXRequest(requestStr);”的作用是构造 WXRequest 实例。

语句“String responseStr = WXResponse.getWXResponseVideoStr(wxRequestBase, wxRequest.getMediaId(), "标题", "描述");”的作用是构造响应报文。针对该示例，请求是 video 类型，响应是 video 类型，因此采用直接复用的形式构造被动响应 video 报文。

语句“String str = WX_Util.getEncryptStrForReturn(responseStr);”的作用是加密被动响应报文。

语句“response.getWriter().print(str);”的作用是响应腾讯企业微信服务器请求。

企业微信计算机端发送 video 消息，得到 video 消息，如图 4-5 所示。

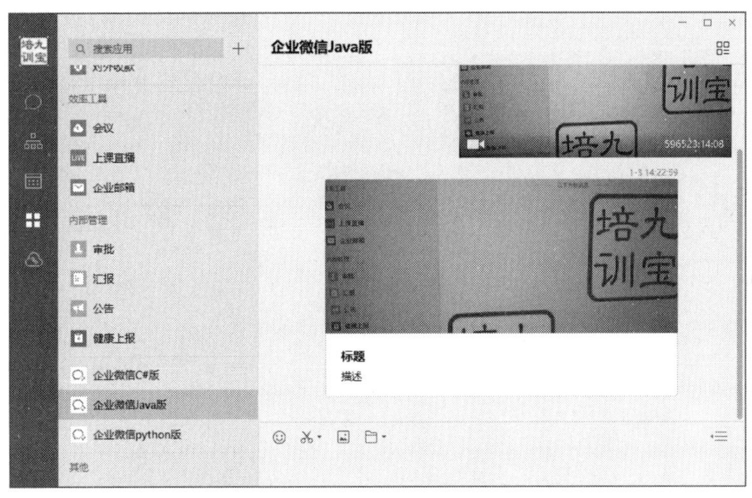

图 4-5　请求视频时返回视频

4.11　请求地理位置时响应文本

修改 WX_Interface 类，程序代码如下。

```
package util;

import java.io.IOException;
import java.io.PrintWriter;
import java.util.ArrayList;
import java.util.Date;
import java.util.List;

import javax.servlet.ServletException;
import javax.servlet.annotation.WebServlet;
import javax.servlet.http.HttpServlet;
```

```
    import javax.servlet.http.HttpServletRequest;
    import javax.servlet.http.HttpServletResponse;

    import com.qq.weixin.mp.aes.AesException;

    import bean.WXRequest;
    import bean.WXRequestBase;
    import bean.WXResponse;

    @WebServlet("/WX_Interface")
    public class WX_Interface extends HttpServlet {
        protected void doGet(HttpServletRequest request, HttpServletResponse response)
throws ServletException, IOException {
            PrintWriter out = response.getWriter();
            try {
                String msg_signature = request.getParameter("msg_signature");
                String timestamp = request.getParameter("timestamp");
                String nonce = request.getParameter("nonce");
                String echostr = request.getParameter("echostr");
                String sEchoStr = WX_Args.getWxcpt().VerifyURL(msg_signature, timestamp,
nonce, echostr);
                out.println(sEchoStr);
            } catch (AesException e) {
                e.printStackTrace();
            }
            out.flush();
            out.close();
        }

        protected void doPost(HttpServletRequest request, HttpServletResponse response)
throws ServletException, IOException {
            request.setCharacterEncoding("UTF-8");
            response.setCharacterEncoding("UTF-8");

            String requestStr = WX_Util.getEncryptStrFromRequest(request);
            WXRequestBase wxRequestBase = new WXRequestBase(requestStr);
            WXRequest wxRequest = new WXRequest(requestStr);
            String responseStr = WXResponse.getWXResponseTextStr(wxRequestBase,
                    "location : " + wxRequest.getLocation_X() +","
                    + wxRequest.getLocation_Y() +","
                    + wxRequest.getScale() +","
                    + wxRequest.getLabel());

            String str = WX_Util.getEncryptStrForReturn(responseStr);
            response.getWriter().print(str);
        }
    }
```

相关语句说明如下。

语句“String requestStr = WX_Util.getEncryptStrFromRequest(request);”的作用是以String的形式得到请求报文。

语句“WXRequestBase wxRequestBase = new WXRequestBase(requestStr);”的作用是构造WXRequestBase实例。

语句“WXRequest wxRequest = new WXRequest(requestStr);”的作用是构造WXRequest实例。

语句“String responseStr = WXResponse.getWXResponseTextStr(wxRequestBase, "location: " + wxRequest.getLocation_X() +", "+ wxRequest.getLocation_Y() +", "+ wxRequest.

getScale() +", "+ wxRequest.getLabel());”的作用是构造响应报文。针对该示例，请求是 location 类型，响应是 text 类型，因此采用手动的形式构造被动响应 text 报文。

语句“String str = WX_Util.getEncryptStrForReturn(responseStr);”的作用是加密被动响应应报文。

语句“response.getWriter().print(str);”的作用是响应腾讯企业微信服务器请求。

企业微信计算机端发送 location 消息，坐标是故宫博物院，得到的 text 消息是拼接的纬度、经度、地图缩放大小、地理位置信息，如图 4-6 所示。

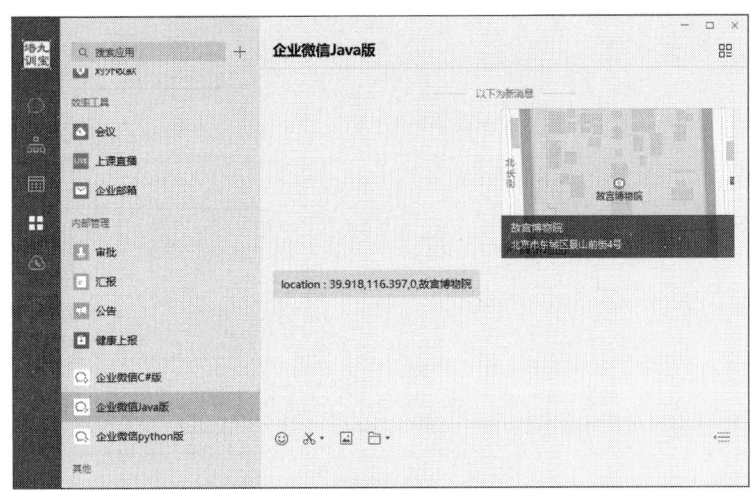

图 4-6　请求地理位置时响应文本

4.12　请求链接时响应文本

修改 WX_Interface 类，程序代码如下。

```
package util;

import java.io.IOException;
import java.io.PrintWriter;
import java.util.ArrayList;
import java.util.Date;
import java.util.List;

import javax.servlet.ServletException;
import javax.servlet.annotation.WebServlet;
import javax.servlet.http.HttpServlet;
import javax.servlet.http.HttpServletRequest;
import javax.servlet.http.HttpServletResponse;

import com.qq.weixin.mp.aes.AesException;

import bean.WXRequest;
import bean.WXRequestBase;
import bean.WXResponse;

@WebServlet("/WX_Interface")
public class WX_Interface extends HttpServlet {
    protected void doGet(HttpServletRequest request, HttpServletResponse response)
```

```
throws ServletException, IOException {
            PrintWriter out = response.getWriter();
            try {
                String msg_signature = request.getParameter("msg_signature");
                String timestamp = request.getParameter("timestamp");
                String nonce = request.getParameter("nonce");
                String echostr = request.getParameter("echostr");
                String sEchoStr = WX_Args.getWxcpt().VerifyURL(msg_signature, timestamp,
nonce, echostr);
                out.println(sEchoStr);
            } catch (AesException e) {
                e.printStackTrace();
            }
            out.flush();
            out.close();
        }

        protected void doPost(HttpServletRequest request, HttpServletResponse response)
throws ServletException, IOException {
            request.setCharacterEncoding("UTF-8");
            response.setCharacterEncoding("UTF-8");

            String requestStr = WX_Util.getEncryptStrFromRequest(request);
            WXRequestBase wxRequestBase = new WXRequestBase(requestStr);
            WXRequest wxRequest = new WXRequest(requestStr);
            String responseStr = WXResponse.getWXResponseTextStr(wxRequestBase,
                    "link : " + wxRequest.getTitle() +","
                    +wxRequest.getDescription() +","
                    +wxRequest.getUrl() +","
                    +wxRequest.getPicUrl());

            String str = WX_Util.getEncryptStrForReturn(responseStr);
            response.getWriter().print(str);
        }
    }
```

相关语句说明如下。

语句“String requestStr = WX_Util.getEncryptStrFromRequest(request);”的作用是以String的形式得到请求报文。

语句“WXRequestBase wxRequestBase = new WXRequestBase(requestStr);”的作用是构造WXRequestBase实例。

语句“WXRequest wxRequest = new WXRequest(requestStr);”的作用是构造WXRequest实例。

语句“String responseStr = WXResponse.getWXResponseTextStr(wxRequestBase,"link : "+wxRequest.getTitle() +","+wxRequest.getDescription() +","+wxRequest.getUrl() +","+wxRequest.getPicUrl());”的作用是构造响应报文。针对该示例，请求是link类型，响应是text类型，因此采用手动的形式构造被动响应text报文。

语句“String str = WX_Util.getEncryptStrForReturn(responseStr);”的作用是加密被动响应报文。

语句“response.getWriter().print(str);”的作用是响应腾讯企业微信服务器请求。

企业微信计算机端发送link消息，得到的text消息是拼接的标题、描述、链接跳转的URL、封面缩略图的URL，如图4-7所示。

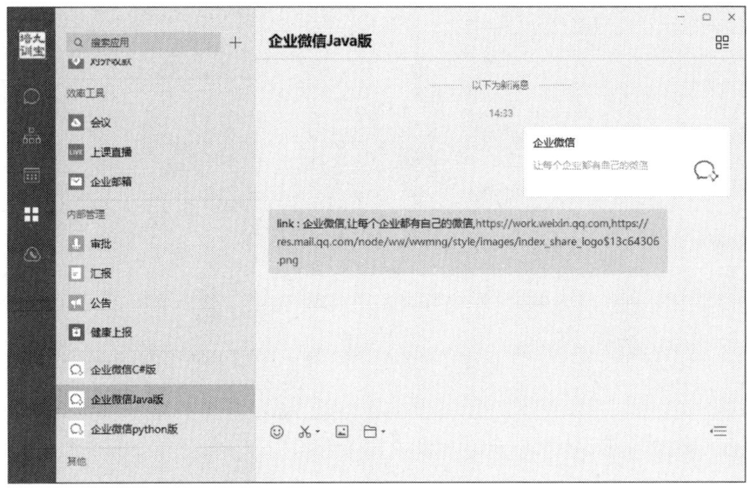

图 4-7　请求链接时响应文本

4.13　请求文本时响应图文

修改 WX_Interface 类，程序代码如下。

```
package util;

import java.io.IOException;
import java.io.PrintWriter;
import java.util.ArrayList;
import java.util.Date;
import java.util.List;

import javax.servlet.ServletException;
import javax.servlet.annotation.WebServlet;
import javax.servlet.http.HttpServlet;
import javax.servlet.http.HttpServletRequest;
import javax.servlet.http.HttpServletResponse;

import com.qq.weixin.mp.aes.AesException;

import bean.WXRequest;
import bean.WXRequestBase;
import bean.WXResponse;

@WebServlet("/WX_Interface")
public class WX_Interface extends HttpServlet {

    protected void doGet(HttpServletRequest request, HttpServletResponse response)
throws ServletException, IOException {
        PrintWriter out = response.getWriter();
        try {
            String msg_signature = request.getParameter("msg_signature");
            String timestamp = request.getParameter("timestamp");
            String nonce = request.getParameter("nonce");
            String echostr = request.getParameter("echostr");
            String sEchoStr = WX_Args.getWxcpt().VerifyURL(msg_signature, timestamp,
nonce, echostr);
            out.println(sEchoStr);
```

```
            } catch (AesException e) {
                e.printStackTrace();
            }
            out.flush();
            out.close();
        }

        protected void doPost(HttpServletRequest request, HttpServletResponse response)
throws ServletException, IOException {
            request.setCharacterEncoding("UTF-8");
            response.setCharacterEncoding("UTF-8");

            String requestStr = WX_Util.getEncryptStrFromRequest(request);
            WXRequestBase wxRequestBase = new WXRequestBase(requestStr);
            WXRequest wxRequest = new WXRequest(requestStr);
            List<WXResponse> articles = new ArrayList<WXResponse>();
            for(int x = 0 ; x < 1 ; x++) {
                articles.add(WXResponse.getWXResponseNewsArticle(
                    "标题"+x,
                    "描述"+x,
                    "https://mat1.gtimg.com/pingjs/ext2020/qqindex2018/dist/img/
qq_logo_2x.png",
                    "https://www.qq.com/"));
            }
            String responseStr = WXResponse.getWXResponseNewsStr(wxRequestBase,
articles );
            String str = WX_Util.getEncryptStrForReturn(responseStr);
            response.getWriter().print(str);
        }
    }
```

相关语句说明如下。

语句“String requestStr = WX_Util.getEncryptStrFromRequest(request);”的作用是以String 的形式得到请求报文。

语句“WXRequestBase wxRequestBase = new WXRequestBase(requestStr);”的作用是构造 WXRequestBase 实例。

语句“WXRequest wxRequest = new WXRequest(requestStr);”的作用是构造 WXRequest 实例。

以下语句的作用是构造图文消息。

```
    List<WXResponse> articles = new ArrayList<WXResponse>();
    for(int x = 0 ; x < 4 ; x++) {
        articles.add(WXResponse.getWXResponseNewsArticle(
                "标题"+x,
                "描述"+x,
                "https://mat1.gtimg.com/pingjs/ext2020/qqindex2018/dist/img/
qq_logo_2x.png",
                "https://www.qq.com/"));
    }
```

相关语句说明如下。

语句“String responseStr = WXResponse.getWXResponseNewsStr(wxRequestBase, articles);”的作用是构造响应报文。针对该示例，请求是 text 类型，响应是 news 类型。

语句“String str = WX_Util.getEncryptStrForReturn(responseStr);”的作用是加密被动响应报文。

语句“response.getWriter().print(str);”的作用是响应腾讯企业微信服务器请求。

企业微信计算机端发送 text 消息“企业微信”，得到 news 消息，如图 4-8 所示。

图 4-8　请求文本时响应图文

修改图文消息的数量，相关程序代码如下。

```
List<WXResponse> articles = new ArrayList<WXResponse>();
for(int x = 0 ; x < 1 ; x++) {
    articles.add(WXResponse.getWXResponseNewsArticle(
        "标题"+x,
        "描述"+x,
        "https://mat1.gtimg.com/pingjs/ext2020/qqindex2018/dist/img/qq_
logo_2x.png",
        "https://www.qq.com/"));
}
```

企业微信计算机端发送 text 消息“企业微信”，得到 news 消息带有描述（Description），如图 4-9 所示。

图 4-9　带描述的图文消息

第 5 章　回调开发案例

5.1　本章总说

关于回调开发方式，企业微信与微信公众号的软件架构设计需要解决的问题比较相似，不同点是企业微信相比较微信公众号更复杂一些，主要有以下 4 点建议。

（1）建议企业微信的回调开发方式按照应用分类，应用的回调接口不复用。否则，程序结构可能过于复杂。

（2）企业微信的回调开发方式应该先验证判断，对于确认是腾讯服务器发来的请求予以响应，对于验证失败的直接返回。

（3）企业微信的回调开发方式需要对消息类型进行判断，需要架构完善的逻辑结构。

（4）对于可能需要长时间响应的消息，例如需要业务服务器到外网获取信息的，建议先响应本次回调请求，后期获取到外网信息后，再使用主动开发方式响应业务需求。

5.2　配置菜单

“企业微信 Java 版应用”计算机端的初始显示效果如图 5-1 所示。

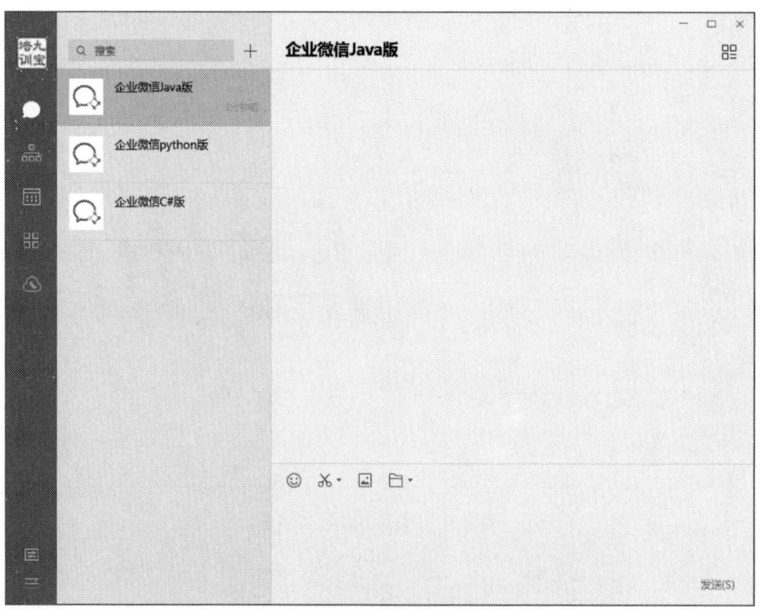

图 5-1　企业微信计算机端显示

下面就来为该应用创建“产品说明”和“宣传彩页”两个菜单项。

在企业微信管理后台选择当前应用，即企业微信 Java 版，如图 5-2 所示。

图 5-2　选择“企业微信 Java 版”

为该应用设置自定义菜单，如图 5-3 所示。

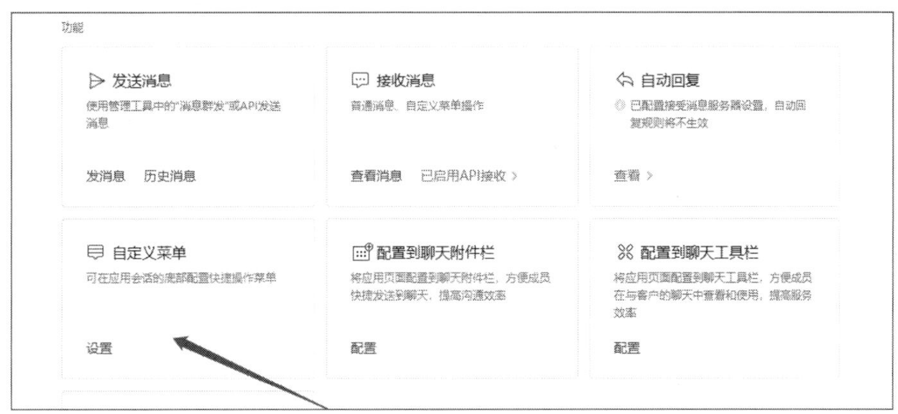

图 5-3　设置自定义菜单

在自定义菜单页面中单击“添加主菜单”选项，如图 5-4 所示，增加一个主菜单。

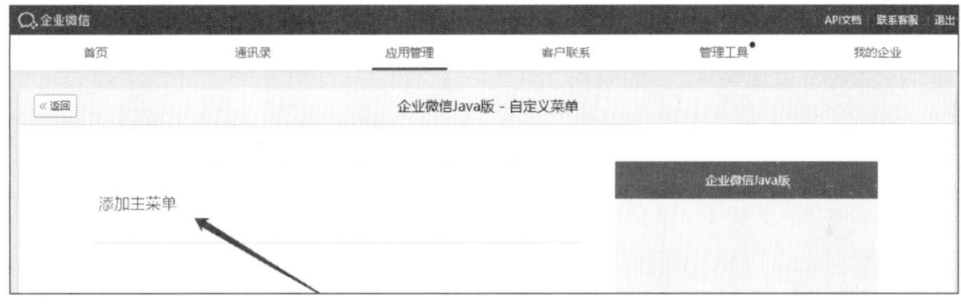

图 5-4　增加主菜单

在“菜单内容”下拉列表框中选择“点击”选项，如图 5-5 所示。

设置菜单 ID，添加“产品说明”菜单，然后单击“保存”按钮，如图 5-6 所示。采用同样的方法添加“宣传彩页”菜单。

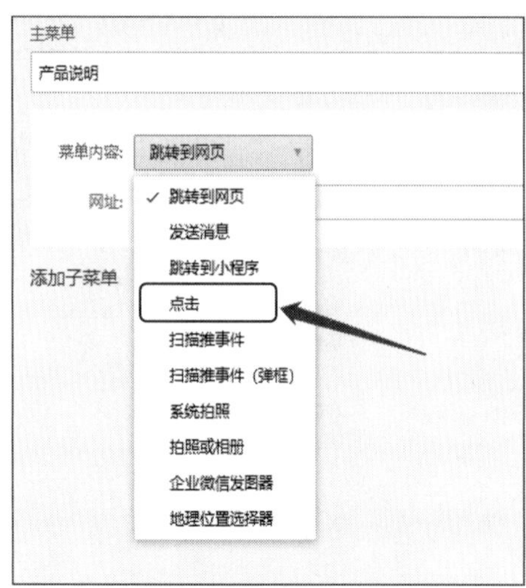

图 5-5 为应用添加菜单按钮

图 5-6 添加“产品说明”菜单

菜单创建完毕后，单击“发布”按钮，发布菜单，如图 5-7 所示。再次打开“企业微信 Java 版”应用，可发现“产品说明”和“宣传彩页”两个菜单已生效，如图 5-8 所示。

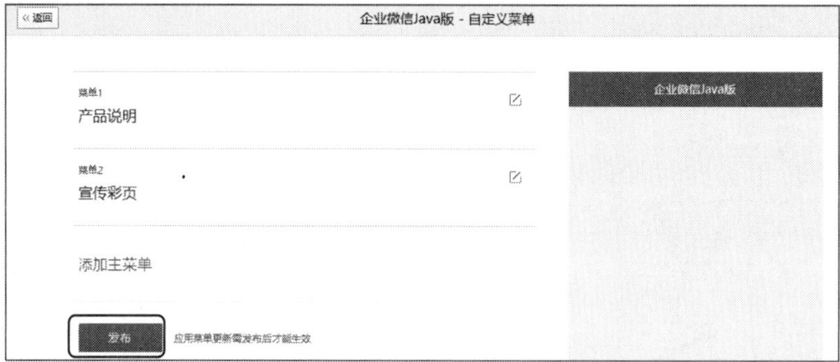

图 5-7 发布菜单

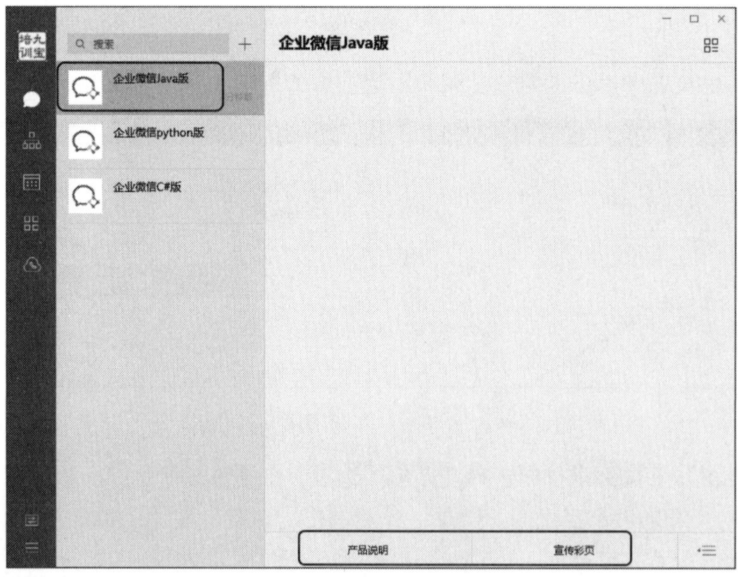

图 5-8 已添加两个菜单

5.3 验证回调

下面来编写业务服务器的相关程序。首先创建 WX_Args 类，用于记录参数信息，程序代码如下。

```
package util;

import com.qq.weixin.mp.aes.WXBizMsgCrypt;

public class WX_Args {
    public static final String corpid = "ww65866557c5992dfe";
    public static final String secret = "kCU9Zcoj6vUBXgAg-
O92MbnWeEIDsAiXpxMzGTCGSOg";

    private static String Token = "jiubao2326321088";
    private static String EncodingAESKey    =
"jiubao2326321088jiubao2326321088jiubao99999";
    private static WXBizMsgCrypt wxcpt = null;

    static {
        try {
            wxcpt = new WXBizMsgCrypt(Token, EncodingAESKey, corpid);
        } catch (Exception e) {
            e.printStackTrace();
        }
    }

    public static WXBizMsgCrypt getWxcpt() {
        return wxcpt;
    }
}
```

创建 WX_Util 类，增加函数，程序代码如下。

```
public static String getEncryptStrFromRequest(HttpServletRequest request){
    String msg_signature = request.getParameter("msg_signature");
    String timestamp = request.getParameter("timestamp");
    String nonce = request.getParameter("nonce");
    String requestStr = WX_Util.getStringInputstream(request);

    try {
        return WX_Args.getWxcpt().DecryptMsg(msg_signature, timestamp, nonce,
requestStr);
    } catch (Exception e) {
        e.printStackTrace();
        return null;
    }
}

public static String getStringInputstream(HttpServletRequest request){
    StringBuffer strb = new StringBuffer();
    try {
        BufferedReader reader = new BufferedReader(new InputStreamReader
(request.getInputStream()));
        String str = null;
        while(null!=( str = reader.readLine())){
            strb.append(str);
```

```
            }
            reader.close();
        } catch (Exception e) {
            e.printStackTrace();
        }
        return strb.toString();
    }

    public static String getXMLCDATA(String requestStr, String tagName) {
        try {
            DocumentBuilderFactory dbf = DocumentBuilderFactory.newInstance();
            DocumentBuilder db = dbf.newDocumentBuilder();
            StringReader sr = new StringReader(requestStr);
            InputSource is = new InputSource(sr);
            Document document = db.parse(is);
            Element root = document.getDocumentElement();
            return root.getElementsByTagName(tagName).item(0).getTextContent();
        } catch (Exception e) {
            return null;
        }
    }

    public static String getEncryptStrForReturn(String str) {
        String timestamp = new Date().getTime() + "";
        String nonce = new Date().getTime() + "";

        try {
            return WX_Args.getWxcpt().EncryptMsg(str, timestamp, nonce);
        } catch (Exception e) {
            e.printStackTrace();
            return null;
        }
    }
```

相关函数说明如下。

public static String getEncryptStrFromRequest(HttpServletRequest request)对外提供请求报文的解密报文。

public static String getStringInputstream(HttpServletRequest request)用于获取请求报文。

public static String getXMLCDATA(String requestStr, String tagName)用于解析 XML。

public static String getEncryptStrForReturn(String str)用于加密响应报文。

下面来下载加解密库。进入企业微信的开发者中心，在“工具”页面中查阅加解密方案说明，如图 5-9 所示，然后在“使用已有库”文字部分单击“下载地址”链接，并选择 Java 库，如图 5-10 所示。

创建 WX_Interface 类，程序代码如下。

```
package util;

import java.io.IOException;
import java.io.PrintWriter;

import javax.servlet.ServletException;
import javax.servlet.annotation.WebServlet;
import javax.servlet.http.HttpServlet;
import javax.servlet.http.HttpServletRequest;
import javax.servlet.http.HttpServletResponse;
```

```
import com.qq.weixin.mp.aes.AesException;

import bean.In;
import bean.InText;
import bean.OutText;

@WebServlet("/WX_Interface")
public class WX_Interface extends HttpServlet {

    protected void doGet(HttpServletRequest request, HttpServletResponse response)
throws ServletException, IOException {
        PrintWriter out = response.getWriter();
        try {
            String msg_signature = request.getParameter("msg_signature");
            String timestamp = request.getParameter("timestamp");
            String nonce = request.getParameter("nonce");
            String echostr = request.getParameter("echostr");
            String sEchoStr = WX_Args.getWxcpt().VerifyURL(msg_signature, timestamp,
nonce, echostr);
            out.println(sEchoStr);
        } catch (AesException e) {
            e.printStackTrace();
        }
        out.flush();
        out.close();
    }
}
```

企业微信 | 开发者中心　首页　教程　接口　社区　工具

加解密方案说明

概述

企业微信在推送消息给企业时，会对消息内容做AES加密，以XML格式POST到企业应用的URL上。
企业在被动响应时，也需要对数据加密，以XML格式返回给企业微信。
本章节即是对加解密方法的说明。
阅读本章节前，需要了解以下术语：

- msg_signature：消息签名，用于验证请求是否来自企业微信（防止攻击者伪造）。
- EncodingAESKey：用于消息体的加密，长度固定为43个字符，从a-z, A-Z, 0-9共62个字符中选取，是AESKey的Base64编码。解码后即为32字节长的AESKey

> AESKey=Base64_Decode(EncodingAESKey + "=")

- AESKey：AES算法的密钥，长度为32字节。
  AES采用CBC模式，数据采用PKCS#7填充至32字节的倍数；IV初始向量大小为16字节，取AESKey前16字节，详见：http://tools.ietf.org/html/rfc2315
- msg：为消息体明文，格式为XML/JSON
- msg_encrypt：明文消息msg加密处理后的Base64编码。

使用已有库

鉴于加解密算法相对复杂，企业微信提供了算法库。
目前已有c++/python/php/java/golang/c#等语言版本。均提供了解密、加密、验证URL三个接口，企业可根据自身需要下载，下载地址。

> 使用现有库，用户不必细究加解密原理。对于找不到相应语言库的用户，请阅读后文原理详解自行实现，欢迎大家分享~

图 5-9　查看加解密方案说明

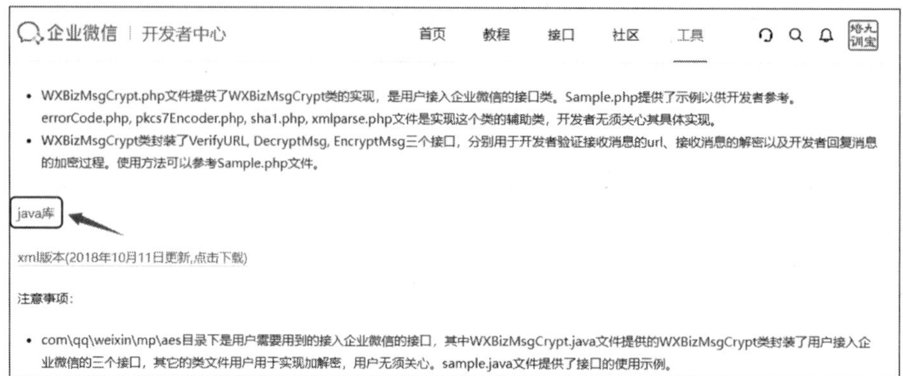

图 5-10 下载加解密库

在企业微信后台配置回调信息，如图 5-11 和图 5-12 所示。

图 5-11 接受消息服务器配置

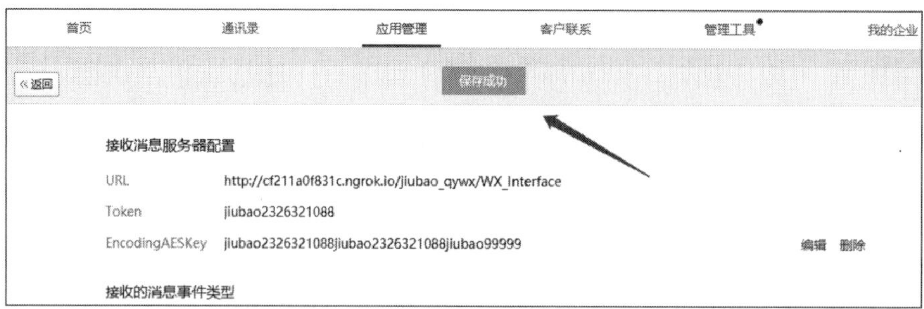

图 5-12 服务器配置成功提示信息

5.4 开发回调接口

针对 5.3 节的案例，需要以下 6 步工作。

（1）验证请求是否来自腾讯服务器。

（2）解密请求报文。

（3）判断类型，可能的类型为 text 和 event。

（4）如果是 text 类型，返回信息“收到信息：××××”。

（5）如果是 event 类型，继续判断选择的菜单 ID。

（6）完善逻辑，保证全部类型都有响应。对于不支持的类型，提示 text 信息“哈哈哈，听不懂你说的。”。

新建 In 类，程序代码如下。

```
package bean;

import util.WX_Util;

public class In {
    private String ToUserName;
    private String FromUserName;
    private String CreateTime;
    private String MsgType;
    private String MsgId;
    private String AgentID;
    private String Event;
    private String EventKey;

    public In(String requestStr){
        this.ToUserName = WX_Util.getXMLCDATA(requestStr,"ToUserName");
        this.FromUserName = WX_Util.getXMLCDATA(requestStr,"FromUserName");
        this.CreateTime = WX_Util.getXMLCDATA(requestStr, "CreateTime");
        this.MsgType = WX_Util.getXMLCDATA(requestStr, "MsgType");
        this.MsgId = WX_Util.getXMLCDATA(requestStr, "MsgId");
        this.AgentID = WX_Util.getXMLCDATA(requestStr, "AgentID");
        this.Event = WX_Util.getXMLCDATA(requestStr, "Event");
        this.EventKey = WX_Util.getXMLCDATA(requestStr, "EventKey");
    }

    //此处省略 get 和 set 方法
}
```

新建 InText 类，程序代码如下。

```
package bean;

import util.WX_Util;

public class InText {
    private String ToUserName;
    private String FromUserName;
    private String CreateTime;
    private String MsgType;
    private String Content;
    private String MsgId;
    private String AgentID;

    public InText(String requestStr){
        this.ToUserName = WX_Util.getXMLCDATA(requestStr,"ToUserName");
        this.FromUserName = WX_Util.getXMLCDATA(requestStr,"FromUserName");
        this.CreateTime = WX_Util.getXMLCDATA(requestStr, "CreateTime");
        this.MsgType = WX_Util.getXMLCDATA(requestStr, "MsgType");
        this.Content = WX_Util.getXMLCDATA(requestStr, "Content");
        this.MsgId = WX_Util.getXMLCDATA(requestStr, "MsgId");
        this.AgentID = WX_Util.getXMLCDATA(requestStr, "AgentID");
```

```
        }

        public String toString() {
            return "InText [ToUserName=" + ToUserName + ", FromUserName=" + FromUserName + ",
CreateTime=" + CreateTime  + ", MsgType=" + MsgType + ", Content=" + Content + ", MsgId=" + MsgId
+ ", AgentID=" + AgentID + "]";
        }

        //此处省略 get 和 set 方法
    }
```

新建 OutText 类，程序代码如下。

```
    package bean;

    import java.util.Date;
    import util.WX_Util;

    public class OutText {
        private String ToUserName;
        private String FromUserName;
        private String CreateTime;
        private String MsgType;
        private String Content;

        public OutText(In in , String content) {
            this.setToUserName(in.getFromUserName());
            this.setFromUserName(in.getToUserName());
            this.setMsgType("text");
            this.setCreateTime(new Date().getTime()+"");
            this.setContent(content);
        }

        public String getOutStr(){
            StringBuffer strb = new StringBuffer();
            strb.append(" <xml>                                              ");
            strb.append("    <ToUserName><![CDATA["+this.getToUserName()+"]]>
</ToUserName>      ");
            strb.append("    <FromUserName><![CDATA["+this.getFromUserName()+"]]>
</FromUserName> ");
            strb.append("    <CreateTime>"+this.getCreateTime()+"</CreateTime>        ");
            strb.append("    <MsgType><![CDATA[text]]></MsgType>               ");
            strb.append("   <Content><![CDATA["+this.getContent()+"]]></Content>    ");
            strb.append(" </xml>                                             ");
            return WX_Util.getEncryptStrForReturn(strb.toString());

        }

        //此处省略 get 和 set 方法
    }
```

修改 WX_Interface 类，程序代码如下。

```
    package util;

    import java.io.IOException;
    import java.io.PrintWriter;

    import javax.servlet.ServletException;
    import javax.servlet.annotation.WebServlet;
    import javax.servlet.http.HttpServlet;
    import javax.servlet.http.HttpServletRequest;
    import javax.servlet.http.HttpServletResponse;
```

```
import com.qq.weixin.mp.aes.AesException;

import bean.In;
import bean.InText;
import bean.OutText;

@WebServlet("/WX_Interface")
public class WX_Interface extends HttpServlet {
    protected void doGet(HttpServletRequest request, HttpServletResponse response)
throws ServletException, IOException {
        PrintWriter out = response.getWriter();
        try {
            String msg_signature = request.getParameter("msg_signature");
            String timestamp = request.getParameter("timestamp");
            String nonce = request.getParameter("nonce");
            String echostr = request.getParameter("echostr");
            String sEchoStr = WX_Args.getWxcpt().VerifyURL(msg_signature, timestamp,
nonce, echostr);
            out.println(sEchoStr);
        } catch (AesException e) {
            e.printStackTrace();
        }
        out.flush();
        out.close();
    }

    protected void doPost(HttpServletRequest request, HttpServletResponse response)
throws ServletException, IOException {

        request.setCharacterEncoding("UTF-8");
        response.setCharacterEncoding("UTF-8");

        PrintWriter out = response.getWriter();
        String requestStr = WX_Util.getEncryptStrFromRequest(request);
        System.out.println(requestStr);

        if(null==requestStr) {
            return;
        }
        In in = new In(requestStr);
        if("text".equals(in.getMsgType())) {
            out.print(new OutText(in, "收到信息: "+new InText(requestStr).getContent()).
getOutStr());
        }else if("event".equals(in.getMsgType())) {
            if("click".equals(in.getEvent())) {
                if("产品说明".equals(in.getEventKey())) {
                    out.print(new OutText(in, "稍等给您，产品说明").getOutStr());
                }else if("宣传彩页".equals(in.getEventKey())) {
                    out.print(new OutText(in, "稍等给您，宣传彩页").getOutStr());
                }
            }
        }else {
            out.print(new OutText(in, "哈哈哈，听不懂你说的。").getOutStr());
        }
        out.flush();
        out.close();
    }
}
```

5.5 需求效果展示

前面的程序虽然可以满足需求，但却有几点不足需要完善。

回调接口验证，可保证业务服务器能接收到腾讯微信服务器的信息，单击菜单时将以回调开发方式响应菜单信息。下面来看下需求完成情况。

在企业微信计算机端打开“企业微信 Java 版”应用，如图 5-13 所示。

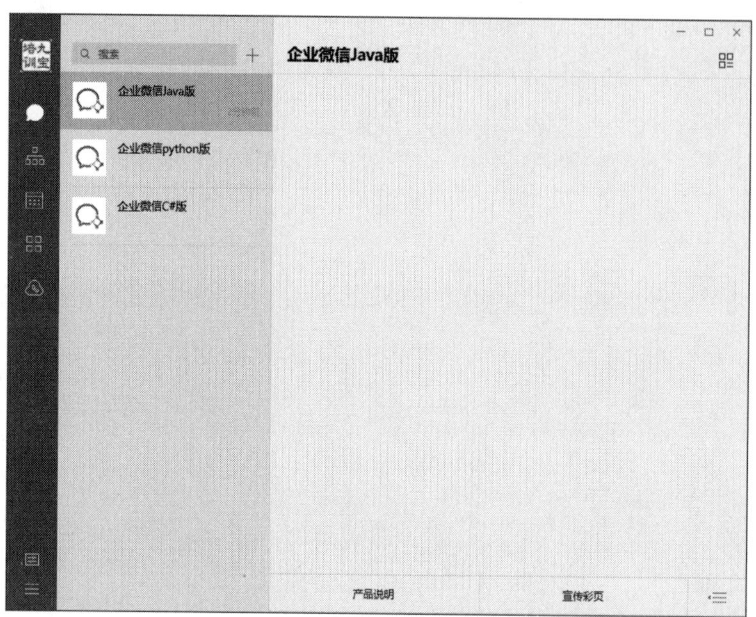

图 5-13　打开应用状态

单击下方的“产品说明”按钮，显示“消息收取中”，如图 5-14 所示。

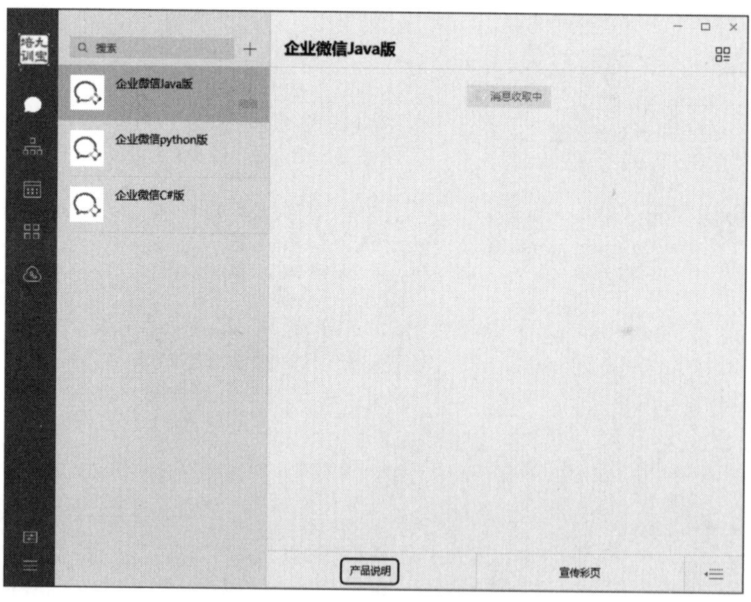

图 5-14　单击“产品说明”按钮

业务服务器响应信息，企业微信计算机端程序显示“稍等给您，产品说明”，如图 5-15 所示。

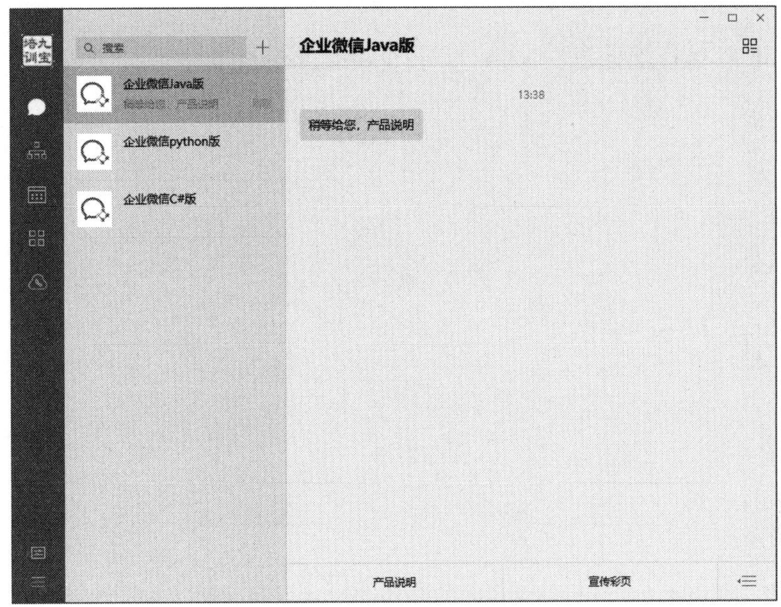

图 5-15　业务服务器响应信息

单击“宣传彩页”按钮，同样显示“消息收取中”。业务服务器响应信息，企业微信计算机端程序显示“稍等给您，宣传彩页”，如图 5-16 所示。

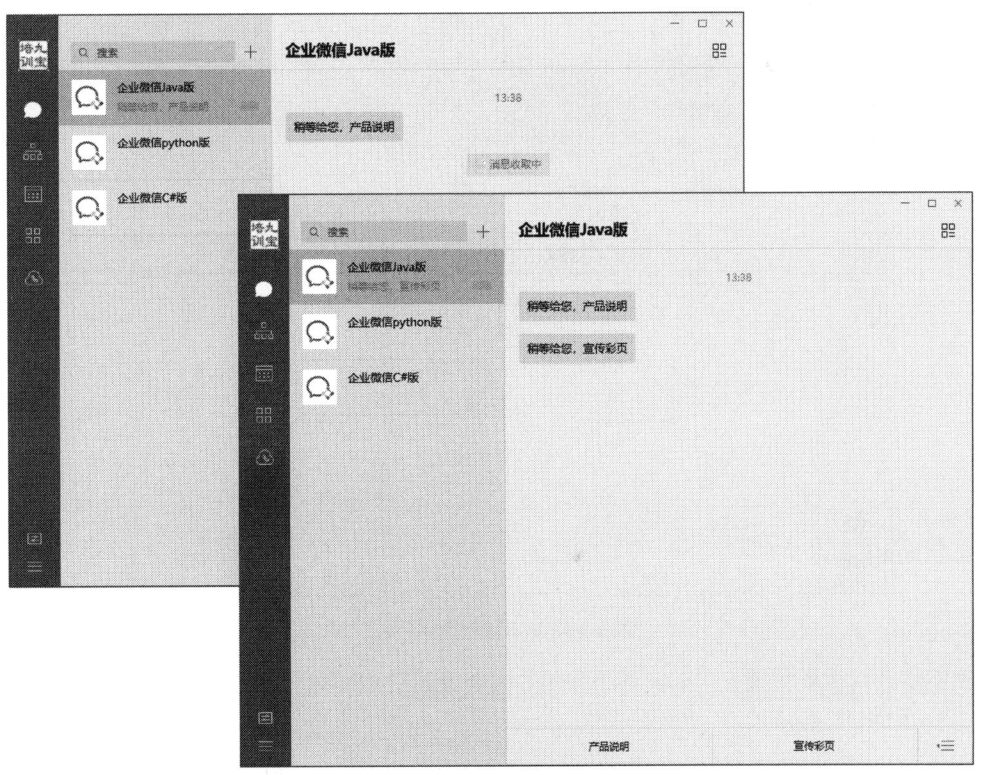

图 5-16　单击“宣传彩页”按钮

企业微信计算机端编辑状态，发送 text 消息，如图 5-17 所示。

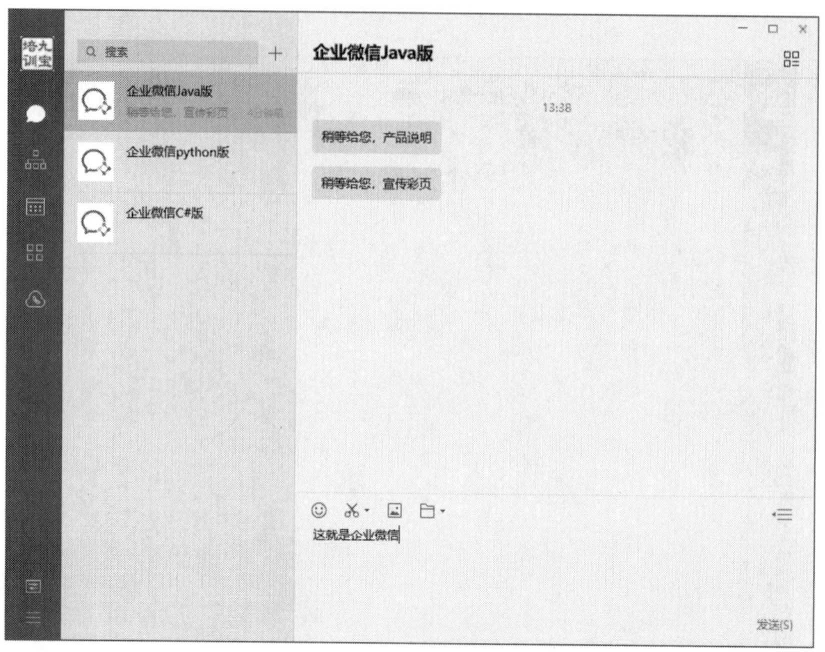

图 5-17　发送 text 消息

业务服务器响应消息，返回 text 消息“收到信息：这就是企业微信”，如图 5-18 所示。

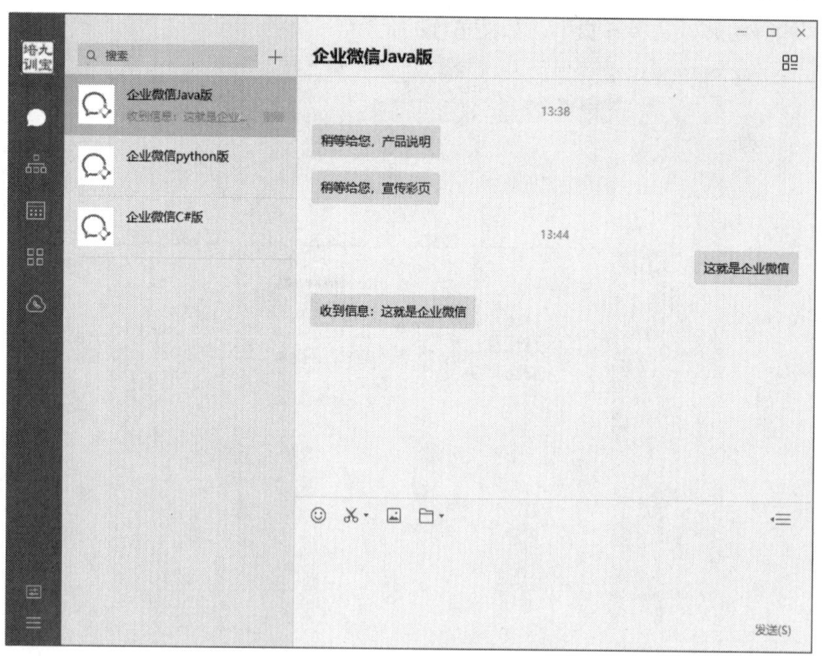

图 5-18　业务服务器响应消息

试着发送其他类型消息，如发送一张图片，将返回响应信息“哈哈哈，听不懂你说的。”，如图 5-19 和图 5-20 所示。

图 5-19　发送其他类型消息

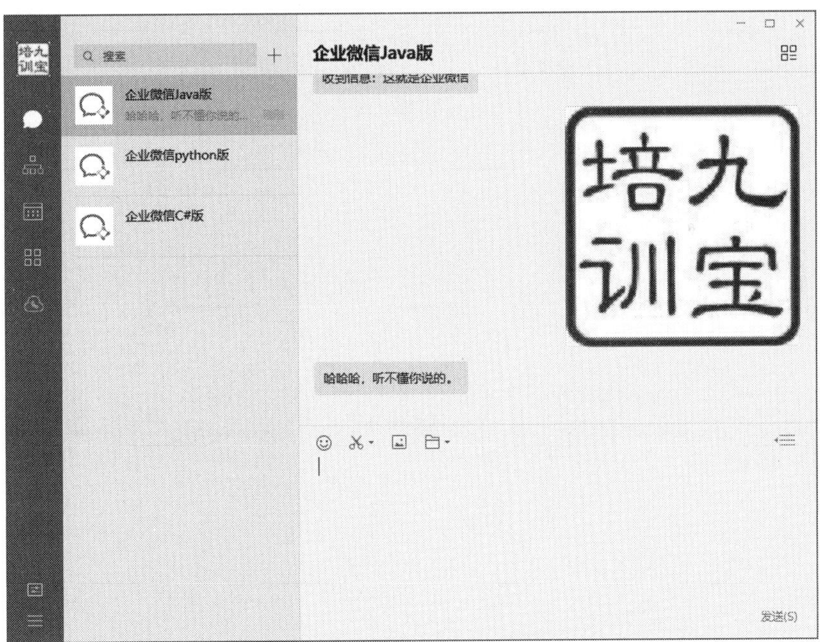

图 5-20　返回响应信息

5.6　优化架构

5.4 节的程序虽然可以满足需求，但程序架构仍需进行优化与提升，程序代码如下。

```
    if("text".equals(in.getMsgType())) {
        out.print(new OutText(in, "收到信息: "+new InText(requestStr).getContent())
.getOutStr());
```

```
}else if("event".equals(in.getMsgType())) {
    if("click".equals(in.getEvent())) {
        if("产品说明".equals(in.getEventKey())) {
            out.print(new OutText(in, "稍等给您，产品说明").getOutStr());
        }else if("宣传彩页".equals(in.getEventKey())) {
            out.print(new OutText(in, "稍等给您，宣传彩页").getOutStr());
        }
    }
}else {
    out.print(new OutText(in, "哈哈哈，听不懂你说的。").getOutStr());
}
```

这段程序是严格按照需求编写的，但需求调整会导致程序结构更复杂。可以想象，如果还要提供“扫描事件”“拍照事件”“坐标事件”等功能，回调开发方式的程序结构将会更复杂。

另外，对于消息类型的补充判断同样需要优化。优化的主要思路是“控制反转”，即根据报文的类型反向生成，从本质上解耦程序。

对于需要长时间才能计算出响应结果的，可以考虑使用多线程方式，单独启动一个线程实现相关的需求。

第 6 章　主动开发基础知识

6.1　本章总说

企业微信的主动开发方式是由业务服务器发起的，企业微信服务器接收请求，并做出响应。

学习本章之前，需要再次明确下企业微信开发中有关企业 ID、用户 ID、部门 ID、标签 ID、应用 ID、访问秘钥等常见术语的概念和账号信息获取方式。

1．企业 ID

企业 ID 就是 CorpID，是企业微信账号的唯一标识。登录后台管理系统，打开“我的企业”页面，在“企业信息”中即可看到企业 ID 信息，如图 6-1 所示。注意，查看企业 ID 信息需要有管理员权限。

图 6-1　查看企业 ID

2．用户 ID

用户 ID 就是 UserID，是企业微信成员的唯一标识。在后台管理系统中打开“通讯录”页面，选择某个成员，查阅其详情信息，即可看到用户 ID 信息，如图 6-2 和图 6-3 所示。

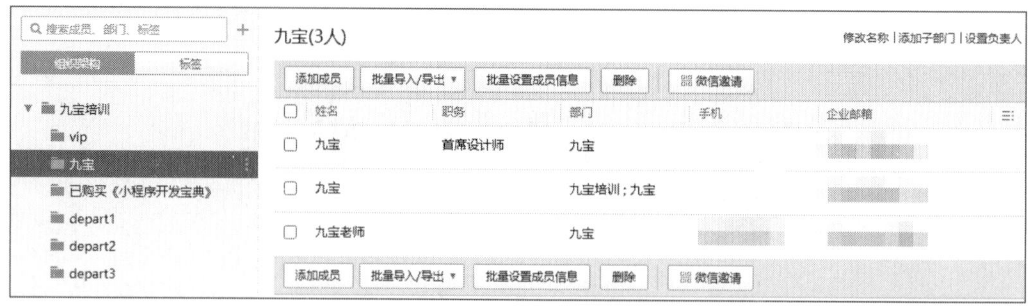

图 6-2　选择一个成员

图 6-3　查看用户 ID

3．部门 ID

部门 ID 是企业微信部门的唯一标识，在通讯录中单击部门右边的⋮图标，即可在弹出菜单中看到部门 ID，如图 6-4 所示。

图 6-4　查看部门 ID

4．标签 ID

在通讯录中选择“标签”选项卡，选择其中一个标签，单击右上角的“标签详情”链接，即可看到标签 ID，如图 6-5 和图 6-6 所示。

图 6-5　选择某个标签

图 6-6　查看标签 ID

5．应用 ID

应用 ID 就是 AgentId，是企业微信应用的唯一标识。在后台管理系统中打开“应用管理”页面，在“应用”选项下选择某个应用，即可查看其 AgentId。例如，这里选择自建应用“开发专用 1000004”，查看其 AgentId，如图 6-7 和图 6-8 所示。

图 6-7　选择“开发专用 1000004”应用

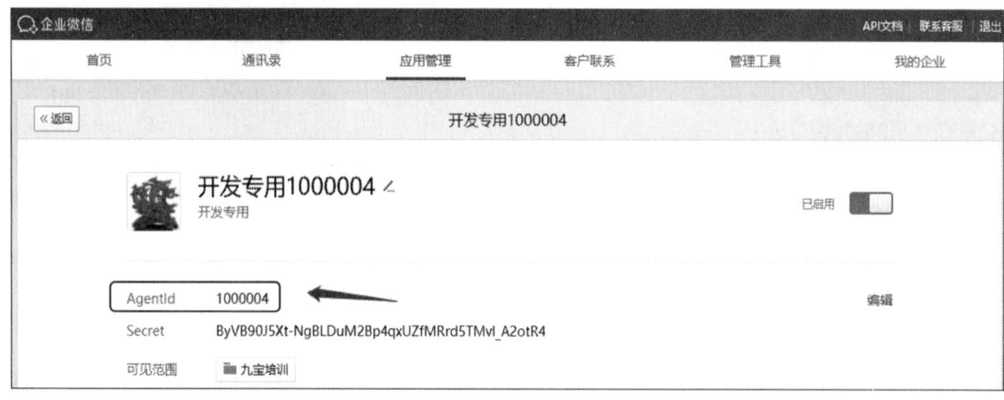

图 6-8　查看 AgentId

6．访问秘钥

访问秘钥就是 Secret，是企业应用里保障数据安全的“钥匙”，每个应用都有一个独立的访问密钥。为了保证数据的安全，Secret 务必不能泄露。

企业微信中，查阅应用 Secret 的方式有两种。

（1）在应用详情中查看 Secret。在后台管理系统中打开“应用管理”页面，选择一个应用，查看其详情，AgentId 账号下显示的就是 Secret 信息，如图 6-9 所示。

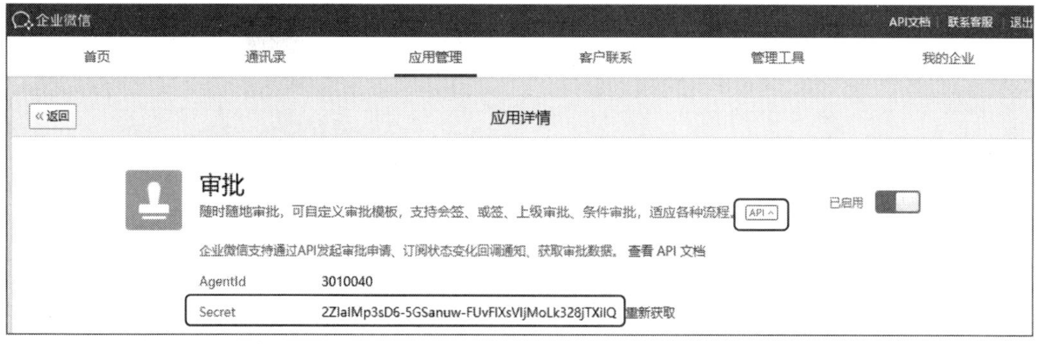

图 6-9　基础应用 Secret

（2）某些基础应用，如审批、打卡功能，支持通过 API 进行操作。例如，在后台管理系统中选择“审批”，在应用详情页面中单击介绍文字后的 API 按钮，也可获取其 Secret 信息。

6.2　获取 access_token 信息

access_token 是业务服务器访问腾讯企业微信服务器获取（或执行相关命令）信息时的重要凭证。access_token 由 CorpID 和指定应用的 Secret 产生。不同的应用产生的 access_token 不同。

一般来说，企业微信主动开发方式的接口在通信时，都需要携带 access_token 信息，用于验证接口的访问权限。获取 access_token 是调用企业微信 API 接口的第一步，相当于创建了一个登录凭证。企业微信的相关业务 API 接口都需要依赖 access_token 来确认调用者身份。

注意： access_token 是重要信息，必须加以保护。

◆　请求方式：GET（HTTPS）。

◆　请求地址：https://qyapi.weixin.qq.com/cgi-bin/gettoken?corpid=ID&corpsecret=SECRET。

◆　请求报文参数说明，如表 6-1 所示。

表 6-1　请求报文参数说明

参　数	是否必须	说　明
corpid	是	企业 ID
corpsecret	是	应用的凭证密钥

◆　响应报文参数说明，如表 6-2 所示。

表 6-2　响应报文参数说明

参　数	说　明
errcode	出错返回码，0 表示调用成功，非 0 表示调用失败
errmsg	返回码提示语
access_token	获取到的凭证，最长为 512 B
expires_in	凭证的有效时间（秒）

请求腾讯企业微信服务器，获取 access_token 可以使用 Postman 工具，如图 6-10 所示。

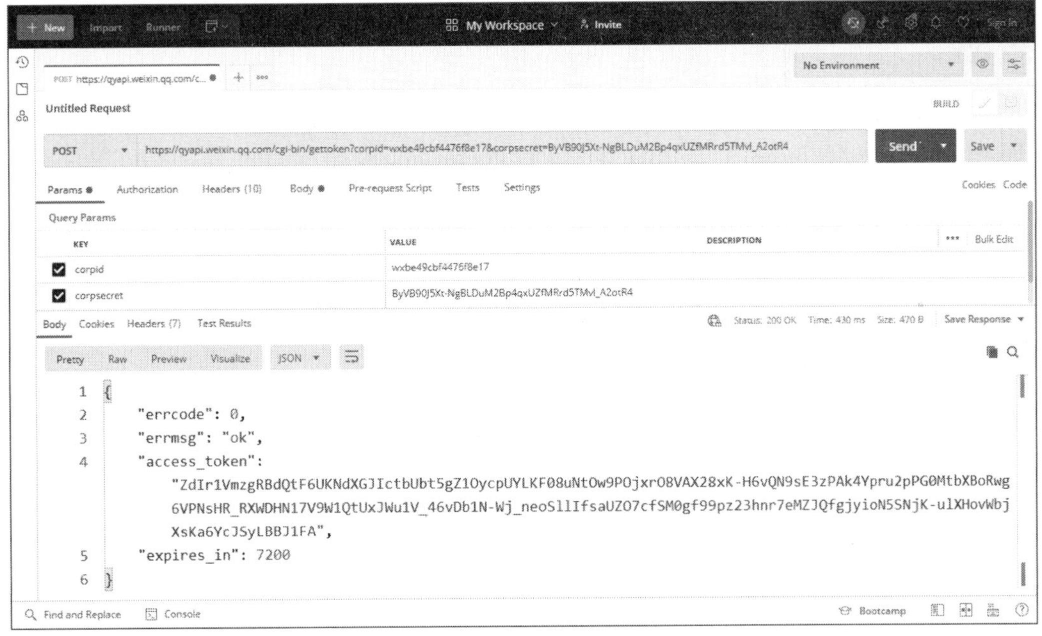

图 6-10　获取 access_token

返回报文代码如下。

```
{
    "errcode": 0,
    "errmsg": "ok",
    "access_token": "ZdIr1VmzgRBdQtF6UKNdXGJIctbUbt5gZ1OycpUYLKF08uNtOw9POjxr08VAX
28xK-H6vQN9sE3zPAk4Ypru2pPGOMtbXBoRwg6VPNsHR_RXWDHN17V9W1QtUxJWu1V_46vDb1N-Wj_neoSllIf
saUZO7cfSM0gf99pz23hnr7eMZJQfgjyioN5SNjK-ulXHovWbjXsKa6YcJSyLBBJ1FA",
    "expires_in": 7200
}
```

注意：

（1）企业微信的应用都有独立的 Secret，其获取到的 access_token 只能本应用使用，不同企业微信应用的 access_token 应该分开缓存。

（2）企业微信的 access_token 不是长久有效的，需要定时刷新。

（3）企业微信的 access_toekn 需要缓存，不可频繁向腾讯服务器请求。

（4）access_token 的有效期通过返回的 expires_in 来传达，正常情况下为 7200 s（2 h）。有效期内重复获取，返回相同结果，过期后获取会返回新的 access_token。

（5）access_token 至少保留 512 B 的存储空间。

（6）有可能由于腾讯的原因导致有效期内的 access_token 失效，开发者应实现 access_token 失效时重新获取的逻辑。

下面以编程方式获取 access_token。定义 WX_Args 类，用于记录参数。

```
package util;

public class WX_Args {
    public static final String corpid = "wxbe49cbf4476f8e17";
    public static final String secret = "ByVB90J5Xt-NgBLDuM2Bp4qxUZfMRrd5TMvl_
A2otR4";
}
```

注意： 本节重点讲解如何获取 access_token，对于不同应用 access_token 缓存，后续会详细讲解。

定义 WX_Util 类，用于提供相关工具函数，代码如下。

```
package util;

import org.apache.http.client.fluent.Request;
import com.google.gson.Gson;
import bean.AccessToken;

public class WX_Util {
    public static AccessToken getAccessToken(){
        try {
            String str = Request.Get("https://qyapi.weixin.qq.com/cgi-bin/
gettoken?corpid="+WX_Args.corpid+"&corpsecret="+WX_Args.secret)
            .execute().returnContent().asString();
            Gson gson = new Gson();
            return gson.fromJson(str, AccessToken.class);
        } catch (Exception e) {
            e.printStackTrace();
            return null;
        }
    }
}
```

定义 AccessToken 类，用于封装 bean，代码如下。

```
package bean;

public class AccessToken {
    private String access_token;
    private String expires_in;

    @Override
    public String toString() {
        return "AccessToken [access_token=" + access_token + ", expires_in=" +
expires_in + "]";
```

```
        }

        ...get 和 set 方法
    }
```

定义 Test 类，用于测试，代码如下。

```
    import bean.AccessToken;
    import util.WX_Util;

    public class Test {
        public static void main(String[] args) {
            AccessToken accessToken = WX_Util.getAccessToken();
            System.out.println(accessToken);
        }
    }
```

执行 Test 类，console 得到如下信息。

```
    {"errcode":0,"errmsg":"ok","access_token":"Dl5SAE5PZ5lEmiPQLtTIt9ElZSDAASjVApKoBi1
GrW8K5OQMEM-EAsv_ax6OG7Qz6qTwtEhfaV4rzKtzYr0EJXbtMeJnNEeyUhQVGuxFAUo3p4b2VeCjknFNt6Dyo
r-CCoiSZxBcKUciYJMupWDjSv98fkMTysr5IRFsYal7k_R4FsIYZ9uiklfaAr0rA5szG3fP-PK9jGoGbzNah53
WYg","expires_in":7200}
    AccessToken [access_token=Dl5SAE5PZ5lEmiPQLtTIt9ElZSDAASjVApKoBi1GrW8K5OQMEM-EAsv_
ax6OG7Qz6qTwtEhfaV4rzKtzYr0EJXbtMeJnNEeyUhQVGuxFAUo3p4b2VeCjknFNt6Dyor-CCoiSZxBcKUciYJ
MupWDjSv98fkMTysr5IRFsYal7k_R4FsIYZ9uiklfaAr0rA5szG3fP-PK9jGoGbzNah53WYg, expires_in=
7200]
```

其中，请求得到的 access_token 的原始报文代码如下。

```
    {
        "errcode": 0,
        "errmsg": "ok",
        "access_token": "Dl5SAE5PZ5lEmiPQLtTIt9ElZSDAASjVApKoBi1GrW8K5OQMEM-EAsv_ax6OG
7Qz6qTwtEhfaV4rzKtzYr0EJXbtMeJnNEeyUhQVGuxFAUo3p4b2VeCjknFNt6Dyor-CCoiSZxBcKUciYJMupWD
jSv98fkMTysr5IRFsYal7k_R4FsIYZ9uiklfaAr0rA5szG3fP-PK9jGoGbzNah53WYg",
        "expires_in": 7200
    }
```

6.3　获取企业微信 API 域名 IP 段

API 域名 IP 即 qyapi.weixin.qq.com 的解析地址，是开发者调用企业微信腾讯服务器端的接入 IP。如果企业需要做防火墙配置，那么可以通过这个接口获取到所有相关的 IP 段。IP 段有变更可能，当 IP 段变更时，新旧 IP 段会同时保留一段时间。建议企业每天定时拉取 IP 段，更新防火墙设置，避免因 IP 段变更导致网络不通。

- 请求方式：GET（HTTPS）。
- 请求地址：https://qyapi.weixin.qq.com/cgi-bin/get_api_domain_ip?access_token=ACCESS_TOKEN。
- 请求报文参数说明，如表 6-3 所示。

表 6-3　请求报文参数说明

参　数	是否必须	说　明
access_token	是	调用接口凭证

- 响应报文参数说明，如表 6-4 所示。

表 6-4　响应报文参数说明

参　数	类　型	说　明
ip_list	StringArray	企业微信服务器 IP 段
errcode	int	错误码，0 表示调用成功，非 0 表示调用失败
errmsg	string	错误信息，调用失败会有相关的错误信息返回

以下程序是编程实现。

修改 WX_Util 类，增加 get_api_domain_ip()函数。

```
public static String get_api_domain_ip() {
    try {
        String str = Request.Get("https://qyapi.weixin.qq.com/cgi-bin/get_api_
domain_ip?access_token=" + WX_Util.getAccessToken().getAccess_token())
            .execute().returnContent().asString();
        return str;
    } catch (Exception e) {
        e.printStackTrace();
        return null;
    }
}
```

注意：本节重点讲解相关接口的编程实现，对于 access_token 缓存的相关问题，后续章节将详细讲解，现阶段直接获取最新的 access_token。

修改 Test 类，调用 get_api_domain_ip()函数。

```
import util.WX_Util;

public class Test {
    public static void main(String[] args) {
        String str = WX_Util.get_api_domain_ip();
        System.out.println(str);
    }
}
```

执行 Test 类，console 打印以下信息。


```
{"ip_list":["101.226.129.166","101.89.18.158","112.60.18.78","112.60.18.81","116.1
28.138.160","116.128.164.38","117.184.242.103","121.51.130.85","121.51.140.149","121.5
1.86.66","140.207.189.106","157.255.173.237","180.97.117.89","182.254.11.176","182.254
.78.66","183.192.202.172","183.3.224.149","183.3.234.106","203.205.219.41","203.205.25
5.254","58.251.80.106"],"errcode":0,"errmsg":"ok"}
```


将报文格式化显示，代码如下。


```
{
    "ip_list": [
        "101.226.129.166",
        "101.89.18.158",
        "112.60.18.78",
        "112.60.18.81",
        "116.128.138.160",
        "116.128.164.38",
        "117.184.242.103",
        "121.51.130.85",
        "121.51.140.149",
        "121.51.86.66",
        "140.207.189.106",
        "157.255.173.237",
        "180.97.117.89",
        "182.254.11.176",
```

```
        "182.254.78.66",
        "183.192.202.172",
        "183.3.224.149",
        "183.3.234.106",
        "203.205.219.41",
        "203.205.255.254",
        "58.251.80.106"
    ],
    "errcode": 0,
    "errmsg": "ok"
}
```


6.4　通讯录管理

企业微信的通讯录管理主要涉及成员管理、部门管理、标签管理、异步批量接口、通讯录回调通知、互联企业等。

1．成员管理、部门管理、标签管理

成员管理、部门管理、标签管理相对较简单，主要实现的功能是针对当前企业微信账号下员工、部门、标签的相关信息进行增、删、改、查。

一般而言，要求企业微信与待整合系统的通讯录保持一致。于是，引发出一个关于数据源的问题——以待整合系统的通讯录为主，还是以企业微信的通讯录为主？本书给出以下建议。

针对企业微信整合 OA、ERP 等系统的情况，需要先明确待整合系统与企业微信之间的关系。如果 OA、ERP 等系统先于企业微信开发，一般系统规划会要求以 OA、ERP 等系统的部门结构、员工信息为主。此时，建议编程实现由 OA、ERP 等系统向企业微信同步通讯录信息。

另一种情况，如果是新建系统，抑或是后期规划以企业微信通讯录为主要数据源，建议采用手动或以编程方式实现企业微信通讯录数据更新。

对于相对简单的需求，建议企业微信通讯录实现员工基本信息管理，必要时可以结合企业微信的部门与标签功能，实现较为复杂的“一人多岗”和“一岗多人”的需求。

在企业信息化的过程中，建议先优化企业架构，尽可能“一人一岗”，对于特别需求可以“一人多岗”，应避免“一岗多人”。

由于实现的方法相类似，本节以 UserID 与 OpenID 互换为例，说明企业微信通讯录管理中成员管理、部门管理、标签管理的编程实现，不再逐一给出全部接口的编程实现程序。

2．userid 转 openid

◆ 请求方式：POST（HTTPS）。

◆ 请求地址：https://qyapi.weixin.qq.com/cgi-bin/user/convert_to_openid?access_token=ACCESS_TOKEN。

◆ 请求报文参数说明，如表 6-5 所示。

表 6-5　请求报文参数说明

参　数	是 否 必 须	说　明
access_token	是	调用接口凭证
userid	是	企业内的成员 ID

◆ 响应报文参数说明，如表 6-6 所示。

表 6-6　响应报文参数说明

参　数	说　明
errcode	返回码
errmsg	对返回码的文本描述内容
openid	企业微信成员 userid 对应的 openid

修改 WX_Util 类，增加 convert_to_openid()函数，代码如下。

```
    public static String convert_to_openid(String userid) {
        try {
            String str = Request.Post("https://qyapi.weixin.qq.com/cgi-bin/user/
convert_to_openid?access_token=" + WX_Util.getAccessToken().getAccess_token())
                .bodyString("{\"userid\": \""+userid+"\"}", ContentType.
APPLICATION_JSON)
                .execute().returnContent().asString();
            return str;
        } catch (Exception e) {
            e.printStackTrace();
            return null;
        }
    }
```

修改 Test 类，代码如下。

```
    import util.WX_Util;

    public class Test {
        public static void main(String[] args) {
            String str = WX_Util.convert_to_openid("dahaiasdqwe");
            System.out.println(str);
        }
    }
```

注意：需要员工使用微信登录企业微信或者关注微工作台（原企业号）才能转成 openid。

执行 Test 类，console 得到以下信息。

```
{"errcode":0,"errmsg":"ok","openid":"oMud9wl5fhjomgA-hUlgnGtCUda8"}
```

3. openid 转 userid

userid、openid 是企业微信开发、企业微信支付需要的重要参数。本节讲解 openid 转 userid。

◆ 请求方式：POST（HTTPS）。
◆ 请求地址：https://qyapi.weixin.qq.com/cgi-bin/user/convert_to_userid?access_token=ACCESS_TOKEN。
◆ 请求报文参数说明，如表 6-7 所示。

表 6-7　请求报文参数说明

参　数	是否必须	说　明
access_token	是	调用接口凭证
openid	是	在使用企业支付之后，返回结果的 openid

◆ 响应报文参数说明，如表 6-8 所示。

表 6-8　响应报文参数说明

参　数	说　明
errcode	返回码
errmsg	对返回码的文本描述内容
userid	该 openid 在企业微信对应的成员 userid

修改 WX_Util 类，增加 convert_to_userid()函数。

```
    public static String convert_to_userid(String openid) {
        try {
            String str = Request.Post("https://qyapi.weixin.qq.com/cgi-bin/user/
convert_to_userid?access_token=" + WX_Util.getAccessToken().getAccess_token())
                    .bodyString("{\"openid\": \""+openid+"\"}",
ContentType.APPLICATION_JSON)
                    .execute().returnContent().asString();
            return str;
        } catch (Exception e) {
            e.printStackTrace();
            return null;
        }
    }
```

修改 Test 类。

```
import util.WX_Util;

public class Test {
    public static void main(String[] args) {
        String str = WX_Util.convert_to_userid("oMud9wl5fhjomgA-hUlgnGtCUda8");
        System.out.println(str);
    }
}
```

执行 Test 类，console 得到以下信息。

```
{"errcode":0,"errmsg":"ok","userid":"dahaiasdqwe"}
```

异步批量接口与通讯录回调通知开发内容，请读者参照企业微信回调开发方式，本节不再赘述。

6.5　发送应用消息

企业微信开放了消息发送接口，企业可以使用这些接口让自定义应用与企业微信后台或用户间进行双向通信。消息类型可以是文本消息、图片消息、语音消息、视频消息、文件消息、文本卡片消息、图文消息、图文消息（mpnews）、markdown 消息、任务卡片消息。

1. 接口定义

- 请求方式：POST（HTTPS）。
- 请求地址：https://qyapi.weixin.qq.com/cgi-bin/message/send?access_token=ACCESS_TOKEN。
- 请求报文参数说明，如表 6-9 所示。

表 6-9　请求报文参数说明

参　数	是否必须	说　明
access_token	是	调用接口凭证

- 响应报文，代码如下。

```
{
    "errcode" : 0,
    "errmsg" : "ok",
    "invaliduser" : "userid1|userid2",
    "invalidparty" : "partyid1|partyid2",
```

```
        "invalidtag": "tagid1|tagid2"
}
```

如果部分接收人无权限或不存在，发送仍然执行，但会返回无效的部分（即 invaliduser 或 invalidparty 或 invalidtag）。常见的原因是接收人不在应用的可见范围内。如果全部接收人无权限或不存在，则本次调用返回失败，errcode 为 81013。返回包中的 userid，不区分大小写，统一转为小写。

2. 文本消息

文本消息请求参数，如表 6-10 所示。

表 6-10　文本消息请求参数

参　数	是否必须	说　明
touser	否	指定接收消息的成员，成员 ID 列表，多个接收者用“|”分隔，最多支持 1000 个。特殊情况：指定为“@all”，则向该企业应用的全部成员发送
toparty	否	指定接收消息的部门，部门 ID 列表，多个接收者用“|”分隔，最多支持 100 个。当 touser 为“@all”时忽略本参数
totag	否	指定接收消息的标签，标签 ID 列表，多个接收者用“|”分隔，最多支持 100 个。当 touser 为“@all”时忽略本参数
msgtype	是	消息类型，此时固定为 text
agentid	是	企业应用 ID，整型。企业内部开发，可在应用的设置页面查看；第三方服务商，可通过接口“获取企业授权信息”获取该参数值
content	是	消息内容，最长不超过 2048 B，超过将发生截断（支持 id 转译）
safe	否	表示是否为保密消息，0 表示可对外分享，1 表示不能分享且内容显示水印，默认为 0
enable_id_trans	否	表示是否开启 id 转译，0 表示否，1 表示是，默认为 0。仅第三方应用需要使用，企业自建应用可以忽略
enable_duplicate_check	否	表示是否开启重复消息检查，0 表示否，1 表示是，默认为 0
duplicate_check_interval	否	表示是否重复消息检查的时间间隔，默认为 1800 s，最大不超过 4 h

注意： touser、toparty、totag 不能同时为空，全部消息类型都有此要求，后文不再赘述。

（1）定义 Send，程序代码如下。

```
package bean;

public interface Send {
    public String getSendStr();
}
```

（2）定义 SendText，程序代码如下。

```
package bean;

public class SendText implements Send{
    private String touser;
    private String toparty;
    private String totag;
    private String msgtype;
    private String agentid;
    private String content;

    public String getSendStr() {
        StringBuffer strb = new StringBuffer();
        strb.append(" { ");
        strb.append("\"touser\" : \""+this.getTouser()+"\",");
```

```
        strb.append("\"toparty\" : \""+this.getToparty()+"\", ");
        strb.append("\"totag\" : \""+this.getTotag()+"\", ");
        strb.append("\"msgtype\" : \"text\",");
        strb.append("\"agentid\" : "+this.getAgentid()+", ");
        strb.append("\"text\" : { ");
        strb.append("\"content\" : \""+this.getContent()+"\" ");
        strb.append("}");
        strb.append(" } ");
        return strb.toString();
    }

    ...get 和 set 方法
}
```

（3）修改 Test，发送文本信息，程序代码如下。

```
import bean.SendText;
import util.WX_Util;

public class Test {
    public static void main(String[] args) {
        SendText sendText = new SendText();
        sendText.setTouser("dahaiasdqwe");
        sendText.setAgentid("1000004");
        sendText.setContent("但使龙城飞将在，不教胡马度阴山。");
        String str = WX_Util.send(sendText);
        System.out.println(str);
    }
}
```

（4）执行 Test，console 得到以下信息。

```
{"errcode":0,"errmsg":"ok","invaliduser":"","invalidparty":"null","invalidtag":"0"}
```

此时企业微信客户端接收到信息，如图 6-11 所示。

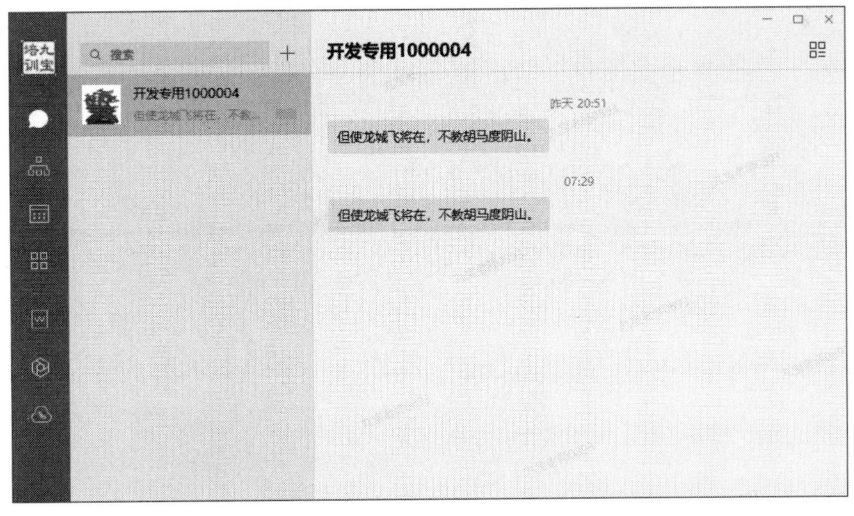

图 6-11　企业微信客户端接收到文本信息

3．图片消息

由于发送图片、语音、视频、文件、文本卡片、图文等消息需要使用到素材，建议先按照本书前序章节介绍搭建回调开发方式程序，以获得相应素材。

图片消息请求参数，如表 6-11 所示。

表 6-11　图片消息请求参数

参　　数	是否必须	说　　明
touser	否	成员 ID 列表，即消息接收者，多个接收者用“|”分隔，最多支持 1000 个。特殊情况：指定为“@all”，则向关注该企业应用的全部成员发送
toparty	否	部门 ID 列表，多个接收者用“|”分隔，最多支持 100 个。当 touser 为“@all”时忽略本参数
totag	否	标签 ID 列表，多个接收者用“|”分隔，最多支持 100 个。当 touser 为“@all”时忽略本参数
msgtype	是	消息类型，此时固定为 image
agentid	是	企业应用 ID，整型。企业内部开发，可在应用的设置页面查看；第三方服务商，可通过接口“获取企业授权信息”获取该参数值
media_id	是	图片媒体文件 ID，可以调用上传临时素材接口获取
safe	否	表示是否为保密消息，0 表示可对外分享，1 表示不能分享且内容显示水印，默认为 0
enable_duplicate_check	否	表示是否开启重复消息检查，0 表示否，1 表示是，默认为 0
duplicate_check_interval	否	表示是否重复消息检查的时间间隔，默认为 1800 s，最大不超过 4 h

（1）定义 SendImage 类，程序代码如下。

```
package bean;

public class SendImage implements Send{
    private String touser;
    private String toparty;
    private String totag;
    private String msgtype;
    private String agentid;
    private String media_id;

    public String getSendStr() {
        StringBuffer strb = new StringBuffer();
        strb.append(" { ");
        strb.append("\"touser\" : \""+this.getTouser()+"\",");
        strb.append("\"toparty\" : \""+this.getToparty()+"\", ");
        strb.append("\"totag\" : \""+this.getTotag()+"\", ");
        strb.append("\"msgtype\" : \"image\", ");
        strb.append("\"agentid\" : "+this.getAgentid()+", ");
        strb.append("\"image\" : { ");
        strb.append(" \"media_id\" : \""+media_id+"\" ");
        strb.append("} ");
        strb.append(" } ");
        return strb.toString();
    }

    ...get 和 set 方法
}
```

（2）修改 Test 类，程序代码如下。

```
import bean.SendImage;
import bean.SendText;
import util.WX_Util;

public class Test {
    public static void main(String[] args) {
        SendImage sendImage = new SendImage();
        sendImage.setTouser("dahaiasdqwe");
        sendImage.setAgentid("1000004");
```

```
        sendImage.setMedia_id("158fvl9NKwLUM-
FKDlHlflsJlKTXbhVw6qqDFIp9he2NNPry6oseo9iUXhoW8UISC");
        String str = WX_Util.send(sendImage);
        System.out.println(str);
    }
}
```

（3）执行 Test，console 得到以下信息。

```
{"errcode":0,"errmsg":"ok","invaliduser":"","invalidparty":"null","invalidtag":"0"}
```

此时企业微信客户端接收到图片信息，如图 6-12 所示。

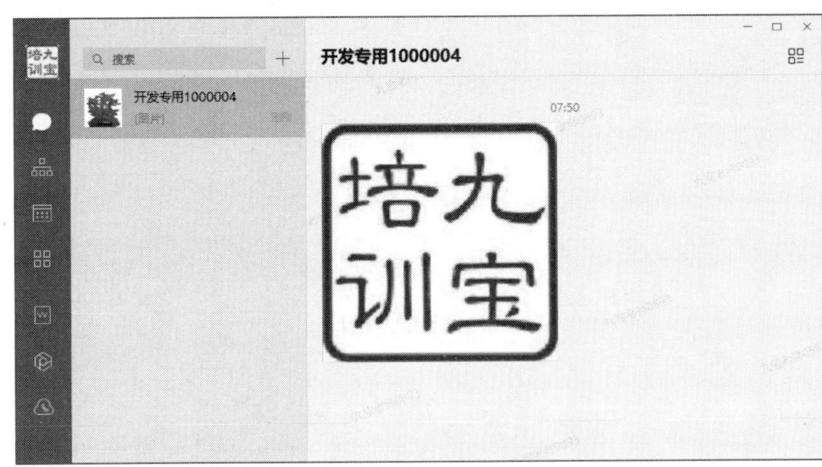

图 6-12　企业微信客户端接收到图片信息

4．语音消息

语音消息请求参数，如表 6-12 所示。

表 6-12　语音消息请求参数

参　数	是否必须	说　明
touser	否	成员 ID 列表，即消息接收者，多个接收者用“|”分隔，最多支持 1000 个。特殊情况：指定为“@all”，则向关注该企业应用的全部成员发送
toparty	否	部门 ID 列表，多个接收者用“|”分隔，最多支持 100 个。当 touser 为“@all”时忽略本参数
totag	否	标签 ID 列表，多个接收者用“|”分隔，最多支持 100 个。当 touser 为“@all”时忽略本参数
msgtype	是	消息类型，此时固定为 voice
agentid	是	企业应用 ID，整型。企业内部开发，可在应用的设置页面查看；第三方服务商，可通过接口“获取企业授权信息”获取该参数值
media_id	是	语音文件 ID，可以调用上传临时素材接口获取
enable_duplicate_check	否	表示是否开启重复消息检查，0 表示否，1 表示是，默认为 0
duplicate_check_interval	否	表示是否重复消息检查的时间间隔，默认为 1800 s，最大不超过 4 h

（1）定义 SendVoice 类，程序代码如下。

```
package bean;

public class SendVoice implements Send{
    private String touser;
    private String toparty;
    private String totag;
    private String msgtype;
```

```
    private String agentid;
    private String media_id;

    public String getSendStr() {
        StringBuffer strb = new StringBuffer();
        strb.append(" { ");
        strb.append("\"touser\" : \""+this.getTouser()+"\",");
        strb.append("\"toparty\" : \""+this.getToparty()+"\", ");
        strb.append("\"totag\" : \""+this.getTotag()+"\", ");
        strb.append("\"msgtype\" : \"voice\", ");
        strb.append("\"agentid\" : "+this.getAgentid()+", ");
        strb.append("\"voice\" : { ");
        strb.append(" \"media_id\" : \""+media_id+"\" ");
        strb.append("} ");
        strb.append(" } ");
        return strb.toString();
    }

    ...get 和 set 方法
}
```

（2）修改 Test 类，程序代码如下。

```
import bean.SendImage;
import bean.SendText;
import bean.SendVoice;
import util.WX_Util;

public class Test {
    public static void main(String[] args) {
        SendVoice sendVoice = new SendVoice();
        sendVoice.setTouser("dahaiasdqwe");
        sendVoice.setAgentid("1000004");
        sendVoice.setMedia_id("1JO96FucOmP8XEYg6pk2wIHcd0fVlTLZOPjSChvULDco");
        String str = WX_Util.send(sendVoice);
        System.out.println(str);
    }
}
```

（3）执行 Test，console 得到以下信息。


```
{"errcode":0,"errmsg":"ok","invaliduser":"","invalidparty":"null","invalidtag":"0"}
```


此时企业微信客户端接收到语音信息，如图 6-13 所示。

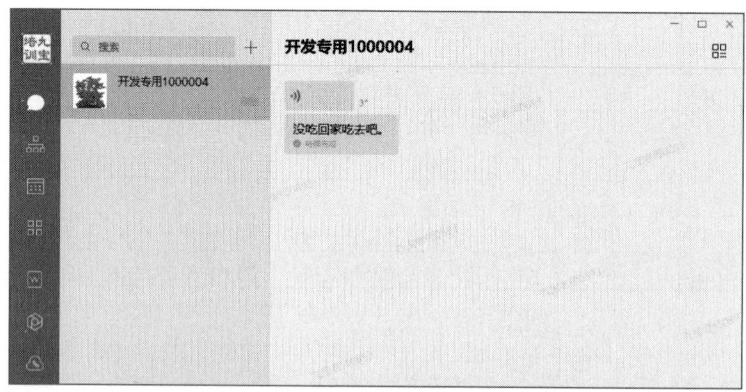

图 6-13　企业微信客户端接收到语音信息

5．视频消息

视频消息请求参数，如表 6-13 所示。

表 6-13　视频消息请求参数

参　数	是否必须	说　明
touser	否	成员 ID 列表，即消息接收者，多个接收者用"|"分隔，最多支持 1000 个。特殊情况：指定为"@all"，则向关注该企业应用的全部成员发送
toparty	否	部门 ID 列表，多个接收者用"|"分隔，最多支持 100 个。当 touser 为"@all"时忽略本参数
totag	否	标签 ID 列表，多个接收者用"|"分隔，最多支持 100 个。当 touser 为"@all"时忽略本参数
msgtype	是	消息类型，此时固定为 video
agentid	是	企业应用 ID，整型。企业内部开发，可在应用的设置页面查看；第三方服务商，可通过接口"获取企业授权信息"获取该参数值
media_id	是	视频媒体文件 ID，可以调用上传临时素材接口获取
title	否	视频消息的标题，不超过 128 B，超过会自动截断
description	否	视频消息的描述，不超过 512 B，超过会自动截断
safe	否	表示是否为保密消息，0 表示可对外分享，1 表示不能分享且内容显示水印，默认为 0
enable_duplicate_check	否	表示是否开启重复消息检查，0 表示否，1 表示是，默认为 0
duplicate_check_interval	否	表示是否重复消息检查的时间间隔，默认为 1800 s，最大不超过 4 h

（1）定义 SendVideo 类，程序代码如下。

```
package bean;

public class SendVideo implements Send{
    private String touser;
    private String toparty;
    private String totag;
    private String msgtype;
    private String agentid;
    private String media_id;
    private String title;
    private String description;

    public String getSendStr() {
        StringBuffer strb = new StringBuffer();
        strb.append(" { ");
        strb.append("    \"touser\" : \""+this.getTouser()+"\",");
        strb.append("    \"toparty\" : \""+this.getToparty()+"\", ");
        strb.append("    \"totag\" : \""+this.getTotag()+"\", ");
        strb.append("    \"msgtype\" : \"video\", ");
        strb.append("    \"agentid\" : "+this.getAgentid()+",");
        strb.append("    \"video\" : { ");
        strb.append("        \"media_id\" : \""+media_id+"\", ");
        strb.append("        \"title\" : \""+title+"\", ");
        strb.append("       \"description\" : \""+description+"\" ");
        strb.append("    } ");
        strb.append(" } ");
        return strb.toString();
    }

    //此处省略 get 和 set 方法
}
```

（2）修改 Test 类，程序代码如下。

```
import bean.SendImage;
import bean.SendText;
import bean.SendVideo;
```

```
    import bean.SendVoice;
    import util.WX_Util;

    public class Test {
        public static void main(String[] args) {
            SendVideo sendVideo = new SendVideo();
            sendVideo.setTouser("dahaiasdqwe");
            sendVideo.setAgentid("1000004");
            sendVideo.setMedia_id("1VjfUmtcJ1jKJowWA6LooB3WoJ4Lt7Ky_
brl0zFcpH1Vsua9JZkZZdInigq9BcF7V");
            sendVideo.setTitle("这是 title");
            sendVideo.setDescription("这是 description");
            String str = WX_Util.send(sendVideo);
            System.out.println(str);
        }
    }
```

（3）执行 Test，console 得到以下信息。

```
{"errcode":0,"errmsg":"ok","invaliduser":"","invalidparty":"null","invalidtag":"0"}
```

此时企业微信客户端接收到视频信息，如图 6-14 所示。

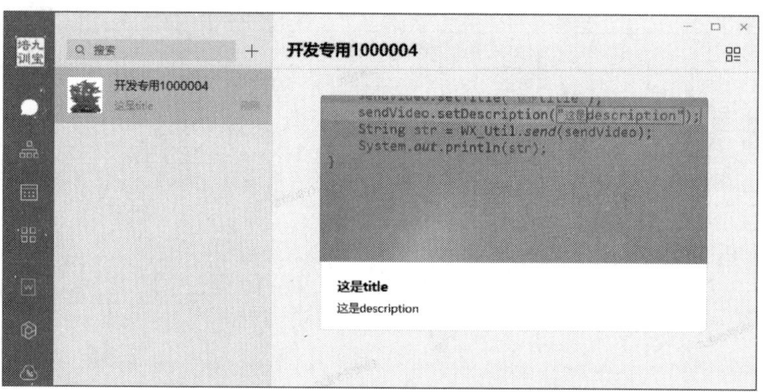

图 6-14　企业微信客户端接收到视频信息

6．文件消息

文件消息请求参数，如表 6-14 所示。

表 6-14　文件消息请求参数

参　　数	是否必须	说　　明
touser	否	成员 ID 列表，即消息接收者，多个接收者用“|”分隔，最多支持 1000 个。特殊情况：指定为“@all”，则向关注该企业应用的全部成员发送
toparty	否	部门 ID 列表，多个接收者用“|”分隔，最多支持 100 个。当 touser 为“@all”时忽略本参数
totag	否	标签 ID 列表，多个接收者用“|”分隔，最多支持 100 个。当 touser 为“@all”时忽略本参数
msgtype	是	消息类型，此时固定为 file
agentid	是	企业应用 ID，整型。企业内部开发，可在应用的设置页面查看；第三方服务商，可通过接口“获取企业授权信息”获取该参数值
media_id	是	文件 ID，可以调用上传临时素材接口获取
safe	否	表示是否为保密消息，0 表示可对外分享，1 表示不能分享且内容显示水印，默认为 0
enable_duplicate_check	否	表示是否开启重复消息检查，0 表示否，1 表示是，默认为 0
duplicate_check_interval	否	表示是否重复消息检查的时间间隔，默认为 1800 s，最大不超过 4 h

（1）定义 SendFile 类，程序代码如下。

```
package bean;

public class SendFile implements Send{
    private String touser;
    private String toparty;
    private String totag;
    private String msgtype;
    private String agentid;
    private String media_id;

    public String getSendStr() {
        StringBuffer strb = new StringBuffer();
        strb.append(" { ");
        strb.append("    \"touser\" : \""+this.getTouser()+"\",");
        strb.append("    \"toparty\" : \""+this.getToparty()+"\", ");
        strb.append("    \"totag\" : \""+this.getTotag()+"\", ");
        strb.append("    \"msgtype\" : \"file\", ");
        strb.append("    \"agentid\" : "+this.getAgentid()+",");
        strb.append("    \"file\" : { ");
        strb.append("        \"media_id\" : \""+media_id+"\" ");
        strb.append("    } ");
        strb.append(" } ");
        return strb.toString();
    }

    //此处省略 get 和 set 方法
}
```

（2）修改 Test 类，程序代码如下。

```
import bean.SendFile;
import util.WX_Util;

public class Test {
    public static void main(String[] args) {
        SendFile sendFile = new SendFile();
        sendFile.setTouser("dahaiasdqwe");
        sendFile.setAgentid("1000004");
        sendFile.setMedia_id("3Rw6u1j5f8vzDhWre3pirc22i4U1ioythXiSUf1y3kxY");
        String str = WX_Util.send(sendFile);
        System.out.println(str);
    }
}
```

（3）可以使用 Web 的方式获得文件素材，参考以下程序。

```
<%@page import="util.WX_Util"%>
<%@ page language="java" contentType="text/html; charset=UTF-8"
    pageEncoding="UTF-8"%>
<!DOCTYPE html>
<html>
<head>
<meta charset="UTF-8">
<title>Insert title here</title>
</head>
<body>
<form method="post"
      action="https://qyapi.weixin.qq.com/cgi-bin/media/upload?access_token=
<%=WX_Util.getAccessToken().getAccess_token() %>&type=file"
      enctype="multipart/form-data">
```

```
        <input name="media" type="file"/>
        <input name="filename" value="企业微信开发书稿.txt"/>
        <input name="filelength" value="8"/>
        <input name="content-type" value="application/octet-stream"/>
        <input type="submit"/>
    </form>
    </body>
    </html>
```

（4）执行 Test，console 得到以下信息。

```
{"errcode":0,"errmsg":"ok","invaliduser":"","invalidparty":"null","invalidtag":"0"}
```

此时企业微信客户端接收到文件信息，如图 6-15 所示。

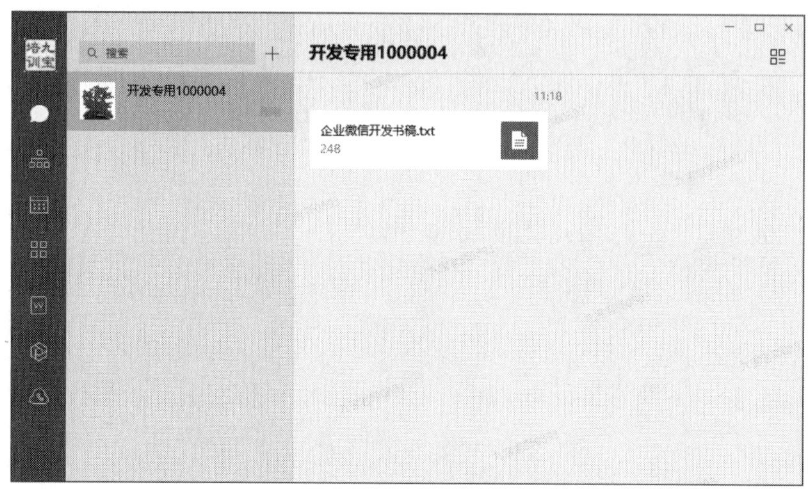

图 6-15　企业微信客户端接收到文件信息

7. 文本卡片消息

文本卡片消息请求参数，如表 6-15 所示。

表 6-15　文本卡片消息请求参数

参　数	是否必须	说　明
touser	否	成员 ID 列表，即消息接收者，多个接收者用“|”分隔，最多支持 1000 个。特殊情况：指定为“@all”，则向关注该企业应用的全部成员发送
toparty	否	部门 ID 列表，多个接收者用“|”分隔，最多支持 100 个。当 touser 为“@all”时忽略本参数
totag	否	标签 ID 列表，多个接收者用“|”分隔，最多支持 100 个。当 touser 为“@all”时忽略本参数
msgtype	是	消息类型，此时固定为 textcard
agentid	是	企业应用 ID，整型。企业内部开发，可在应用的设置页面查看；第三方服务商，可通过接口“获取企业授权信息”获取该参数值
title	是	标题，不超过 128 B，超过会自动截断（支持 id 转译）
description	是	描述，不超过 512 B，超过会自动截断（支持 id 转译）
url	是	单击后跳转的链接，最长 2048 B，应确保包含了协议头（http/https）
btntxt	否	按钮文字，默认为“详情”，不超过 4 个文字，超过自动截断
enable_id_trans	否	表示是否开启 id 转译，0 表示否，1 表示是，默认为 0
enable_duplicate_check	否	表示是否开启重复消息检查，0 表示否，1 表示是，默认为 0
duplicate_check_interval	否	表示是否重复消息检查的时间间隔，默认为 1800 s，最大不超过 4 h

（1）定义 SendTextcard 类，程序代码如下。

```
package bean;

public class SendTextcard implements Send{
    private String touser;
    private String toparty;
    private String totag;
    private String msgtype;
    private String agentid;
    private String title;
    private String description;
    private String url;

    public String getSendStr() {
        StringBuffer strb = new StringBuffer();
        strb.append(" { ");
        strb.append("    \"touser\" : \""+this.getTouser()+"\",");
        strb.append("    \"toparty\" : \""+this.getToparty()+"\", ");
        strb.append("    \"totag\" : \""+this.getTotag()+"\", ");
        strb.append("    \"msgtype\" : \"textcard\", ");
        strb.append("    \"agentid\" : "+this.getAgentid()+",");
        strb.append("    \"textcard\" : { ");
        strb.append("        \"title\" : \""+title+"\", ");
        strb.append("        \"description\" : \""+description+"\", ");
        strb.append("        \"url\" : \""+url+"\" ");
        strb.append("    } ");
        strb.append(" } ");
        return strb.toString();
    }

    //此处省列 get 和 set 方法
}
```

（2）修改 Test 类，程序代码如下。

```
import bean.SendTextcard;
import util.WX_Util;

public class Test {
    public static void main(String[] args) {
        SendTextcard sendTextcard = new SendTextcard();
        sendTextcard.setTouser("dahaiasdqwe");
        sendTextcard.setAgentid("1000004");
        sendTextcard.setMedia_id("158fvl9NKwLUM-
FKDlHlf1sJlKTXbhVw6qqDFIp9he2NNPry6oseo9iUXhoW8UISC");
        sendTextcard.setTitle("这是 title");
        sendTextcard.setDescription("这是 description");
        String str = WX_Util.send(sendTextcard);
        System.out.println(str);
    }
}
```

（3）执行 Test，console 得到以下信息。

```
{"errcode":0,"errmsg":"ok","invaliduser":"","invalidparty":"null","invalidtag":"0"}
```

此时企业微信客户端接收到文本卡片信息，如图 6-16 所示。

图 6-16　企业微信客户端接收到文本卡片信息

8. 图文消息

图文消息请求参数，如表 6-16 所示。

表 6-16　图文消息请求参数

参　数	是否必须	说　明
touser	否	成员 ID 列表，即消息接收者，多个接收者用“|”分隔，最多支持 1000 个。特殊情况：指定为“@all”，则向关注该企业应用的全部成员发送
toparty	否	部门 ID 列表，多个接收者用“|”分隔，最多支持 100 个。当 touser 为“@all”时忽略本参数
totag	否	标签 ID 列表，多个接收者用“|”分隔，最多支持 100 个。当 touser 为“@all”时忽略本参数
msgtype	是	消息类型，此时固定为 news
agentid	是	企业应用 ID，整型。企业内部开发，可在应用的设置页面查看；第三方服务商，可通过接口“获取企业授权信息”获取该参数值
articles	是	图文消息，一个图文消息支持 1～8 条图文
title	是	标题，不超过 128 B，超过会自动截断（支持 id 转译）
description	否	描述，不超过 512 B，超过会自动截断（支持 id 转译）
url	是	单击后跳转的链接，最长为 2048 B，应确保包含了协议头（http/https）
picurl	否	图文消息的图片链接，支持 JPG、PNG 格式，较好的效果为大图 1068×455，小图 150×150
enable_id_trans	否	表示是否开启 id 转译，0 表示否，1 表示是，默认为 0
enable_duplicate_check	否	表示是否开启重复消息检查，0 表示否，1 表示是，默认为 0
duplicate_check_interval	否	表示是否重复消息检查的时间间隔，默认为 1800 s，最大不超过 4 h

（1）定义 SendNews 类，程序代码如下。

```
package bean;

import java.util.ArrayList;
import java.util.List;

public class SendNews implements Send{
    private String touser;
    private String toparty;
    private String totag;
```

```
    private String msgtype;
    private String agentid;
    private String title;
    private String description;
    private String url;
    private String picurl;
    private List<SendNews> list = new ArrayList<SendNews>();

    public String getSendStr() {
        StringBuffer strb = new StringBuffer();
        strb.append(" { ");
        strb.append("\"touser\" : \""+this.getTouser()+"\",");
        strb.append("\"toparty\" : \""+this.getToparty()+"\", ");
        strb.append("\"totag\" : \""+this.getTotag()+"\", ");
        strb.append("\"msgtype\" : \"news\",");
        strb.append("\"agentid\" : "+this.getAgentid()+", ");
        strb.append("\"news\" : { ");
        strb.append(" \"articles\" : [ ");
        for(int x = 0 ; x < list.size(); x++) {
            strb.append("     { ");
            strb.append("         \"title\" : \""+list.get(x).getTitle()+"\", ");
            strb.append("         \"description\" : \""+list.get(x)
.getDescription()+"\", ");
            strb.append("         \"url\" : \""+list.get(x).getUrl()+"\", ");
            strb.append("         \"picurl\" : \""+list.get(x).getPicurl()+"\" ");
            strb.append("     } ");
            if(x+1!=list.size()) {
                strb.append(",");
            }
        }
        strb.append(" ] ");
        strb.append("}");
        strb.append(" } ");

        return strb.toString();
    }

    //此处省略 get 和 set 方法
}
```

（2）修改 Test 类，程序代码如下。

```
import java.util.ArrayList;
import java.util.List;
import bean.SendNews;
import util.WX_Util;

public class Test {
    public static void main(String[] args) {
        SendNews sendNews = new SendNews();
        sendNews.setTouser("dahaiasdqwe");
        sendNews.setAgentid("1000004");

        List<SendNews> list = new ArrayList<SendNews>();
        for(int x = 0 ; x < 4 ; x++) {
            SendNews _sendTextcard = new SendNews();
            _sendTextcard.setTitle("title"+x);
            _sendTextcard.setDescription("description"+x);
            _sendTextcard.setUrl("https://work.weixin.qq.com/");
            _sendTextcard.setPicurl("https://mat1.gtimg.com/pingjs/ext2020/
qqindex2018/dist/img/qq_logo_2x.png");
            list.add(_sendTextcard);
```

```
        }

        sendNews.setList(list);
        String str = WX_Util.send(sendNews);
        System.out.println(sendNews.getSendStr());
        System.out.println(str);
    }
}
```

（3）执行 Test，console 得到以下信息。

{"errcode":0,"errmsg":"ok","invaliduser":"","invalidparty":"null","invalidtag":"0"}

此时企业微信客户端接收到图文信息，如图 6-17 所示。

图 6-17　企业微信客户端接收到图文信息

9．图文消息（mpnews）

mpnews 类型的图文消息，跟普通的图文消息一致，唯一的差异是图文内容存储在企业微信中。多次发送 mpnews，会被认为是不同的图文，阅读、点赞的统计会被分开计算。因此，本节不再赘述，请参考图文消息。

10．markdown 消息

markdown 消息请求参数，如表 6-17 所示。

表 6-17　markdown 消息请求参数

参　　数	是否必须	说　　明
touser	否	成员 ID 列表，即消息接收者，多个接收者用“|”分隔，最多支持 1000 个）。特殊情况：指定为“@all”，则向关注该企业应用的全部成员发送
toparty	否	部门 ID 列表，多个接收者用“|”分隔，最多支持 100 个。当 touser 为“@all”时忽略本参数
totag	否	标签 ID 列表，多个接收者用“|”分隔，最多支持 100 个。当 touser 为“@all”时忽略本参数
msgtype	是	消息类型，此时固定为 markdown
agentid	是	企业应用 ID，整型。企业内部开发，可在应用的设置页面查看；第三方服务商，可通过接口“获取企业授权信息”获取该参数值
content	是	markdown 内容，最长不超过 2048 B，必须是 UTF-8 编码
enable_duplicate_check	否	表示是否开启重复消息检查，0 表示否，1 表示是，默认为 0
duplicate_check_interval	否	表示是否重复消息检查的时间间隔，默认为 1800 s，最大不超过 4 h

（1）定义 SendMarkdown 类，程序代码如下。

```
package bean;

public class SendMarkdown implements Send{
    private String touser;
    private String toparty;
    private String totag;
    private String msgtype;
    private String agentid;
    private String content;

    public String getSendStr() {
        StringBuffer strb = new StringBuffer();
        strb.append(" { ");
        strb.append("\"touser\" : \""+this.getTouser()+"\",");
        strb.append("\"toparty\" : \""+this.getToparty()+"\", ");
        strb.append("\"totag\" : \""+this.getTotag()+"\", ");
        strb.append("\"msgtype\" : \"markdown\",");
        strb.append("\"agentid\" : "+this.getAgentid()+", ");
        strb.append("\"markdown\" : { ");
        strb.append("\"content\" : \""+this.getContent()+"\" ");
        strb.append("}");
        strb.append(" } ");
        return strb.toString();
    }

    //此处省略 get 和 set 方法
}
```

（2）修改 Test 类，程序代码如下。

```
import bean.SendMarkdown;
import util.WX_Util;

public class Test {
    public static void main(String[] args) {
        SendMarkdown sendMarkdown = new SendMarkdown();
        sendMarkdown.setTouser("dahaiasdqwe");
        sendMarkdown.setAgentid("1000004");
        sendMarkdown.setContent("您的会议室已经预定，稍后会同步到`邮箱` \r\n"
            + ">**事项详情** \r\n"
            + ">事　项：<font color=\\\"info\\\">开会</font> \r\n"
            + ">组织者：@miglioguan \r\n"
            +">参与者：@miglioguan、@kunliu、@jamdeezhou、@kanexiong、@kisonwang \r\n"
            + "> \r\n"
            + ">会议室：<font color=\\\"info\\\">广州 TIT 1 楼 301</font> \r\n"
            + ">日　期：<font color=\\\"warning\\\">2018 年 5 月 18 日</font> \r\n"
            + ">时　间：<font color=\\\"comment\\\">上午 9:00-11:00</font> \r\n"
            + "> \r\n"
            + ">请准时参加会议。 \r\n"
            + "> \r\n"
            + ">如需修改会议信息，请单击：[修改会议信息](https://work.weixin.qq.com)");
        String str = WX_Util.send(sendMarkdown);
        System.out.println(str);
    }
}
```

（3）执行 Test，console 得到以下信息。


```
{"errcode":0,"errmsg":"ok. Warning: wrong json format. ","invaliduser":"",
"invalidparty":"null","invalidtag":"0"}
```

此时企业微信客户端接收到 markdown 信息，如图 6-18 所示。

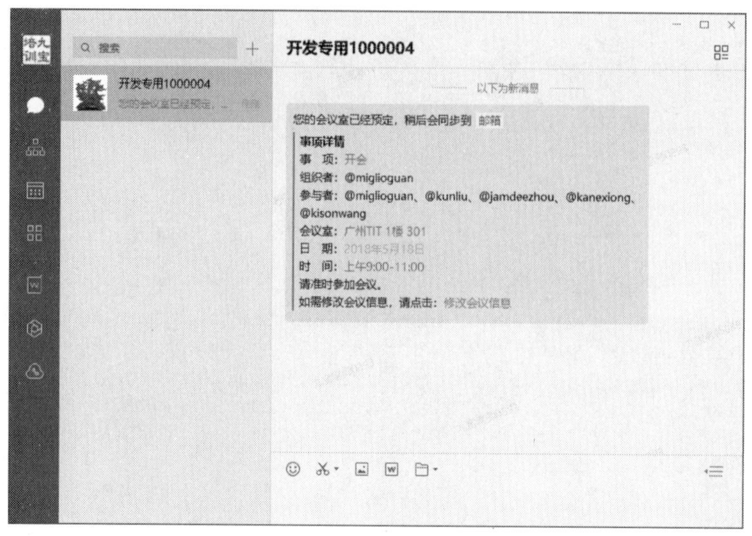

图 6-18　企业微信客户端接收到 markdown 信息

11. 任务卡片消息

任务卡片消息请求参数如表 6-18 所示。

表 6-18　任务卡片消息请求参数

参　数	是否必须	说　明
touser	否	成员 ID 列表，即消息接收者，多个接收者用“|”分隔，最多支持 1000 个。特殊情况：指定为“@all”，则向关注该企业应用的全部成员发送
toparty	否	部门 ID 列表，多个接收者用“|”分隔，最多支持 100 个。当 touser 为“@all”时忽略本参数
totag	否	标签 ID 列表，多个接收者用“|”分隔，最多支持 100 个。当 touser 为“@all”时忽略本参数
msgtype	是	消息类型，此时固定为 taskcard
agentid	是	企业应用 ID，整型。企业内部开发，可在应用的设置页面查看；第三方服务商，可通过接口“获取企业授权信息”获取该参数值
title	是	标题，不超过 128 B，超过会自动截断（支持 id 转译）
description	是	描述，不超过 512 B，超过会自动截断（支持 id 转译）
url	否	单击后跳转的链接。最长 2048 B，请确保包含了协议头（http/https）
task_id	是	任务 ID，同一个应用发送的任务卡片消息的任务 ID 不能重复，只能由数字、字母和“_-@”组成，最长支持 128 B
btn	是	按钮列表，按钮个数为 1～2 个
btn:key	是	按钮 key 值，用户单击后，会产生任务卡片回调事件，回调事件会带上该 key 值，只能由数字、字母和“_-@”组成，最长支持 128 B
btn:name	是	按钮名称
btn:replace_name	否	单击按钮后显示的名称，默认为“已处理”
btn:color	否	按钮字体颜色，可选“red”或者“blue”，默认为“blue”
btn:is_bold	否	按钮字体是否加粗，默认为 false
enable_id_trans	否	表示是否开启 id 转译，0 表示否，1 表示是，默认为 0
enable_duplicate_check	否	表示是否开启重复消息检查，0 表示否，1 表示是，默认为 0
duplicate_check_interval	否	表示是否重复消息检查的时间间隔，默认为 1800 s，最大不超过 4 h

（1）定义 SendTaskcard 类，程序代码如下。

```
package bean;

import java.util.List;

public class SendTaskcard implements Send{
    private String touser;
    private String toparty;
    private String totag;
    private String msgtype;
    private String agentid;
    private String title;
    private String description;
    private String url;
    private String task_id;

    private String btn_key;
    private String btn_name;
    private String btn_replace_name;
    private String btn_color;
    private String btn_is_bold;

    private List<SendTaskcard> list;

    public String getSendStr() {
        StringBuffer strb = new StringBuffer();
        strb.append(" { ");
        strb.append("\"touser\" : \""+this.getTouser()+"\",");
        strb.append("\"toparty\" : \""+this.getToparty()+"\", ");
        strb.append("\"totag\" : \""+this.getTotag()+"\", ");
        strb.append("\"msgtype\" : \"taskcard\",");
        strb.append("\"agentid\" : "+this.getAgentid()+", ");
        strb.append("\"taskcard\" : { ");
        strb.append(" \"title\" : \""+this.getTitle()+"\", ");
        strb.append(" \"description\" : \""+this.getDescription()+"\", ");
        strb.append(" \"url\" : \""+this.getUrl()+"\", ");
        strb.append(" \"task_id\" : \""+this.getTask_id()+"\", ");
        strb.append(" \"btn\":[ ");
        for(int x = 0 ; x < list.size() ; x++) {
            strb.append("     { ");
            strb.append("           \"key\": \""+this.getList().get(x).getBtn_
key()+"\", ");
            strb.append("           \"name\": \""+this.getList().get(x).getBtn_
name()+"\", ");
            strb.append("           \"replace_name\": \""+this.getList().get(x)
.getBtn_replace_name()+"\", ");
            strb.append("           \"color\":\""+this.getList().get(x).getBtn_
color()+"\", ");
            strb.append("           \"is_bold\": "+this.getList().get(x).getBtn_
is_bold()+" ");
            strb.append("     } ");
            if(x+1!=list.size()) {
                strb.append("     , ");
            }
        }
        strb.append(" ] ");
```

```
            strb.append("}");
            strb.append(" } ");

            return strb.toString();
        }

        //此处省略get和set方法
    }
```

（2）修改 Test 类，程序代码如下。

```
    import java.util.ArrayList;
    import java.util.List;

    import bean.SendTaskcard;
    import util.WX_Util;

    public class Test {
        public static void main(String[] args) {
            SendTaskcard sendTaskcard = new SendTaskcard();
            sendTaskcard.setTouser("dahaiasdqwe");
            sendTaskcard.setAgentid("1000004");
            sendTaskcard.setTitle("title");
            sendTaskcard.setDescription("description");
            sendTaskcard.setUrl("https://work.weixin.qq.com/");
            sendTaskcard.setTask_id("taskid" + System.currentTimeMillis());

            List<SendTaskcard> list = new ArrayList<SendTaskcard>();

            SendTaskcard sendTaskcard1 = new SendTaskcard();
            sendTaskcard1.setBtn_key("key001");
            sendTaskcard1.setBtn_name("批准");
            sendTaskcard1.setBtn_replace_name("已批准");
            sendTaskcard1.setBtn_color("red");
            sendTaskcard1.setBtn_is_bold("true");
            list.add(sendTaskcard1);

            SendTaskcard sendTaskcard2 = new SendTaskcard();
            sendTaskcard2.setBtn_key("key002");
            sendTaskcard2.setBtn_name("驳回");
            sendTaskcard2.setBtn_replace_name("已驳回");
            sendTaskcard2.setBtn_color("blue");
            sendTaskcard2.setBtn_is_bold("false");
            list.add(sendTaskcard2);

            sendTaskcard.setList(list);
            String str = WX_Util.send(sendTaskcard);
            System.out.println(str);
        }
    }
```

（3）执行 Test，console 得到以下信息。


```
{"errcode":0,"errmsg":"ok","invaliduser":"","invalidparty":"null","invalidtag":"0"}
```


此时企业微信客户端接收到任务卡片信息，如图 6-19 所示。

（4）此时启动业务服务器，如果单击“批准”按钮，业务服务器会接收到以下报文。


```
<xml><ToUserName><![CDATA[wxbe49cbf4476f8e17]]></ToUserName><FromUserName><![CDATA[dahaiasdqwe]]></FromUserName><MsgType><![CDATA[event]]></MsgType><Event><![CDATA[taskcard_click]]></Event><CreateTime>1612931813</CreateTime><EventKey><![CDATA[key001]]></EventKey><TaskId><![CDATA[taskid1612931596202]]></TaskId><AgentId>1000004</AgentId></xml>
```

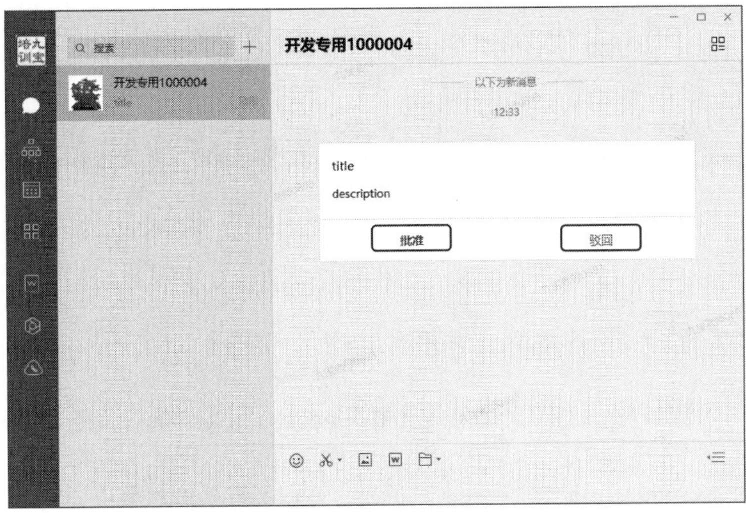

图 6-19　企业微信客户端接收到任务卡片信息

该报文格式化后，代码如下。

```
<xml>
  <ToUserName><![CDATA[wxbe49cbf4476f8e17]]></ToUserName>
  <FromUserName><![CDATA[dahaiasdqwe]]></FromUserName>
  <MsgType><![CDATA[event]]></MsgType>
  <Event><![CDATA[taskcard_click]]></Event>
  <CreateTime>1612931813</CreateTime>
  <EventKey><![CDATA[key001]]></EventKey>
  <TaskId><![CDATA[taskid1612931596202]]></TaskId>
  <AgentId>1000004</AgentId>
</xml>
```

（5）如果单击“驳回”按钮，业务服务器会接收到以下报文。

```
<xml><ToUserName><![CDATA[wxbe49cbf4476f8e17]]></ToUserName><FromUserName><![CDATA
[dahaiasdqwe]]></FromUserName><MsgType><![CDATA[event]]></MsgType><Event><![CDATA[taskcard_
click]]></Event><CreateTime>1612931968</CreateTime><EventKey><![CDATA[key002]]></EventKey>
<TaskId><![CDATA[taskid1612931971699]]></TaskId><AgentId>1000004</AgentId></xml>
```

该报文格式化后，代码如下。

```
<xml>
  <ToUserName><![CDATA[wxbe49cbf4476f8e17]]></ToUserName>
  <FromUserName><![CDATA[dahaiasdqwe]]></FromUserName>
  <MsgType><![CDATA[event]]></MsgType>
  <Event><![CDATA[taskcard_click]]></Event>
  <CreateTime>1612931968</CreateTime>
  <EventKey><![CDATA[key002]]></EventKey>
  <TaskId><![CDATA[taskid1612931971699]]></TaskId>
  <AgentId>1000004</AgentId>
</xml>
```

第 7 章　主动开发架构设计建议

7.1　本章总说

企业微信主动开发方式架构设计的重点是解决 access_token 缓存问题，本章将针对这个问题展开详细讲解。

企业微信的 access_token 与缓存相关的问题，有以下 6 条注意事项。

（1）access_token 区分 AgentId，不同应用的 access_token 不一样。

（2）access_token 有时限限制。access_token 的有效期通过返回的 expires_in 来传达。正常情况下为 7200 s（2 h）。

（3）使用数据库方式缓存 access_token，至少应保留 512 B 的存储空间。

（4）有可能由于腾讯企业微信的原因，导致 access_token 失效，因此应实现 access_token 失效时重新获取的逻辑。

（5）不能频繁请求腾讯企业微信服务器获取 gettoken。

（6）有效期内重新请求腾讯企业微信服务器，得到的 access_token 不会更新。

7.2　单应用的 access_token 缓存

access_token 的缓存方式不唯一，本书给出的是推荐的示例程序，读者可以根据项目的实际情况编程实现。需要注意的是，程序需要满足上述 6 条要求。

注意：

（1）缓存方式建议参照项目组的统一要求。

（2）一般来说，可以使用数据库缓存，也可以使用内存缓存。

（3）数据库缓存需要记录时间戳，同时需要注意时间同步问题。

Token 类用于封装 access_token。新建 Token 类，程序代码如下。

```
package qywx.bean;

import java.util.Date;

public class Token {
    private String key ;
    private String val ;
    private Date createtime;
    private String expires_in;

    public Token(String key, String val, Date createtime, String expires_in) {
        super();
        this.key = key;
```

```
        this.val = val;
        this.createtime = createtime;
        this.expires_in = expires_in;
    }

    public String toString() {
        return "Token [key=" + key + ", val=" + val + ", createtime=" + createtime
+ ", expires_in=" + expires_in + "]";
    }

    //此处省略 get 和 set 方法
}
```

WXArgs 用于配置相关参数信息。修改 WXArgs 类，程序代码如下。

```
package qywx;

import java.util.Hashtable;
import java.util.Map;

public class WXArgs {
    public static final String CORPID        = "wxbe49cbf4476f8e17";
    public static final Map<String,String> EncodingAESKey = new Hashtable<String,
String>();
    static {
        EncodingAESKey.put("0", "80Pq2D60jWBYn1sfXvme1ht3matyvC1hUASlJrjTI7o");
        EncodingAESKey.put("1000001", "xxxxxxxxxxxxxxxxxxxxxxxxxxxxxxxxxxxxxxxxxxx");
        EncodingAESKey.put("1000002", "xxxxxxxxxxxxxxxxxxxxxxxxxxxxxxxxxxxxxxxxxxx");
        EncodingAESKey.put("1000003", "xxxxxxxxxxxxxxxxxxxxxxxxxxxxxxxxxxxxxxxxxxx");
        EncodingAESKey.put("1000004", "ByVB90J5Xt-NgBLDuM2Bp8ltI-6FEZMcIWe-3dCLti0");
    }
}
```

注意： 参数信息可以按照项目组的要求使用配置文件方式记录，也可以使用数据库方式配置。

修改 WXUtil 程序，程序代码如下。

```
public static final Map<String, Token> WX_TOKEN = new HashMap<String, Token>();

    public static AccessToken getAccessToken(String agentId){
        if(!WXUtil.WX_TOKEN.containsKey(agentId)) {

            System.out.println(String.format("缓存无 agentId=%s 的 accessToken",
agentId));
            AccessToken accessToken = WXUtil.getAccessTokenByNet(agentId);
            Token token = new Token(agentId, accessToken.getAccess_token(), new
Date(), accessToken.getExpires_in());
            WXUtil.WX_TOKEN.put(agentId,token);
            return accessToken;
        }else {

            Token token = WXUtil.WX_TOKEN.get(agentId);
            System.out.println(String.format("缓存有 agentId=%s 的 accessToken, 有效
期%s", agentId,token.getCreatetime()));

            if(Integer.parseInt(token.getExpires_in()) < ((new Date().getTime() -
token.getCreatetime().getTime())/1000)) {

                System.out.println(String.format("缓存有 agentId=%s 的 accessToken,
过效期%s, 重新获取", agentId,token.getCreatetime()));
```

```
                AccessToken accessToken = WXUtil.getAccessTokenByNet(agentId);
                token = new Token(agentId, accessToken.getAccess_token(), new
Date(), accessToken.getExpires_in());
                WXUtil.WX_TOKEN.put(agentId,token);
                return accessToken;
            }else {

                System.out.println(String.format("缓存有 agentId=%s 的 accessToken,
在效期, 直接返回", agentId));
                AccessToken accessToken = new AccessToken();
                accessToken.setAccess_token(token.getVal());
                return accessToken;
            }
        }
    }

    // 从网络获取 access_token
    private static AccessToken getAccessTokenByNet(String agentId){
        System.out.println("从网络获取 access_token,agentId="+agentId);
        try {
            String str = Request.Get("https://qyapi.weixin.qq.com/cgi-bin/
gettoken?"
                    + "corpid="+WXArgs.CORPID
                    + "&corpsecret="+WXArgs.EncodingAESKey.get(agentId))
            .execute().returnContent().asString();
            Gson gson = new Gson();
            return gson.fromJson(str, AccessToken.class);
        } catch (Exception e) {
            e.printStackTrace();
            return null;
        }
    }
```

相关说明如下。

public static final Map<String, Token> WX_TOKEN = new HashMap<String, Token>()用于实现 access_token 的缓存，key 是 agentId，val 是 Token。Token 记录 access_token 的信息。

public static AccessToken getAccessToken(String agentId)用于对外提供 access_token 的函数。该函数需要 agentId 作为参数，用于区分不同应用。

if(!WXUtil.WX_TOKEN.containsKey(agentId))用于判断 WXUtil.WX_TOKEN 是否有 agentId 对应的 access_token。如果判断为真（未缓存），则向腾讯企业微信服务器请求 access_token；如果判断为假（已缓存），则按照 agentId 从 WXUtil.WX_TOKEN 中获取缓存的 access_token。

WXUtil.WX_TOKEN 用于获取缓存的 access_token，不能直接返回，需要判断是否在有效期内。if(Integer.parseInt(token.getExpires_in()) < ((new Date().getTime() - token.getCreatetime().getTime())/1000))判断为真（过期），需要请求腾讯企业微信服务器重新获取 agentId 对应的 access_token，并将获取的 access_token 保存到 WX_TOKEN 中；判断为假（在有效期），则从 WX_TOKEN 中得到 access_token，并返回 access_token。

private static AccessToken getAccessTokenByNet(String agentId)用于从网络获取 agentId 对应的 access_token。

需要注意的是，测试方法不能使用 public static void main(String[] args)，需要创建 servlet。

创建 AccessTokenServlet 类，程序代码如下。

```
package test;
```

```
    import java.io.IOException;
    import javax.servlet.ServletException;
    import javax.servlet.annotation.WebServlet;
    import javax.servlet.http.HttpServlet;
    import javax.servlet.http.HttpServletRequest;
    import javax.servlet.http.HttpServletResponse;

    import qywx.WXUtil;
    import qywx.bean.AccessToken;

    @WebServlet("/AccessTokenServlet")
    public class AccessTokenServlet extends HttpServlet {
        protected void doGet(HttpServletRequest request, HttpServletResponse response)
throws ServletException, IOException {
            System.out.println();
            System.out.println();
            System.out.println("------------------------------------------------------
--------------");
            AccessToken accessToken = WXUtil.getAccessToken("1000004");
            response.getWriter().println(accessToken.getAccess_token());
            System.out.println(accessToken.getAccess_token());
            System.out.println("------------------------------------------------------
---------------");
        }
    }
```

使用 AccessTokenServlet 的 GET 方法调用“WXUtil.getAccessToken("1000004");”，以获取 agentId=1000004 应用的 access_token。

启动 Web 服务。使用 Postman 访问 http://localhost/qywx/AccessTokenServlet，如图 7-1 所示。

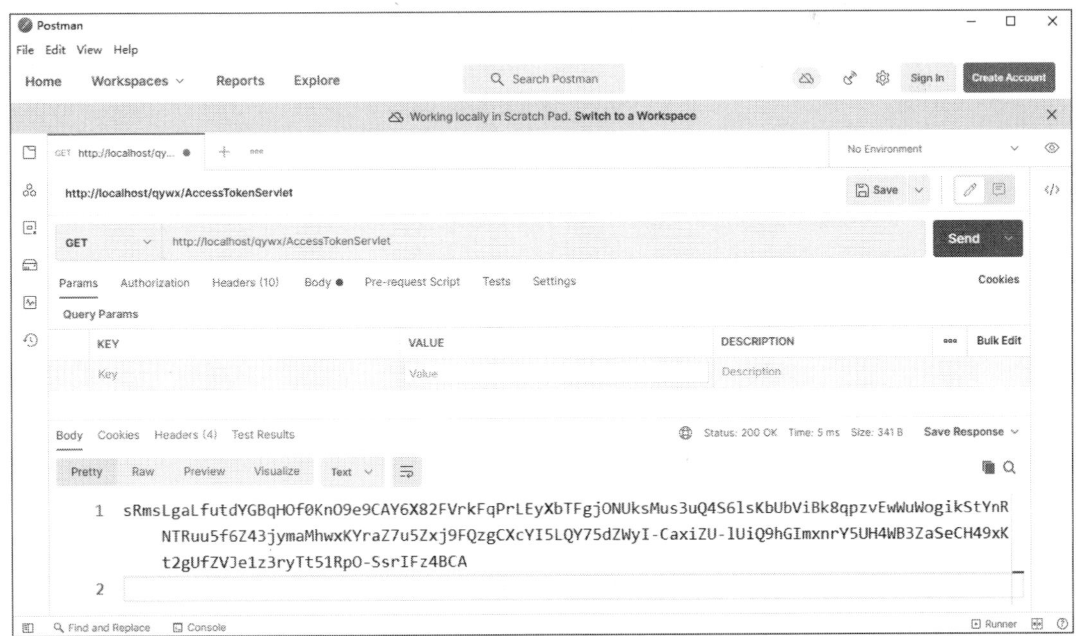

图 7-1　第一次请求 access_token

此时是 Web 服务启动后，第一次请求 agentId=1000004 应用的 access_token。缓存无

agentId=1000004 的 accessToken，需要向腾讯企业微信服务器请求。console 显示报文如下。

```
    ------------------------------------------------------------------
    缓存无 agentId=1000004 的 accessToken
    从网络获取 access_token,agentId=1000004
    sRmsLgaLfutdYGBqHOf0KnO9e9CAY6X82FVrkFqPrLEyXbTFgjONUksMus3uQ4S6lsKbUbViBk8qpzvEwW
uWogikStYnRNTRuu5f6Z43jymaMhwxKYraZ7u5Zxj9FQzgCXcYI5LQY75dZWyI-CaxiZU-lUiQ9hGImxnrY5UH
4WB3ZaSeCH49xKt2gUfZVJe1z3ryTt51RpO-SsrIFz4BCA
    ------------------------------------------------------------------
```

第二次单击 Send 按钮，向 Web 服务器请求 agentId=1000004 的应用的 access_token，如图 7-2 所示。

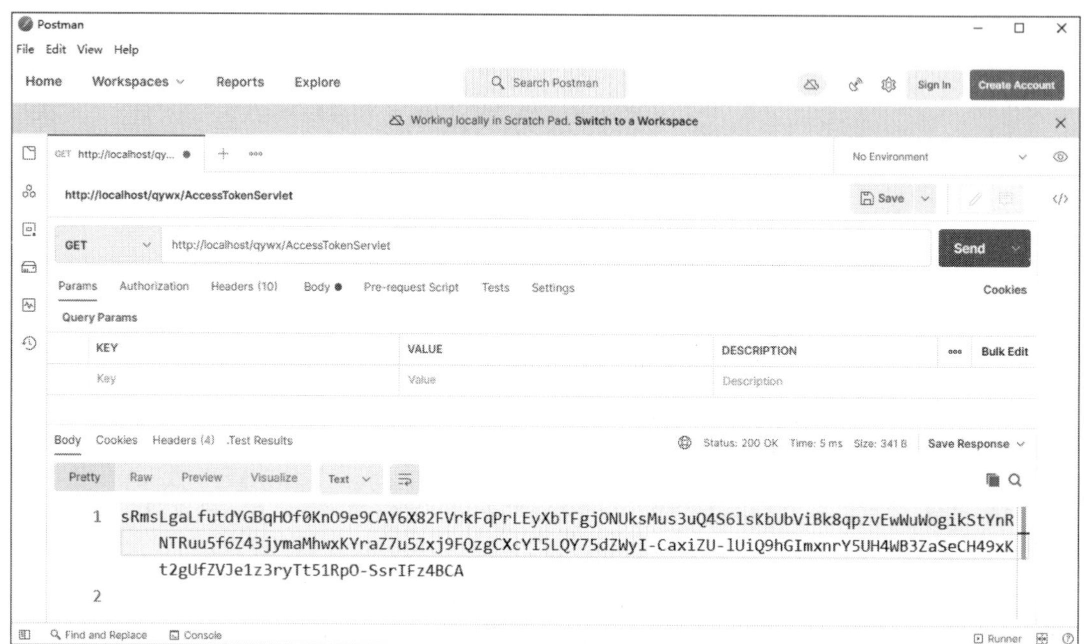

图 7-2　第二次请求 access_token

此时，Web 服务器上已经缓存 agentId=1000004 应用的 access_token，且未超过有效期，因此可直接返回缓存的 access_token。console 显示报文如下。

```
    ------------------------------------------------------------------
    缓存无 agentId=1000004 的 accessToken
    从网络获取 access_token,agentId=1000004
    sRmsLgaLfutdYGBqHOf0KnO9e9CAY6X82FVrkFqPrLEyXbTFgjONUksMus3uQ4S6lsKbUbViBk8qpzvEwW
uWogikStYnRNTRuu5f6Z43jymaMhwxKYraZ7u5Zxj9FQzgCXcYI5LQY75dZWyI-CaxiZU-lUiQ9hGImxnrY5UH
4WB3ZaSeCH49xKt2gUfZVJe1z3ryTt51RpO-SsrIFz4BCA
    ------------------------------------------------------------------


    ------------------------------------------------------------------
    缓存有 agentId=1000004 的 accessToken, 有效期 Sat Mar 27 09:45:19 CST 2021
    缓存有 agentId=1000004 的 accessToken, 在效期, 直接返回
    sRmsLgaLfutdYGBqHOf0KnO9e9CAY6X82FVrkFqPrLEyXbTFgjONUksMus3uQ4S6lsKbUbViBk8qpzvEwW
uWogikStYnRNTRuu5f6Z43jymaMhwxKYraZ7u5Zxj9FQzgCXcYI5LQY75dZWyI-CaxiZU-lUiQ9hGImxnrY5UH
4WB3ZaSeCH49xKt2gUfZVJe1z3ryTt51RpO-SsrIFz4BCA
    ------------------------------------------------------------------
```

修改本地系统时间，第三次单击 Send 按钮，向 Web 服务器请求 agentId=1000004 应用的 access_token，如图 7-3 所示。注意：修改的时间差应该大于有效期时间。

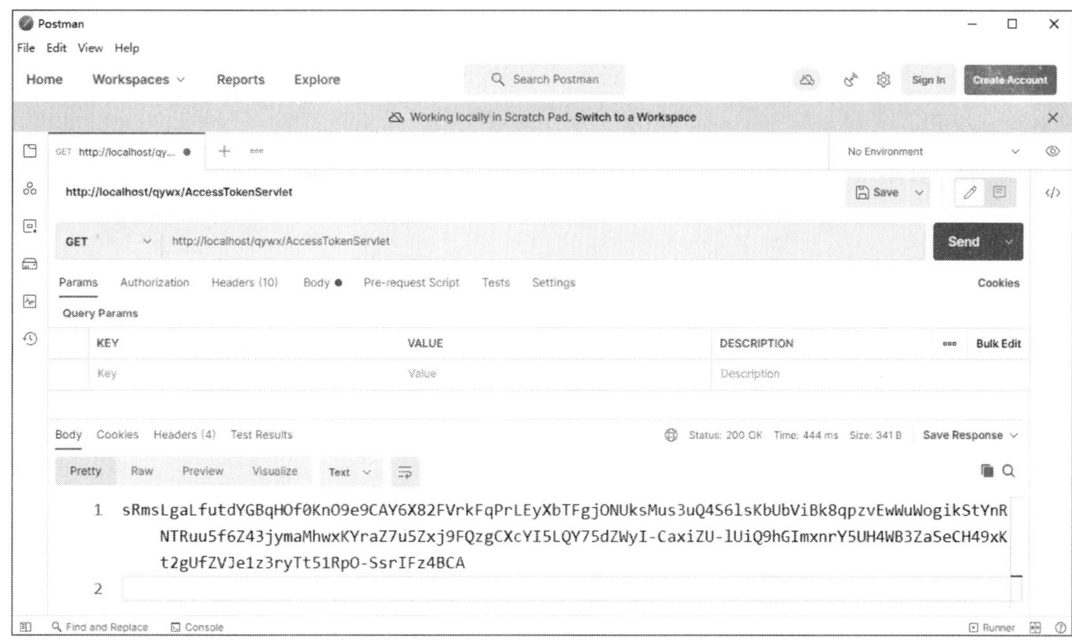

图 7-3　第三次请求 access_token

此时，Web 服务器上一次缓存的 agentId=1000004 应用的 access_token 已经超过有效期，因此返回的是最新获取的 access_token。console 显示报文如下。

```
    -----------------------------------------------------------------
    缓存无 agentId=1000004 的 accessToken
    从网络获取 access_token,agentId=1000004
    sRmsLgaLfutdYGBqHOf0KnO9e9CAY6X82FVrkFqPrLEyXbTFgjONUksMus3uQ4S6lsKbUbViBk8qpzvEwW
uWogikStYnRNTRuu5f6Z43jymaMhwxKYraZ7u5Zxj9FQzgCXcYI5LQY75dZWyI-CaxiZU-lUiQ9hGImxnrY5UH
4WB3ZaSeCH49xKt2gUfZVJe1z3ryTt51RpO-SsrIFz4BCA
    -----------------------------------------------------------------


    -----------------------------------------------------------------
    缓存有 agentId=1000004 的 accessToken, 有效期 Sat Mar 27 09:45:19 CST 2021
    缓存有 agentId=1000004 的 accessToken, 在效期, 直接返回
    sRmsLgaLfutdYGBqHOf0KnO9e9CAY6X82FVrkFqPrLEyXbTFgjONUksMus3uQ4S6lsKbUbViBk8qpzvEwW
uWogikStYnRNTRuu5f6Z43jymaMhwxKYraZ7u5Zxj9FQzgCXcYI5LQY75dZWyI-CaxiZU-lUiQ9hGImxnrY5UH
4WB3ZaSeCH49xKt2gUfZVJe1z3ryTt51RpO-SsrIFz4BCA
    -----------------------------------------------------------------


    -----------------------------------------------------------------
    缓存有 agentId=1000004 的 accessToken, 有效期 Sat Mar 27 09:45:19 CST 2021
    缓存有 agentId=1000004 的 accessToken, 过效期 Sat Mar 27 09:45:19 CST 2021, 重新获取
    从网络获取 access_token,agentId=1000004
    sRmsLgaLfutdYGBqHOf0KnO9e9CAY6X82FVrkFqPrLEyXbTFgjONUksMus3uQ4S6lsKbUbViBk8qpzvEwW
uWogikStYnRNTRuu5f6Z43jymaMhwxKYraZ7u5Zxj9FQzgCXcYI5LQY75dZWyI-CaxiZU-lUiQ9hGImxnrY5UH
4WB3ZaSeCH49xKt2gUfZVJe1z3ryTt51RpO-SsrIFz4BCA
    -----------------------------------------------------------------
```

第四次单击 Send 按钮，向 Web 服务器请求 agentId=1000004 应用的 access_token。此时获取的应该是已经缓存的 access_token，如图 7-4 所示。

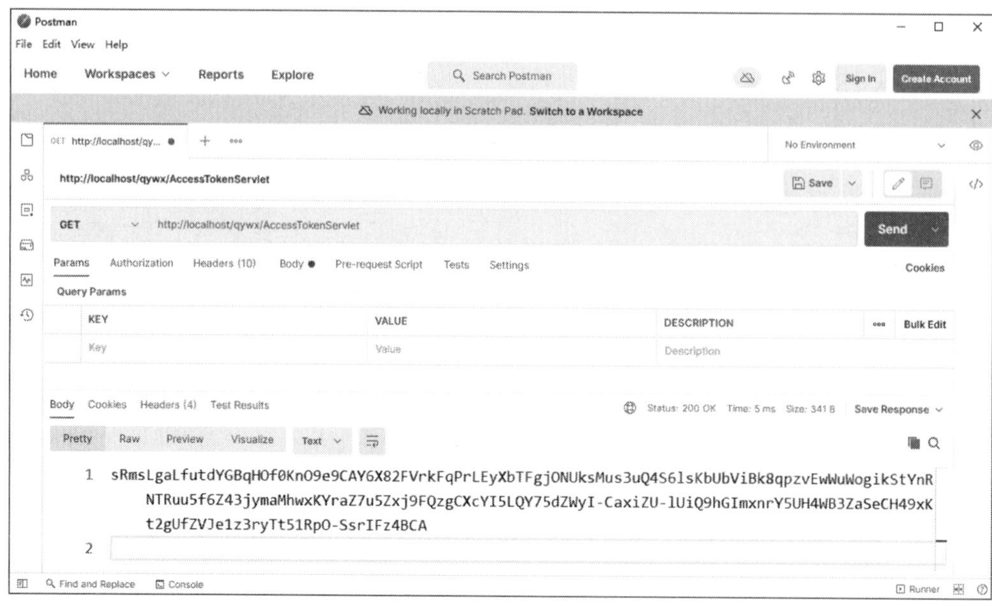

图 7-4　第四次请求 access_token

console 显示报文如下。

```
    --------------------------------------------------------------
    缓存无 agentId=1000004 的 accessToken
    从网络获取 access_token,agentId=1000004
    sRmsLgaLfutdYGBqHOf0KnO9e9CAY6X82FVrkFqPrLEyXbTFgjONUksMus3uQ4S6lsKbUbViBk8qpzvEwW
uWogikStYnRNTRuu5f6Z43jymaMhwxKYraZ7u5Zxj9FQzgCXcYI5LQY75dZWyI-CaxiZU-lUiQ9hGImxnrY5UH
4WB3ZaSeCH49xKt2gUfZVJe1z3ryTt51RpO-SsrIFz4BCA
    --------------------------------------------------------------


    --------------------------------------------------------------
    缓存有 agentId=1000004 的 accessToken，有效期 Sat Mar 27 09:45:19 CST 2021
    缓存有 agentId=1000004 的 accessToken，在效期，直接返回
    sRmsLgaLfutdYGBqHOf0KnO9e9CAY6X82FVrkFqPrLEyXbTFgjONUksMus3uQ4S6lsKbUbViBk8qpzvEwW
uWogikStYnRNTRuu5f6Z43jymaMhwxKYraZ7u5Zxj9FQzgCXcYI5LQY75dZWyI-CaxiZU-lUiQ9hGImxnrY5UH
4WB3ZaSeCH49xKt2gUfZVJe1z3ryTt51RpO-SsrIFz4BCA
    --------------------------------------------------------------


    --------------------------------------------------------------
    缓存有 agentId=1000004 的 accessToken，有效期 Sat Mar 27 09:45:19 CST 2021
    缓存有 agentId=1000004 的 accessToken，过效期 Sat Mar 27 09:45:19 CST 2021，重新获取
    从网络获取 access_token,agentId=1000004
    sRmsLgaLfutdYGBqHOf0KnO9e9CAY6X82FVrkFqPrLEyXbTFgjONUksMus3uQ4S6lsKbUbViBk8qpzvEwW
uWogikStYnRNTRuu5f6Z43jymaMhwxKYraZ7u5Zxj9FQzgCXcYI5LQY75dZWyI-CaxiZU-lUiQ9hGImxnrY5UH
4WB3ZaSeCH49xKt2gUfZVJe1z3ryTt51RpO-SsrIFz4BCA
    --------------------------------------------------------------


    --------------------------------------------------------------
    缓存有 agentId=1000004 的 accessToken，有效期 Sat Mar 27 11:52:20 CST 2021
    缓存有 agentId=1000004 的 accessToken，在效期，直接返回
    sRmsLgaLfutdYGBqHOf0KnO9e9CAY6X82FVrkFqPrLEyXbTFgjONUksMus3uQ4S6lsKbUbViBk8qpzvEwW
uWogikStYnRNTRuu5f6Z43jymaMhwxKYraZ7u5Zxj9FQzgCXcYI5LQY75dZWyI-CaxiZU-lUiQ9hGImxnrY5UH
4WB3ZaSeCH49xKt2gUfZVJe1z3ryTt51RpO-SsrIFz4BCA
    --------------------------------------------------------------
```

以上程序实现单独一个应用的 access_token 缓存。

7.3 不同应用的 access_token 缓存

不同应用的 access_token 缓存时，需要注意的是 agentId 的变化。

修改 WXArgs 类，程序代码如下。

```
package qywx;

import java.util.Hashtable;
import java.util.Map;

public class WXArgs {
    public static final String CORPID        = "wxbe49cbf4476f8e17";
    public static final Map<String,String> EncodingAESKey = new Hashtable<String,
String>();
    static {
        EncodingAESKey.put("0", "80Pq2D60jWBYn1sfXvme1ht3matyvC1hUAS1JrjTI7o");
        EncodingAESKey.put("1000001", "xxxxxxxxxxxxxxxxxxxxxxxxxxxxxxxxxxxxxxxxxxx");
        EncodingAESKey.put("1000002", "xxxxxxxxxxxxxxxxxxxxxxxxxxxxxxxxxxxxxxxxxxx");
        EncodingAESKey.put("1000003", "xxxxxxxxxxxxxxxxxxxxxxxxxxxxxxxxxxxxxxxxxxx");
        EncodingAESKey.put("1000004", "ByVB90J5Xt-NgBLDuM2Bp8ltI-6FEZMcIWe-3dCLti0");
    }
}
```

本节测试使用的是 agentId=0 与 agentId=1000004 的应用。“public static final Map<String, String> EncodingAESKey = new Hashtable<String, String>();”用于记录不同应用的 agentId 和 Secret。

修改 AccessTokenServlet 类，程序代码如下。

```
package test;

import java.io.IOException;
import javax.servlet.ServletException;
import javax.servlet.annotation.WebServlet;
import javax.servlet.http.HttpServlet;
import javax.servlet.http.HttpServletRequest;
import javax.servlet.http.HttpServletResponse;

import qywx.WXUtil;
import qywx.bean.AccessToken;

@WebServlet("/AccessTokenServlet")
public class AccessTokenServlet extends HttpServlet {

    protected void doGet(HttpServletRequest request, HttpServletResponse response)
throws ServletException, IOException {
        System.out.println();
        System.out.println();
        System.out.println("--------------------------------------------------
---------------");
        AccessToken accessToken = WXUtil.getAccessToken(request.getParameter
("agentId"));
        response.getWriter().println(accessToken.getAccess_token());
        System.out.println(accessToken.getAccess_token());
        System.out.println("--------------------------------------------------
---------------");
    }
}
```

修改后的 AccessTokenServlet 具体获取哪个 agentId，需要参数确定，如图 7-5 所示。

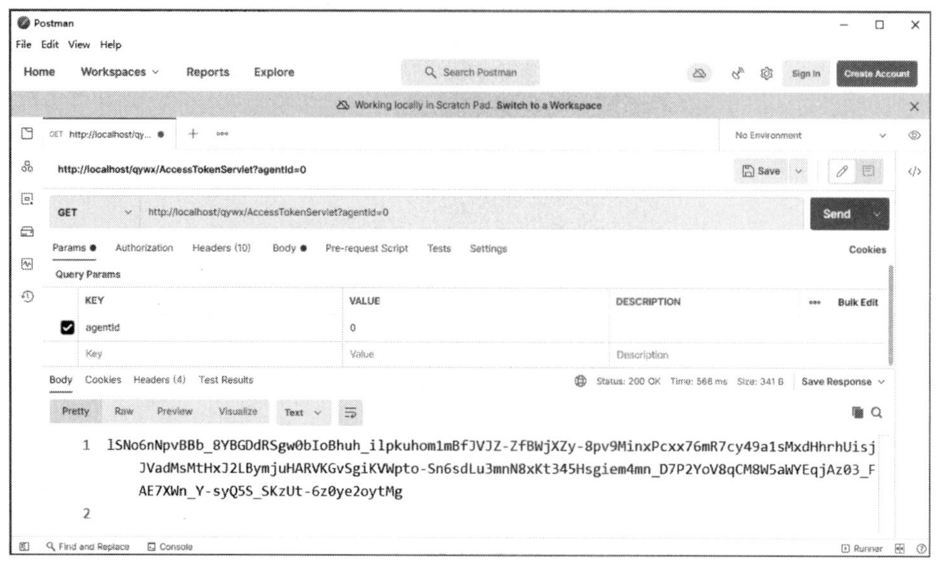

图 7-5　请求 AccessTokenServlet

当请求 agentId=0 应用的 access_token 时，console 显示报文如下。

```
-----------------------------------------------------------------
缓存无 agentId=0 的 accessToken
从网络获取 access_token,agentId=0
lSNo6nNpvBBb_8YBGDdRSgw0bIoBhuh_ilpkuhom1mBfJVJZ-ZfBWjXZy-8pv9MinxPcxx76mR7cy49a1sMxdHhrhUisjJVadMsMtHxJ2LBymjuHARVKGvSgiKVWpto-Sn6sdLu3mnN8xKt345Hsgiem4mn_D7P2YoV8qCM8W5aWYEqjAz03_FAE7XWn_Y-syQ5S_SKzUt-6z0ye2oytMg
-----------------------------------------------------------------
```

当请求 agentId=1000004 应用的 access_token 时，如图 7-6 所示。

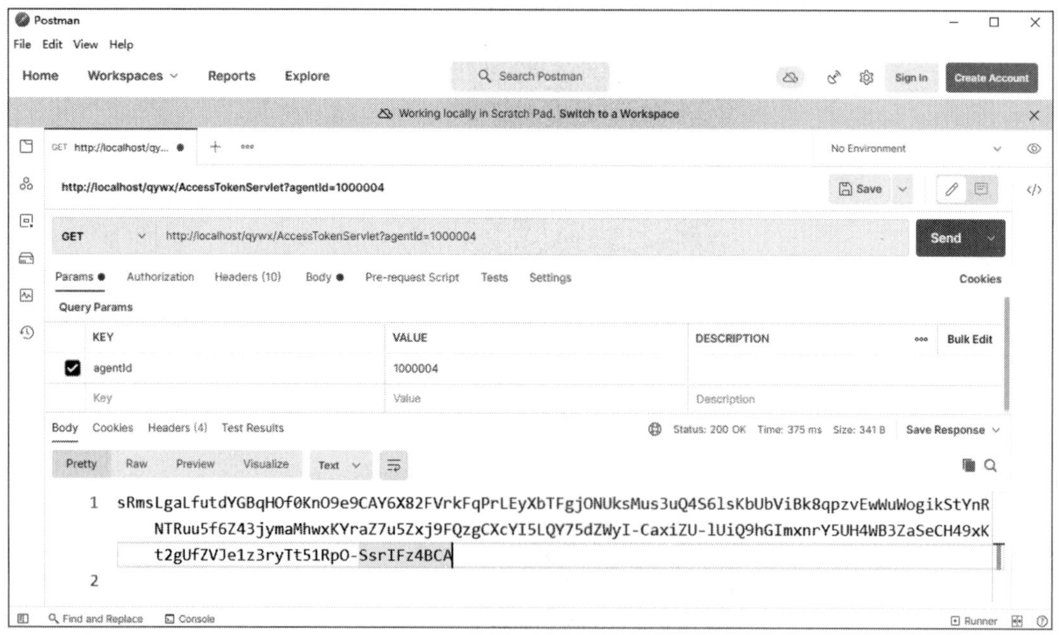

图 7-6　请求 agentId=1000004 应用的 access_token

console 显示的报文如下。

```
-----------------------------------------------------------------
缓存无 agentId=0 的 accessToken
从网络获取 access_token,agentId=0
lSNo6nNpvBBb_8YBGDdRSgw0bIoBhuh_ilpkuhom1mBfJVJZ-ZfBWjXZy-8pv9MinxPcxx76mR7cy49als
MxdHhrhUisjJVadMsMtHxJ2LBymjuHARVKGvSgiKVWpto-Sn6sdLu3mnN8xKt345Hsgiem4mn_D7P2YoV8qCM8
W5aWYEqjAz03_FAE7XWn_Y-syQ5S_SKzUt-6z0ye2oytMg
-----------------------------------------------------------------


-----------------------------------------------------------------
缓存无 agentId=1000004 的 accessToken
从网络获取 access_token,agentId=1000004
sRmsLgaLfutdYGBqHOf0KnO9e9CAY6X82FVrkFqPrLEyXbTFgjONUksMus3uQ4S6lsKbUbViBk8qpzvEwW
uWogikStYnRNTRuu5f6Z43jymaMhwxKYraZ7u5Zxj9FQzgCXcYI5LQY75dZWyI-CaxiZU-lUiQ9hGImxnrY5UH
4WB3ZaSeCH49xKt2gUfZVJe1z3ryTt51RpO-SsrIFz4BCA
-----------------------------------------------------------------
```

再次请求 agentId=0 应用的 access_token，如图 7-7 所示。

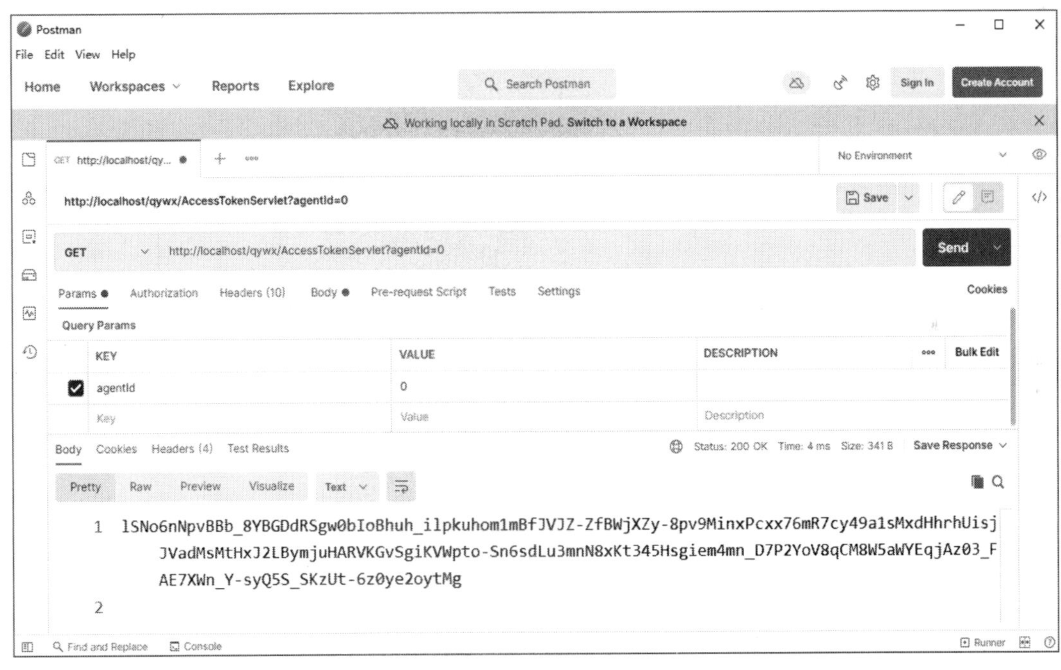

图 7-7　再次请求 agentId=0 应用的 access_token

console 显示的报文如下。

```
-----------------------------------------------------------------
缓存无 agentId=0 的 accessToken
从网络获取 access_token,agentId=0
lSNo6nNpvBBb_8YBGDdRSgw0bIoBhuh_ilpkuhom1mBfJVJZ-ZfBWjXZy-8pv9MinxPcxx76mR7cy49als
MxdHhrhUisjJVadMsMtHxJ2LBymjuHARVKGvSgiKVWpto-Sn6sdLu3mnN8xKt345Hsgiem4mn_D7P2YoV8qCM8
W5aWYEqjAz03_FAE7XWn_Y-syQ5S_SKzUt-6z0ye2oytMg
-----------------------------------------------------------------


-----------------------------------------------------------------
```

```
缓存无 agentId=1000004 的 accessToken
从网络获取 access_token,agentId=1000004
sRmsLgaLfutdYGBqHOf0KnO9e9CAY6X82FVrkFqPrLEyXbTFgjONUksMus3uQ4S6lsKbUbViBk8qpzvEwW
uWogikStYnRNTRuu5f6Z43jymaMhwxKYraZ7u5Zxj9FQzgCXcYI5LQY75dZWyI-CaxiZU-lUiQ9hGImxnrY5UH
4WB3ZaSeCH49xKt2gUfZVJe1z3ryTt51RpO-SsrIFz4BCA
------------------------------------------------------------------


------------------------------------------------------------------
缓存有 agentId=0 的 accessToken, 有效期 Sat Mar 27 10:02:50 CST 2021
缓存有 agentId=0 的 accessToken, 在效期, 直接返回
lSNo6nNpvBBb_8YBGDdRSgw0bIoBhuh_ilpkuhom1mBfJVJZ-ZfBWjXZy-8pv9MinxPcxx76mR7cy49als
MxdHhrhUisjJVadMsMtHxJ2LBymjuHARVKGvSgiKVWpto-Sn6sdLu3mnN8xKt345Hsgiem4mn_D7P2YoV8qCM8
W5aWYEqjAz03_FAE7XWn_Y-syQ5S_SKzUt-6z0ye2oytMg
------------------------------------------------------------------
```

再次请求 agentId=1000004 应用的 access_token，如图 7-8 所示。

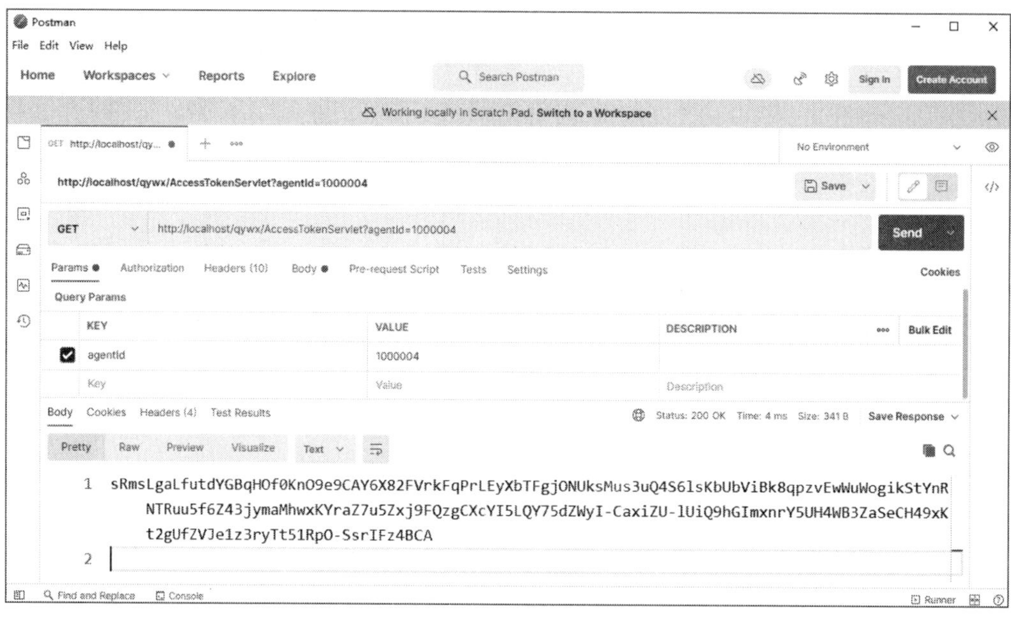

图 7-8　再次请求 agentId=1000004 应用的 access_token

console 显示的报文如下。

```
------------------------------------------------------------------
缓存无 agentId=0 的 accessToken
从网络获取 access_token,agentId=0
lSNo6nNpvBBb_8YBGDdRSgw0bIoBhuh_ilpkuhom1mBfJVJZ-ZfBWjXZy-8pv9MinxPcxx76mR7cy49als
MxdHhrhUisjJVadMsMtHxJ2LBymjuHARVKGvSgiKVWpto-Sn6sdLu3mnN8xKt345Hsgiem4mn_D7P2YoV8qCM8
W5aWYEqjAz03_FAE7XWn_Y-syQ5S_SKzUt-6z0ye2oytMg
------------------------------------------------------------------


------------------------------------------------------------------
缓存无 agentId=1000004 的 accessToken
从网络获取 access_token,agentId=1000004
sRmsLgaLfutdYGBqHOf0KnO9e9CAY6X82FVrkFqPrLEyXbTFgjONUksMus3uQ4S6lsKbUbViBk8qpzvEwW
uWogikStYnRNTRuu5f6Z43jymaMhwxKYraZ7u5Zxj9FQzgCXcYI5LQY75dZWyI-CaxiZU-lUiQ9hGImxnrY5UH
4WB3ZaSeCH49xKt2gUfZVJe1z3ryTt51RpO-SsrIFz4BCA
------------------------------------------------------------------
```

```
    ----------------------------------------------------------------
    缓存有 agentId=0 的 accessToken，有效期 Sat Mar 27 10:02:50 CST 2021
    缓存有 agentId=0 的 accessToken，在效期，直接返回
    lSNo6nNpvBBb_8YBGDdRSgw0bIoBhuh_ilpkuhomlmBfJVJZ-ZfBWjXZy-8pv9MinxPcxx76mR7cy49a1s
MxdHhrhUisjJVadMsMtHxJ2LBymjuHARVKGvSgiKVWpto-Sn6sdLu3mnN8xKt345Hsgiem4mn_D7P2YoV8qCM8
W5aWYEqjAz03_FAE7XWn_Y-syQ5S_SKzUt-6z0ye2oytMg
    ----------------------------------------------------------------

    ----------------------------------------------------------------
    缓存有 agentId=1000004 的 accessToken，有效期 Sat Mar 27 10:04:13 CST 2021
    缓存有 agentId=1000004 的 accessToken，在效期，直接返回
    sRmsLgaLfutdYGBqHOf0KnO9e9CAY6X82FVrkFqPrLEyXbTFgjONUksMus3uQ4S6lsKbUbViBk8qpzvEwW
uWogikStYnRNTRuu5f6Z43jymaMhwxKYraZ7u5Zxj9FQzgCXcYI5LQY75dZWyI-CaxiZU-lUiQ9hGImxnrY5UH
4WB3ZaSeCH49xKt2gUfZVJe1z3ryTt51RpO-SsrIFz4BCA
    ----------------------------------------------------------------
```

修改本地系统时间。注意，时间间隔应该大于失效时间。

第三次请求 agentId=0 应用的 access_token，如图 7-9 所示。

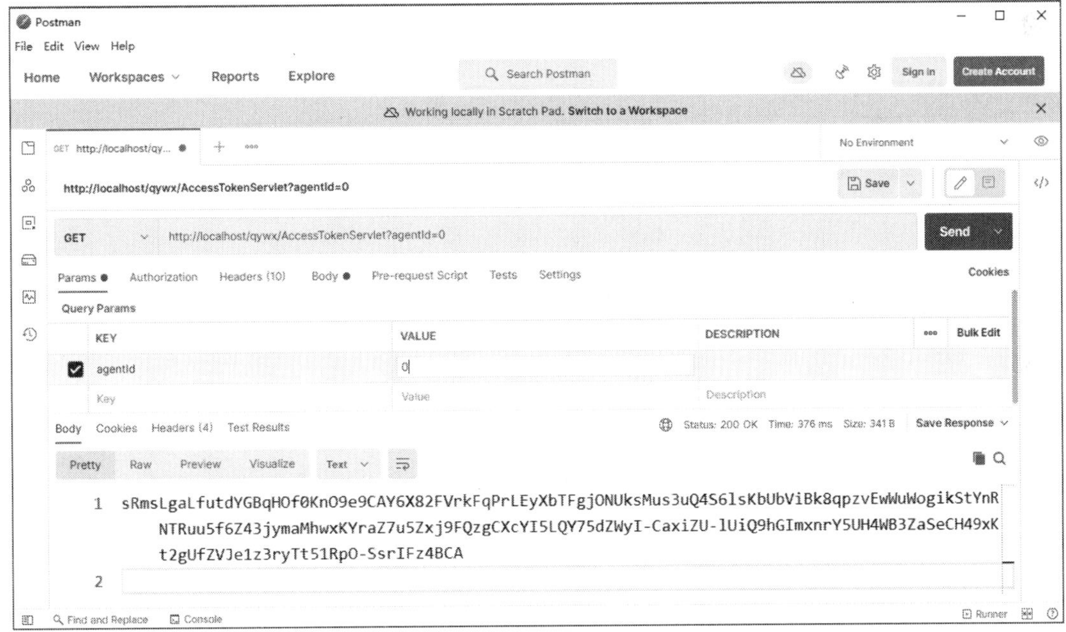

图 7-9　第三次请求 agentId=0 应用的 access_token

console 显示的报文如下。

```
    ----------------------------------------------------------------
    缓存无 agentId=0 的 accessToken
    从网络获取 access_token,agentId=0
    lSNo6nNpvBBb_8YBGDdRSgw0bIoBhuh_ilpkuhomlmBfJVJZ-ZfBWjXZy-8pv9MinxPcxx76mR7cy49a1s
MxdHhrhUisjJVadMsMtHxJ2LBymjuHARVKGvSgiKVWpto-Sn6sdLu3mnN8xKt345Hsgiem4mn_D7P2YoV8qCM8
W5aWYEqjAz03_FAE7XWn_Y-syQ5S_SKzUt-6z0ye2oytMg
    ----------------------------------------------------------------

    ----------------------------------------------------------------
    缓存无 agentId=1000004 的 accessToken
    从网络获取 access_token,agentId=1000004
```

```
sRmsLgaLfutdYGBqHOf0KnO9e9CAY6X82FVrkFqPrLEyXbTFgjONUksMus3uQ4S6lsKbUbViBk8qpzvEwW
uWogikStYnRNTRuu5f6Z43jymaMhwxKYraZ7u5Zxj9FQzgCXcYI5LQY75dZWyI-CaxiZU-1UiQ9hGImxnrY5UH
4WB3ZaSeCH49xKt2gUfZVJe1z3ryTt51RpO-SsrIFz4BCA
----------------------------------------------------------------

----------------------------------------------------------------
缓存有 agentId=0 的 accessToken，有效期 Sat Mar 27 10:02:50 CST 2021
缓存有 agentId=0 的 accessToken，在效期，直接返回
1SNo6nNpvBBb_8YBGDdRSgw0bIoBhuh_ilpkuhom1mBfJVJZ-ZfBWjXZy-8pv9MinxPcxx76mR7cy49als
MxdHhrhUisjJVadMsMtHxJ2LBymjuHARVKGvSgiKVWpto-Sn6sdLu3mnN8xKt345Hsgiem4mn_D7P2YoV8qCM8
W5aWYEqjAz03_FAE7XWn_Y-syQ5S_SKzUt-6z0ye2oytMg
----------------------------------------------------------------

----------------------------------------------------------------
缓存有 agentId=1000004 的 accessToken，有效期 Sat Mar 27 10:04:13 CST 2021
缓存有 agentId=1000004 的 accessToken，在效期，直接返回
sRmsLgaLfutdYGBqHOf0KnO9e9CAY6X82FVrkFqPrLEyXbTFgjONUksMus3uQ4S6lsKbUbViBk8qpzvEwW
uWogikStYnRNTRuu5f6Z43jymaMhwxKYraZ7u5Zxj9FQzgCXcYI5LQY75dZWyI-CaxiZU-1UiQ9hGImxnrY5UH
4WB3ZaSeCH49xKt2gUfZVJe1z3ryTt51RpO-SsrIFz4BCA
----------------------------------------------------------------

----------------------------------------------------------------
缓存有 agentId=0 的 accessToken，有效期 Sat Mar 27 10:02:50 CST 2021
缓存有 agentId=0 的 accessToken，过效期 Sat Mar 27 10:02:50 CST 2021，重新获取
从网络获取 access_token,agentId=0
1SNo6nNpvBBb_8YBGDdRSgw0bIoBhuh_ilpkuhom1mBfJVJZ-ZfBWjXZy-8pv9MinxPcxx76mR7cy49als
MxdHhrhUisjJVadMsMtHxJ2LBymjuHARVKGvSgiKVWpto-Sn6sdLu3mnN8xKt345Hsgiem4mn_D7P2YoV8qCM8
W5aWYEqjAz03_FAE7XWn_Y-syQ5S_SKzUt-6z0ye2oytMg
----------------------------------------------------------------
```

第三次请求 agentId=1000004 应用的 access_token，如图 7-10 所示。

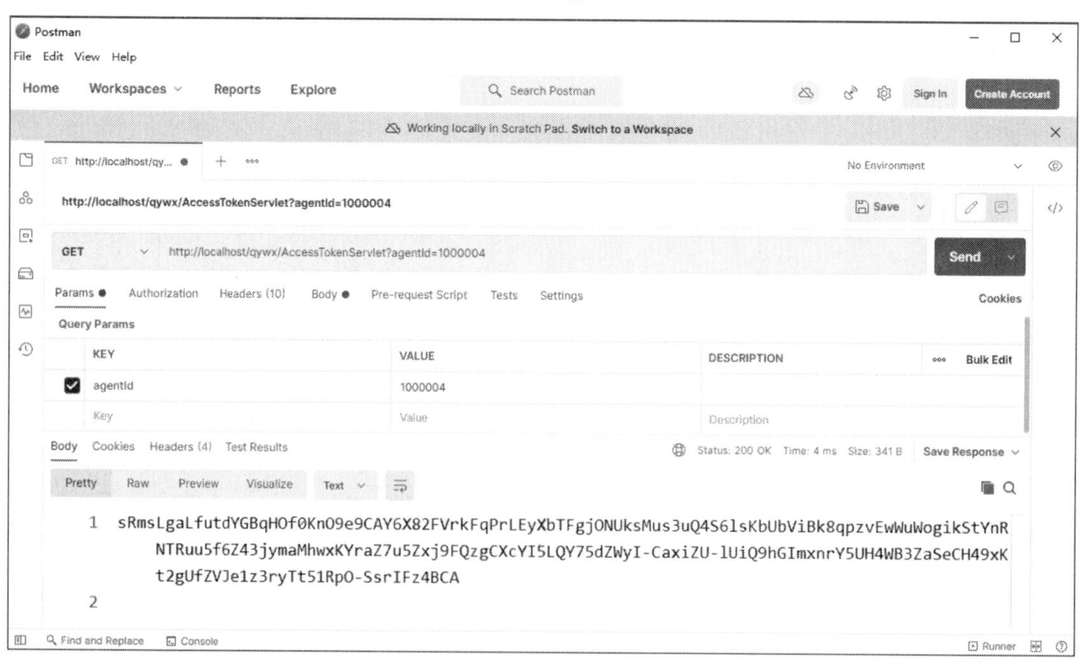

图 7-10 第三次请求 agentId=1000004 应用的 access_token

console 显示的报文如下。

```
----------------------------------------------------------------
缓存无 agentId=0 的 accessToken
从网络获取 access_token,agentId=0
lSNo6nNpvBBb_8YBGDdRSgw0bIoBhuh_ilpkuhom1mBfJVJZ-ZfBWjXZy-8pv9MinxPcxx76mR7cy49a1s
MxdHhrhUisjJVadMsMtHxJ2LBymjuHARVKGvSgiKVWpto-Sn6sdLu3mnN8xKt345Hsgiem4mn_D7P2YoV8qCM8
W5aWYEqjAz03_FAE7XWn_Y-syQ5S_SKzUt-6z0ye2oytMg
----------------------------------------------------------------

----------------------------------------------------------------
缓存无 agentId=1000004 的 accessToken
从网络获取 access_token,agentId=1000004
sRmsLgaLfutdYGBqHOf0KnO9e9CAY6X82FVrkFqPrLEyXbTFgjONUksMus3uQ4S6lsKbUbViBk8qpzvEwW
uWogikStYnRNTRuu5f6Z43jymaMhwxKYraZ7u5Zxj9FQzgCXcYI5LQY75dZWyI-CaxiZU-lUiQ9hGImxnrY5UH
4WB3ZaSeCH49xKt2gUfZVJe1z3ryTt51RpO-SsrIFz4BCA
----------------------------------------------------------------

----------------------------------------------------------------
缓存有 agentId=0 的 accessToken，有效期 Sat Mar 27 10:02:50 CST 2021
缓存有 agentId=0 的 accessToken，在效期，直接返回
lSNo6nNpvBBb_8YBGDdRSgw0bIoBhuh_ilpkuhom1mBfJVJZ-ZfBWjXZy-8pv9MinxPcxx76mR7cy49a1s
MxdHhrhUisjJVadMsMtHxJ2LBymjuHARVKGvSgiKVWpto-Sn6sdLu3mnN8xKt345Hsgiem4mn_D7P2YoV8qCM8
W5aWYEqjAz03_FAE7XWn_Y-syQ5S_SKzUt-6z0ye2oytMg
----------------------------------------------------------------

----------------------------------------------------------------
缓存有 agentId=1000004 的 accessToken，有效期 Sat Mar 27 10:04:13 CST 2021
缓存有 agentId=1000004 的 accessToken，在效期，直接返回
sRmsLgaLfutdYGBqHOf0KnO9e9CAY6X82FVrkFqPrLEyXbTFgjONUksMus3uQ4S6lsKbUbViBk8qpzvEwW
uWogikStYnRNTRuu5f6Z43jymaMhwxKYraZ7u5Zxj9FQzgCXcYI5LQY75dZWyI-CaxiZU-lUiQ9hGImxnrY5UH
4WB3ZaSeCH49xKt2gUfZVJe1z3ryTt51RpO-SsrIFz4BCA
----------------------------------------------------------------

----------------------------------------------------------------
缓存有 agentId=0 的 accessToken，有效期 Sat Mar 27 10:02:50 CST 2021
缓存有 agentId=0 的 accessToken，过效期 Sat Mar 27 10:02:50 CST 2021，重新获取
从网络获取 access_token,agentId=0
lSNo6nNpvBBb_8YBGDdRSgw0bIoBhuh_ilpkuhom1mBfJVJZ-ZfBWjXZy-8pv9MinxPcxx76mR7cy49a1s
MxdHhrhUisjJVadMsMtHxJ2LBymjuHARVKGvSgiKVWpto-Sn6sdLu3mnN8xKt345Hsgiem4mn_D7P2YoV8qCM8
W5aWYEqjAz03_FAE7XWn_Y-syQ5S_SKzUt-6z0ye2oytMg
----------------------------------------------------------------

----------------------------------------------------------------
缓存有 agentId=1000004 的 accessToken，有效期 Sat Mar 27 12:08:37 CST 2021
缓存有 agentId=1000004 的 accessToken，在效期，直接返回
sRmsLgaLfutdYGBqHOf0KnO9e9CAY6X82FVrkFqPrLEyXbTFgjONUksMus3uQ4S6lsKbUbViBk8qpzvEwW
uWogikStYnRNTRuu5f6Z43jymaMhwxKYraZ7u5Zxj9FQzgCXcYI5LQY75dZWyI-CaxiZU-lUiQ9hGImxnrY5UH
4WB3ZaSeCH49xKt2gUfZVJe1z3ryTt51RpO-SsrIFz4BCA
----------------------------------------------------------------
```

第四次请求 agentId=0 应用的 access_token，如图 7-11 所示。

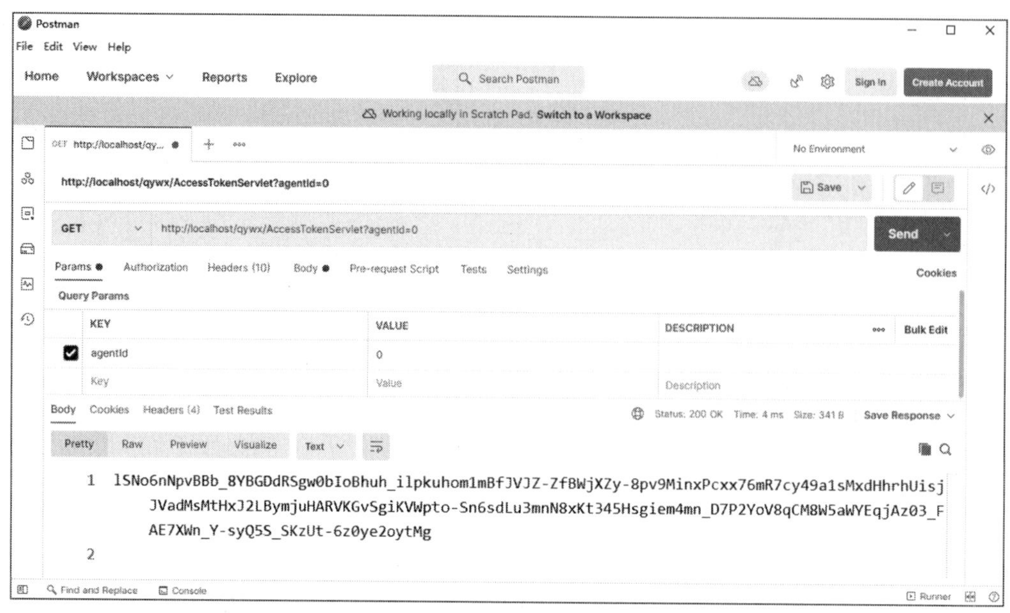

图 7-11　第四次请求 agentId=0 应用的 access_token

console 显示的报文如下。

```
------------------------------------------------------------
缓存无 agentId=0 的 accessToken
从网络获取 access_token,agentId=0
lSNo6nNpvBBb_8YBGDdRSgw0bIoBhuh_ilpkuhom1mBfJVJZ-ZfBWjXZy-8pv9MinxPcxx76mR7cy49a1sMxdHhrhUisjJVadMsMtHxJ2LBymjuHARVKGvSgiKVWpto-Sn6sdLu3mnN8xKt345Hsgiem4mn_D7P2YoV8qCM8W5aWYEqjAz03_FAE7XWn_Y-syQ5S_SKzUt-6z0ye2oytMg
------------------------------------------------------------

------------------------------------------------------------
缓存无 agentId=1000004 的 accessToken
从网络获取 access_token,agentId=1000004
sRmsLgaLfutdYGBqHOf0KnO9e9CAY6X82FVrkFqPrLEyXbTFgjONUksMus3uQ4S6lsKbUbViBk8qpzvEwWuWogikStYnRNTRuu5f6Z43jymaMhwxKYraZ7u5Zxj9FQzgCXcYI5LQY75dZWyI-CaxiZU-lUiQ9hGImxnrY5UH4WB3ZaSeCH49xKt2gUfZVJe1z3ryTt51RpO-SsrIFz4BCA
------------------------------------------------------------

------------------------------------------------------------
缓存有 agentId=0 的 accessToken, 有效期 Sat Mar 27 10:02:50 CST 2021
缓存有 agentId=0 的 accessToken, 在效期, 直接返回
lSNo6nNpvBBb_8YBGDdRSgw0bIoBhuh_ilpkuhom1mBfJVJZ-ZfBWjXZy-8pv9MinxPcxx76mR7cy49a1sMxdHhrhUisjJVadMsMtHxJ2LBymjuHARVKGvSgiKVWpto-Sn6sdLu3mnN8xKt345Hsgiem4mn_D7P2YoV8qCM8W5aWYEqjAz03_FAE7XWn_Y-syQ5S_SKzUt-6z0ye2oytMg
------------------------------------------------------------

------------------------------------------------------------
缓存有 agentId=1000004 的 accessToken, 有效期 Sat Mar 27 10:04:13 CST 2021
缓存有 agentId=1000004 的 accessToken, 在效期, 直接返回
sRmsLgaLfutdYGBqHOf0KnO9e9CAY6X82FVrkFqPrLEyXbTFgjONUksMus3uQ4S6lsKbUbViBk8qpzvEwWuWogikStYnRNTRuu5f6Z43jymaMhwxKYraZ7u5Zxj9FQzgCXcYI5LQY75dZWyI-CaxiZU-lUiQ9hGImxnrY5UH4WB3ZaSeCH49xKt2gUfZVJe1z3ryTt51RpO-SsrIFz4BCA
------------------------------------------------------------
```

```
----------------------------------------------------------------------------
缓存有 agentId=0 的 accessToken, 有效期 Sat Mar 27 10:02:50 CST 2021
缓存有 agentId=0 的 accessToken, 过效期 Sat Mar 27 10:02:50 CST 2021, 重新获取
从网络获取 access_token,agentId=0
lSNo6nNpvBBb_8YBGDdRSgw0bIoBhuh_ilpkuhom1mBfJVJZ-ZfBWjXZy-8pv9MinxPcxx76mR7cy49als
MxdHhrhUisjJVadMsMtHxJ2LBymjuHARVKGvSgiKVWpto-Sn6sdLu3mnN8xKt345Hsgiem4mn_D7P2YoV8qCM8
W5aWYEqjAz03_FAE7XWn_Y-syQ5S_SKzUt-6z0ye2oytMg
----------------------------------------------------------------------------

----------------------------------------------------------------------------
缓存有 agentId=1000004 的 accessToken, 有效期 Sat Mar 27 12:08:37 CST 2021
缓存有 agentId=1000004 的 accessToken, 在效期, 直接返回
sRmsLgaLfutdYGBqHOf0KnO9e9CAY6X82FVrkFqPrLEyXbTFgjONUksMus3uQ4S6lsKbUbViBk8qpzvEwW
uWogikStYnRNTRuu5f6Z43jymaMhwxKYraZ7u5Zxj9FQzgCXcYI5LQY75dZWyI-CaxiZU-lUiQ9hGImxnrY5UH
4WB3ZaSeCH49xKt2gUfZVJe1z3ryTt51RpO-SsrIFz4BCA
----------------------------------------------------------------------------

----------------------------------------------------------------------------
缓存有 agentId=0 的 accessToken, 有效期 Sat Mar 27 12:10:13 CST 2021
缓存有 agentId=0 的 accessToken, 在效期, 直接返回
lSNo6nNpvBBb_8YBGDdRSgw0bIoBhuh_ilpkuhom1mBfJVJZ-ZfBWjXZy-8pv9MinxPcxx76mR7cy49als
MxdHhrhUisjJVadMsMtHxJ2LBymjuHARVKGvSgiKVWpto-Sn6sdLu3mnN8xKt345Hsgiem4mn_D7P2YoV8qCM8
W5aWYEqjAz03_FAE7XWn_Y-syQ5S_SKzUt-6z0ye2oytMg
----------------------------------------------------------------------------
```

第四次请求 agentId=1000004 应用的 access_token，如图 7-12 所示。

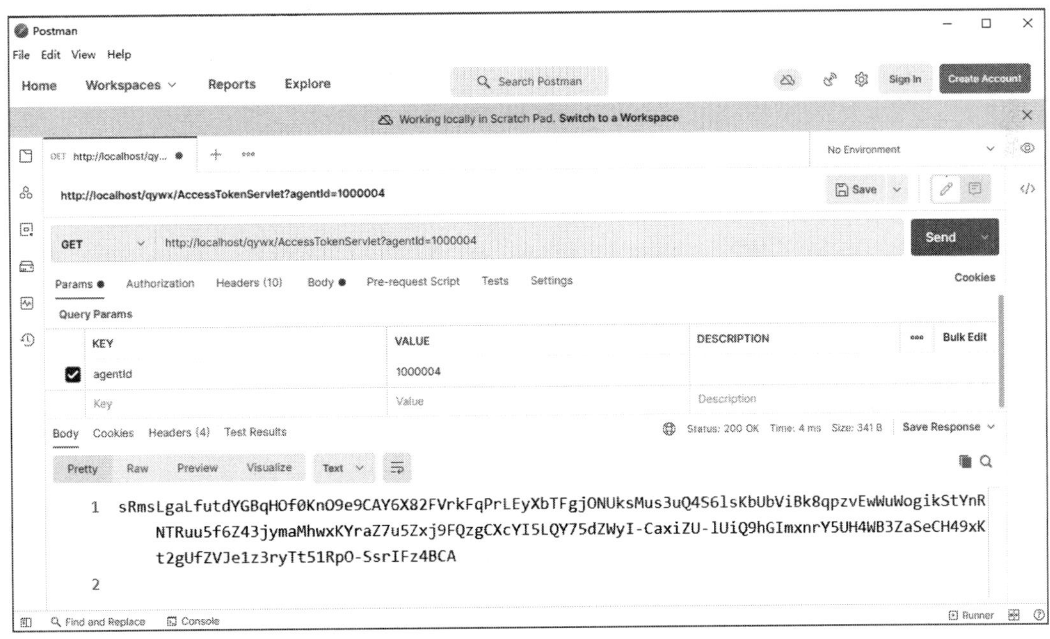

图 7-12　第四次请求 agentId=1000004 应用的 access_token

console 显示的报文如下。

```
----------------------------------------------------------------------------
缓存无 agentId=0 的 accessToken
从网络获取 access_token,agentId=0
```

```
    lSNo6nNpvBBb_8YBGDdRSgw0bIoBhuh_ilpkuhom1mBfJVJZ-ZfBWjXZy-8pv9MinxPcxx76mR7cy49a1s
MxdHhrhUisjJVadMsMtHxJ2LBymjuHARVKGvSgiKVWpto-Sn6sdLu3mnN8xKt345Hsgiem4mn_D7P2YoV8qCM8
W5aWYEqjAz03_FAE7XWn_Y-syQ5S_SKzUt-6z0ye2oytMg
    ----------------------------------------------------------------

    ----------------------------------------------------------------
    缓存无 agentId=1000004 的 accessToken
    从网络获取 access_token,agentId=1000004
    sRmsLgaLfutdYGBqHOf0KnO9e9CAY6X82FVrkFqPrLEyXbTFgjONUksMus3uQ4S6lsKbUbViBk8qpzvEwW
uWogikStYnRNTRuu5f6Z43jymaMhwxKYraZ7u5Zxj9FQzgCXcYI5LQY75dZWyI-CaxiZU-lUiQ9hGImxnrY5UH
4WB3ZaSeCH49xKt2gUfZVJe1z3ryTt51RpO-SsrIFz4BCA
    ----------------------------------------------------------------

    ----------------------------------------------------------------
    缓存有 agentId=0 的 accessToken，有效期 Sat Mar 27 10:02:50 CST 2021
    缓存有 agentId=0 的 accessToken，在效期，直接返回
    lSNo6nNpvBBb_8YBGDdRSgw0bIoBhuh_ilpkuhom1mBfJVJZ-ZfBWjXZy-8pv9MinxPcxx76mR7cy49a1s
MxdHhrhUisjJVadMsMtHxJ2LBymjuHARVKGvSgiKVWpto-Sn6sdLu3mnN8xKt345Hsgiem4mn_D7P2YoV8qCM8
W5aWYEqjAz03_FAE7XWn_Y-syQ5S_SKzUt-6z0ye2oytMg
    ----------------------------------------------------------------

    ----------------------------------------------------------------
    缓存有 agentId=1000004 的 accessToken，有效期 Sat Mar 27 10:04:13 CST 2021
    缓存有 agentId=1000004 的 accessToken，在效期，直接返回
    sRmsLgaLfutdYGBqHOf0KnO9e9CAY6X82FVrkFqPrLEyXbTFgjONUksMus3uQ4S6lsKbUbViBk8qpzvEwW
uWogikStYnRNTRuu5f6Z43jymaMhwxKYraZ7u5Zxj9FQzgCXcYI5LQY75dZWyI-CaxiZU-lUiQ9hGImxnrY5UH
4WB3ZaSeCH49xKt2gUfZVJe1z3ryTt51RpO-SsrIFz4BCA
    ----------------------------------------------------------------

    ----------------------------------------------------------------
    缓存有 agentId=0 的 accessToken，有效期 Sat Mar 27 10:02:50 CST 2021
    缓存有 agentId=0 的 accessToken，过效期 Sat Mar 27 10:02:50 CST 2021，重新获取
    从网络获取 access_token,agentId=0
    lSNo6nNpvBBb_8YBGDdRSgw0bIoBhuh_ilpkuhom1mBfJVJZ-ZfBWjXZy-8pv9MinxPcxx76mR7cy49a1s
MxdHhrhUisjJVadMsMtHxJ2LBymjuHARVKGvSgiKVWpto-Sn6sdLu3mnN8xKt345Hsgiem4mn_D7P2YoV8qCM8
W5aWYEqjAz03_FAE7XWn_Y-syQ5S_SKzUt-6z0ye2oytMg
    ----------------------------------------------------------------

    ----------------------------------------------------------------
    缓存有 agentId=1000004 的 accessToken，有效期 Sat Mar 27 12:08:37 CST 2021
    缓存有 agentId=1000004 的 accessToken，在效期，直接返回
    sRmsLgaLfutdYGBqHOf0KnO9e9CAY6X82FVrkFqPrLEyXbTFgjONUksMus3uQ4S6lsKbUbViBk8qpzvEwW
uWogikStYnRNTRuu5f6Z43jymaMhwxKYraZ7u5Zxj9FQzgCXcYI5LQY75dZWyI-CaxiZU-lUiQ9hGImxnrY5UH
4WB3ZaSeCH49xKt2gUfZVJe1z3ryTt51RpO-SsrIFz4BCA
    ----------------------------------------------------------------

    ----------------------------------------------------------------
    缓存有 agentId=0 的 accessToken，有效期 Sat Mar 27 12:10:13 CST 2021
    缓存有 agentId=0 的 accessToken，在效期，直接返回
    lSNo6nNpvBBb_8YBGDdRSgw0bIoBhuh_ilpkuhom1mBfJVJZ-ZfBWjXZy-8pv9MinxPcxx76mR7cy49a1s
MxdHhrhUisjJVadMsMtHxJ2LBymjuHARVKGvSgiKVWpto-Sn6sdLu3mnN8xKt345Hsgiem4mn_D7P2YoV8qCM8
W5aWYEqjAz03_FAE7XWn_Y-syQ5S_SKzUt-6z0ye2oytMg
    ----------------------------------------------------------------
```

```
    ----------------------------------------------------------------------
    缓存有 agentId=1000004 的 accessToken，有效期 Sat Mar 27 12:08:37 CST 2021
    缓存有 agentId=1000004 的 accessToken，在效期，直接返回
    sRmsLgaLfutdYGBqHOf0KnO9e9CAY6X82FVrkFqPrLEyXbTFgjONUksMus3uQ4S6lsKbUbViBk8qpzvEwW
uWogikStYnRNTRuu5f6Z43jymaMhwxKYraZ7u5Zxj9FQzgCXcYI5LQY75dZWyI-CaxiZU-lUiQ9hGImxnrY5UH
4WB3ZaSeCH49xKt2gUfZVJe1z3ryTt51RpO-SsrIFz4BCA
    ----------------------------------------------------------------------
```

第 8 章　主动开发案例

8.1　本章总说

本章以企业微信的打卡、审批、汇报为例，讲解企业微信主动开发方式在 OA 中的作用。

注意，企业微信 OA 部分中需要编程实现数据获取功能的开发工作比较多，主要是对相关报文的读取。建议读者根据实际项目需求，确定是否需要使用企业微信的 OA 相关功能。

8.2　打卡

使用企业微信的打卡功能，可以方便、快捷地实现全员手机考勤。

1. 打卡相关配置

在后台管理系统的“应用管理”中找到打卡功能并启用它，如图 8-1 和图 8-2 所示。

图 8-1　在应用管理页面中找到打卡功能

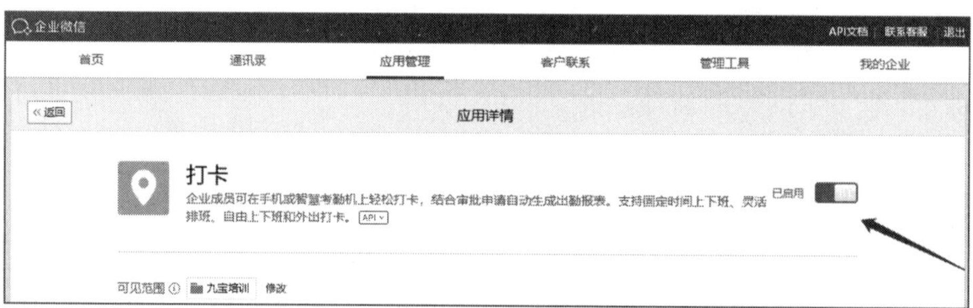

图 8-2　启用打卡功能

单击“打卡”介绍文字后的 API 按钮，可获取打卡功能的相关数据参数，如图 8-3 所示。

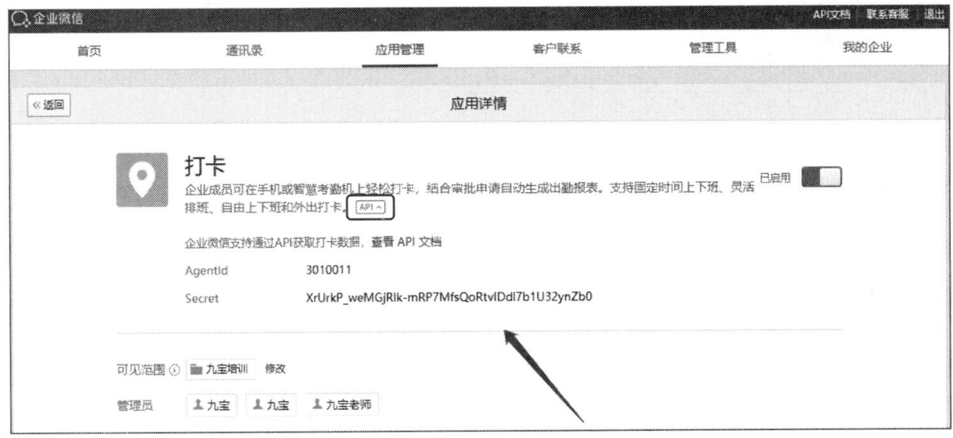

图 8-3　获取打卡相关参数

企业微信提供了上下班打卡、外出打卡、智慧考勤机 3 项考勤功能，如图 8-4 所示。

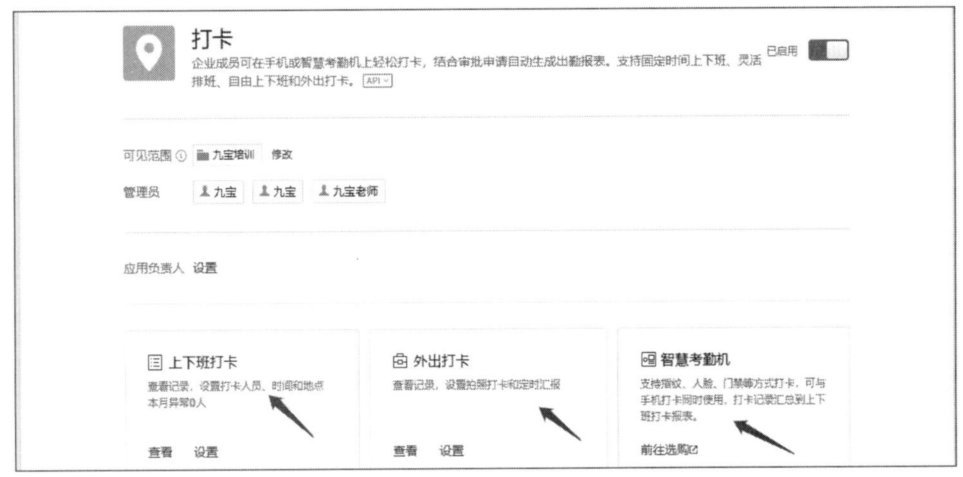

图 8-4　上下班打卡、外出打卡、智慧考勤机

“上下班打卡”主要用于企业员工的日常工作打卡，下面重点介绍该打卡功能如何实现。

单击“上下班打卡”选项区中的“设置”链接，在“打卡规则”页面中单击“添加规则”按钮，如图 8-5 所示。可以定义打卡方式为“固定时间上下班”“按班次上下班”或“自由上下班”，还可以设置打卡人员、汇报对象、打卡地点、打卡时间等参数，如图 8-6 所示。

«返回　打卡规则

打卡规则

无打卡规则

添加规则

图 8-5　添加打卡规则

图 8-6　设置打卡规则

打卡人员指的是使用企业微信打卡的员工。单击“打卡人员”后的“添加”按钮，即可设置需参与打卡的人员。

打卡地点指的是公司的办公地址。单击“添加”按钮，可添加打卡地点，如图 8-7 所示。如办公地点有多处，还可以添加多个打卡地点。

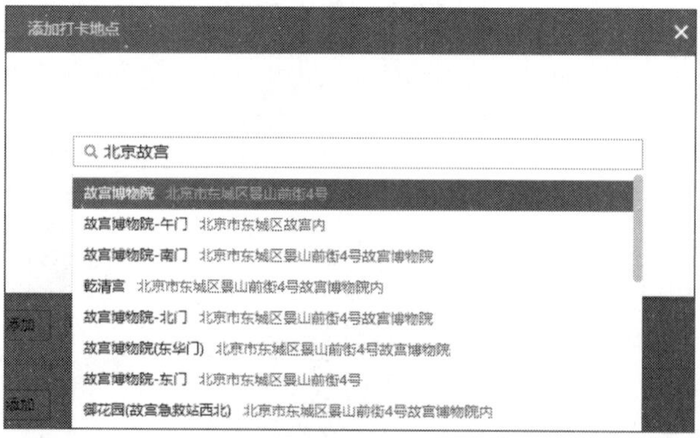

图 8-7　设置打卡地点

需要注意的是，由于移动设备的差异，需要适当控制打卡范围。如图 8-8 所示，打卡范围为 300 米；如图 8-9 所示，打卡范围为 100 米。

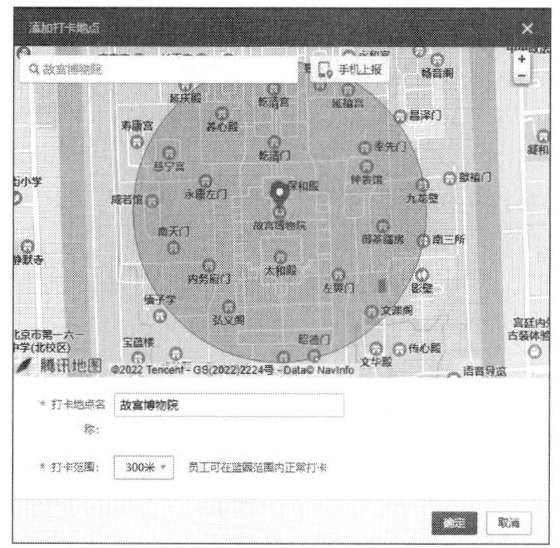

图 8-8　打卡范围为 300 米

图 8-9 打卡范围为 100 米

打卡时间用于限定员工上下班打卡的时间。单击“添加”按钮，可在“打卡时间”对话框中设置具体的工作日时间和打卡时间，如图 8-10 所示。

图 8-10　设置打卡时间

打卡提醒指的是打卡前的提醒功能，可在“手机提醒”栏中进行设置。有些企业会要求员工拍照打卡或人脸识别打卡，此类情况下一般不允许使用手机中已存储的照片，只能现场拍照。除此以外，还可以设置是否允许范围外打卡和补卡，如图 8-11 所示。

除了上下班打卡外，还可以配置外出打卡和智慧考勤机打卡。

外出打卡的配置项相对较少，在图 8-12 中单击“外出打卡”选项栏里的“设置”按钮，即可对员工的外出打卡行为进行设置，如图 8-13 所示。

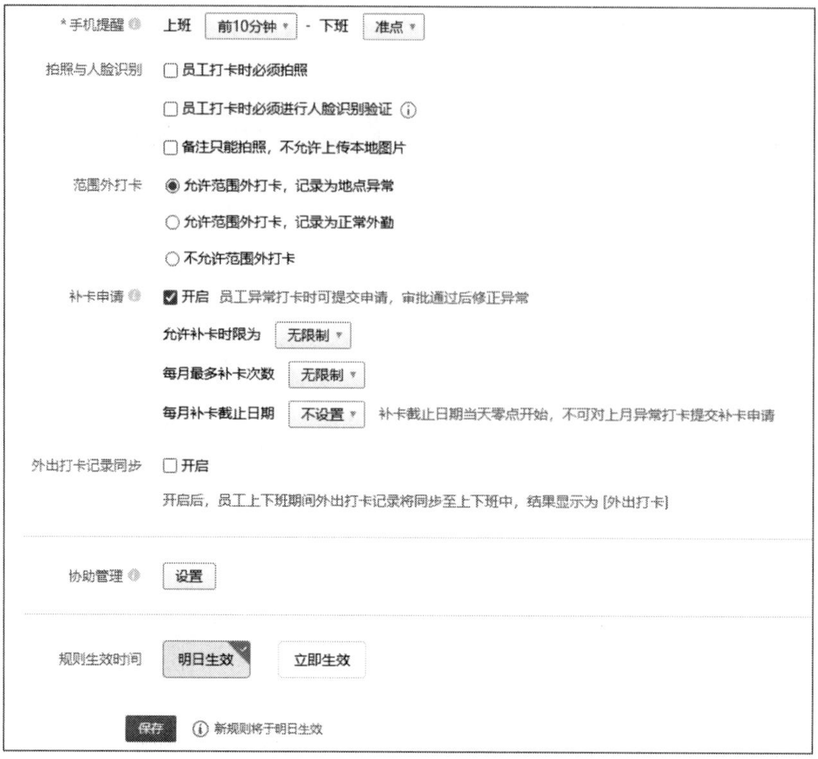

* 手机提醒
上班 前10分钟 - 下班 准点
拍照与人脸识别
员工打卡时必须拍照
员工打卡时必须进行人脸识别验证
备注只能拍照，不允许上传本地图片
范围外打卡
允许范围外打卡，记录为地点异常
允许范围外打卡，记录为正常外勤
不允许范围外打卡
补卡申请
开启 员工异常打卡时可提交申请，审批通过后修正异常
允许补卡时限为 无限制
每月最多补卡次数 无限制
每月补卡截止日期 不设置 补卡截止日期当天零点开始，不可对上月异常打卡提交补卡申请
外出打卡记录同步
开启
开启后，员工上下班期间外出打卡记录将同步至上下班中，结果显示为 [外出打卡]
协助管理
设置
规则生效时间
明日生效
立即生效
保存
新规则将于明日生效

图 8-11　打卡提醒

上下班打卡
查看记录，设置打卡人员、时间和地点
本月异常0人
查看 设置
外出打卡
查看记录，设置拍照打卡和定时汇报
查看 设置
智慧考勤机
支持指纹、人脸、门禁等方式打卡，可与手机打卡同时使用，打卡记录汇总到上下班打卡报表。
前往选购

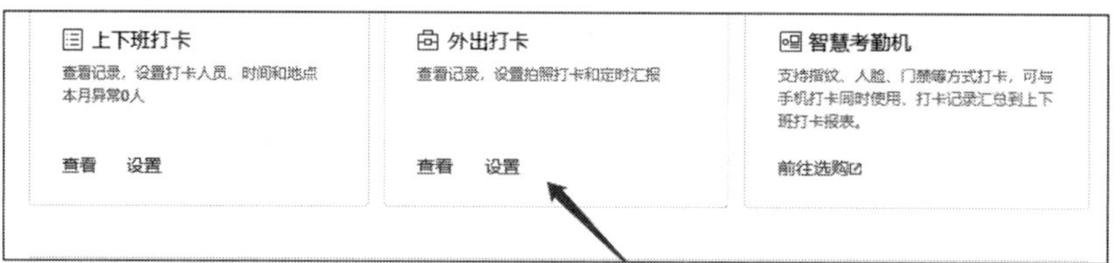

图 8-12　外出打卡

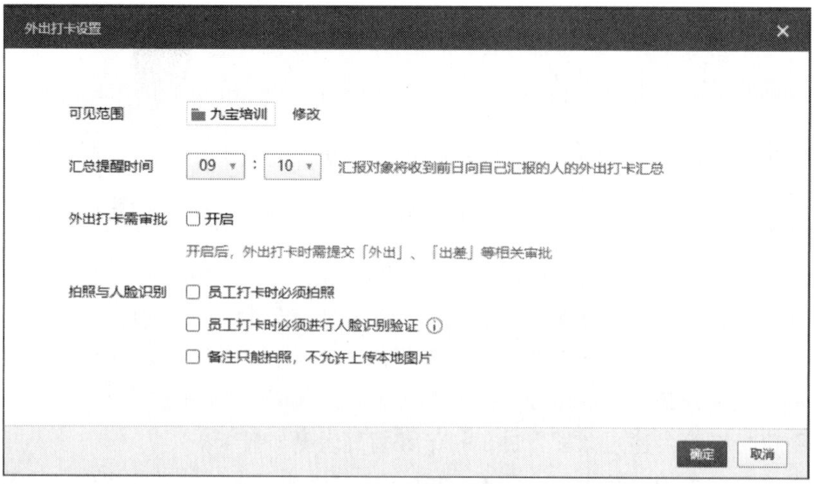

外出打卡设置
可见范围
九宝培训
修改
汇总提醒时间
09 : 10
汇报对象将收到前日向自己汇报的人的外出打卡汇总
外出打卡需审批
开启
开启后，外出打卡时需提交「外出」、「出差」等相关审批
拍照与人脸识别
员工打卡时必须拍照
员工打卡时必须进行人脸识别验证
备注只能拍照，不允许上传本地图片
确定
取消

图 8-13　外出打卡设置

智慧考勤机需要外购硬件设备，本节不做进一步讲解。

2．查看考勤结果

可以在企业微信后台查看员工的考勤情况。在“打卡”页面中单击“上下班打卡”栏的“查看”链接，如图 8-14 所示，即可按日或按月查看员工的考勤结果，如图 8-15 所示。

图 8-14　查看考勤结果

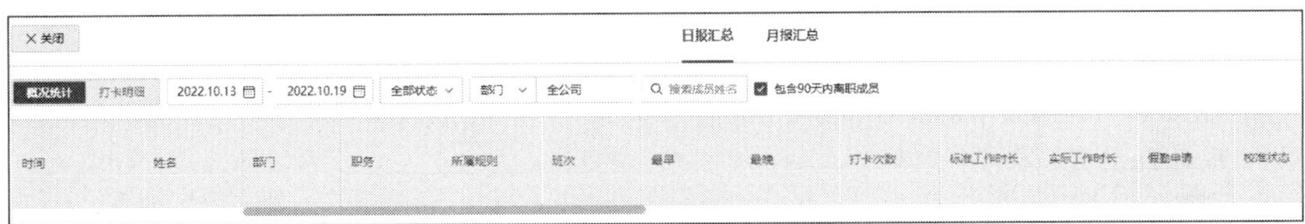

图 8-15　查看打卡结果

3．编程获取打卡数据

修改 WXUtil 类，增加函数 oa_kaoqin()，程序代码如下。

```
public static String oa_kaoqin() {
        try {
            Calendar calendar = Calendar.getInstance();
            calendar.setTime(new Date());
            calendar.add(Calendar.DAY_OF_MONTH, -1);
            Date start = calendar.getTime();

            Date end = new Date();

            StringBuffer strb = new StringBuffer();
            strb.append(" { ");
            strb.append("   \"opencheckindatatype\": 2, ");
            strb.append("   \"starttime\": "+start.getTime()/1000+", ");
            strb.append("   \"endtime\": "+end.getTime()/1000+", ");
            strb.append("   \"useridlist\": [\"jiubao\"] ");
            strb.append(" } ");

            String str = Request.Post("https://qyapi.weixin.qq.com/cgi-bin/checkin/
getcheckindata?access_token="+WXUtil.getAccessToken().getAccess_token())
            .bodyString(strb.toString(), ContentType.APPLICATION_JSON)
                    .execute()
                    .returnContent()
```

```
                        .asString();
                return str;
            } catch (Exception e) {
                e.printStackTrace();
                return null;
            }
        }
```

注意：必须使用打卡应用的 Secret 获取 access_token。

获取打卡记录数据的参数，如表 8-1 所示。

表 8-1　打卡记录数据的参数说明

参　数	是否必须	说　明
access_token	是	调用接口凭证，必须使用打卡应用的 Secret 获取
opencheckindatatype	是	打卡类型，1 表示上下班打卡；2 表示外出打卡；3 表示全部打卡
starttime	是	获取打卡记录的开始时间，Unix 时间戳
endtime	是	获取打卡记录的结束时间，Unix 时间戳
useridlist	是	获取打卡记录的用户列表

使用主动开发方式获取打卡记录时，有以下 5 点需要注意。

（1）获取记录时间跨度不超过 30 d。

（2）用户列表不超过 100 个。若用户超过 100 个，请分批获取。

（3）有打卡记录，即可获取打卡数据，与当前打卡应用是否开启无关。

（4）标准打卡时间只对固定排班和自定义排班两种类型有效。

（5）接口调用频率限制为 600 次/min。

修改 Test 类，程序代码如下。

```
import qywx.WXUtil;

public class Test {
    public static void main(String[] args) {
        System.out.println(WXUtil.oa_kaoqin());
    }
}
```

执行 Test，console 得到以下报文。


```
{
    "errcode": 0,
    "errmsg": "ok",
    "checkindata": [
        {
            "userid": "jiubao",
            "groupname": "",
            "checkin_type": "外出打卡",
            "exception_type": "",
            "checkin_time": 1616245348,
            "location_title": "故宫博物院",
            "location_detail": "xxxxxxxxxxxxxx",
            "wifiname": "xxxxxxxxx",
            "notes": "",
            "wifimac": "xx:xx:xx:xx:xx:xx",
            "mediaids": [ ],
            "lat": xxxxxxxx,
            "lng": xxxxxxxx,
            "deviceid": "xxxxxxxxxxxxxx"
        }
    ]}
```

8.3　审批

企业微信提供的审批功能，可以解决部分 OA 审批需求。

1．审批相关配置

在后台管理系统的“应用管理”中找到审批功能并启用它，如图 8-16 和图 8-17 所示。

图 8-16　选择审批功能

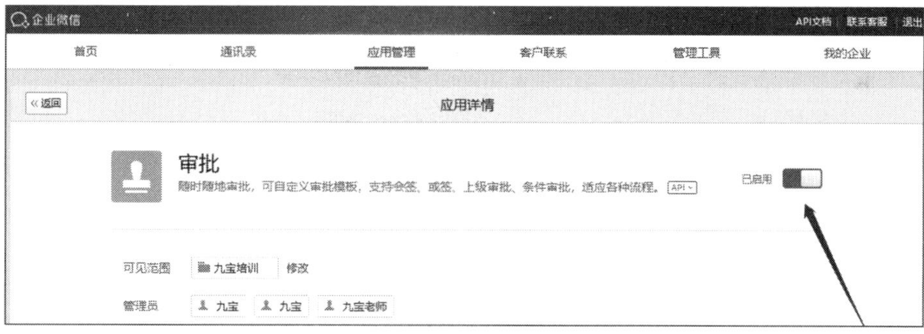

图 8-17　启用审批功能

单击“审批”介绍文字后的 API 按钮，可获取审批的相关数据参数，如图 8-18 所示。

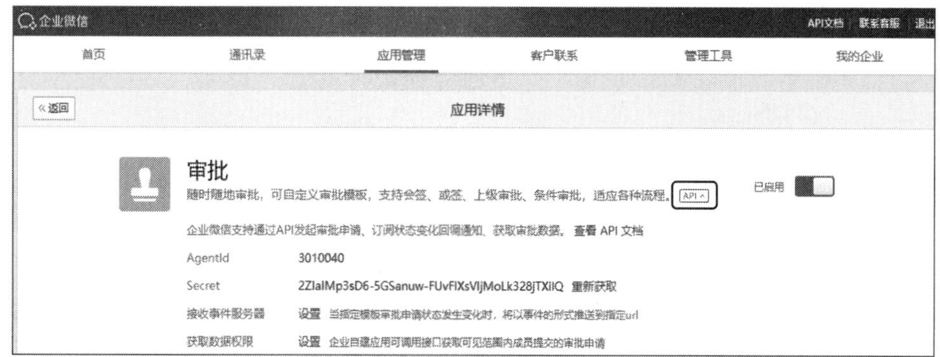

图 8-18　获取审批相关参数

启用审批功能后，企业微信客户端即可显示“审批”选项，如图 8-19 所示。

图 8-19　企业微信客户端显示审批选项

腾讯提供了请假、报销、出差、采购、加班、外出、用章等默认审批模板，如图 8-20 所示。

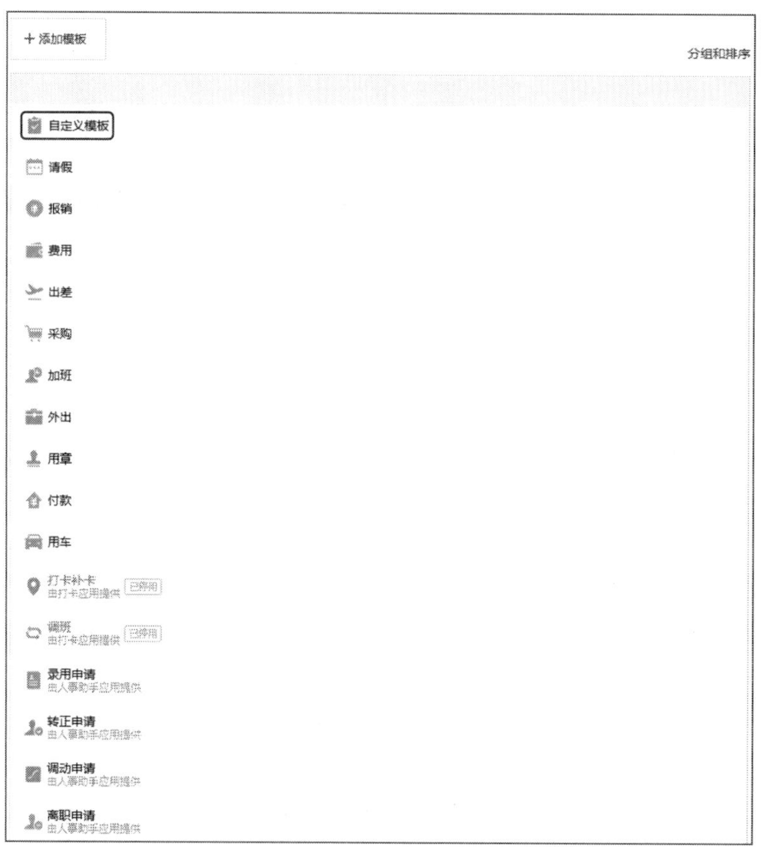

图 8-20　默认审批选项

用户也可以根据需要自定义审批模板。下面介绍一下如何自定义“年假申请”审批模板。单击“自定义模板”链接，打开“添加模板”页面，如图 8-21 所示。

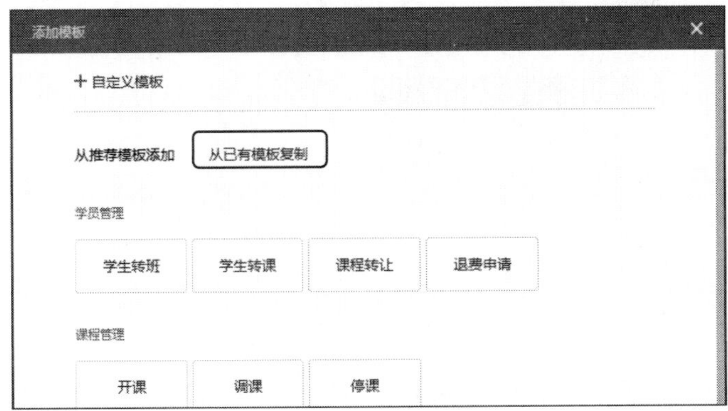

图 8-21　添加模板页面

单击“从已有模板复制”选项，进行模板设置，如图 8-22 所示。单击“+添加控件”按钮将弹出控件库和假勤组件面板，如图 8-23 所示。

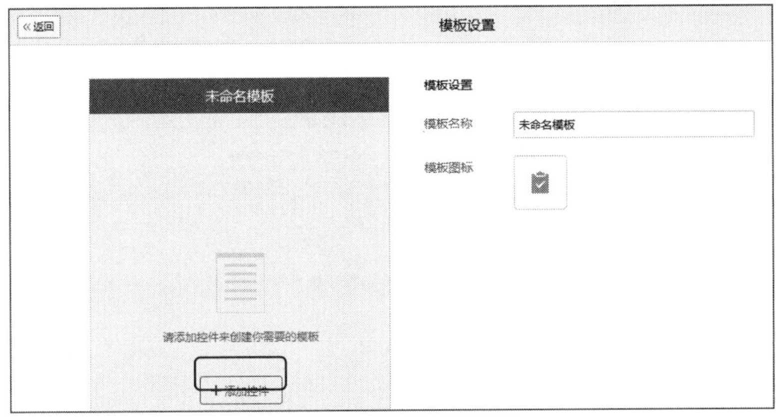

图 8-22　模板设置页面

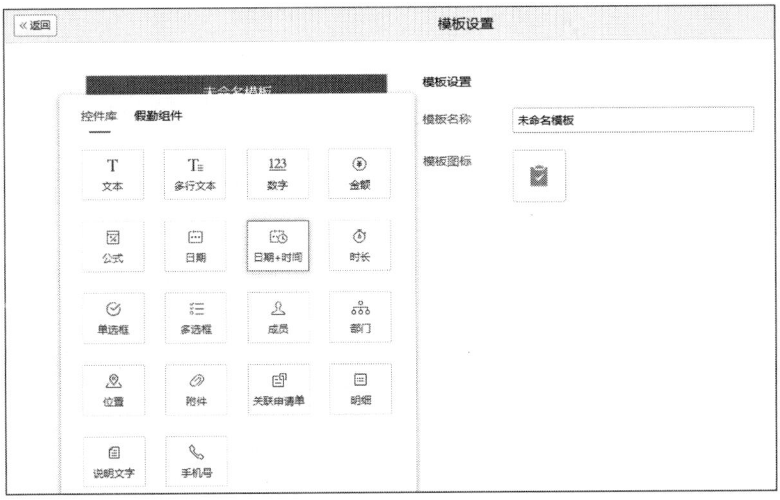

图 8-23　控件库和假勤组件

对模板和控件信息进行设置。这里假设要添加一个“年假申请”模板，可为其添加“时长”控件，并设置控件名称为“年假申请时长”，如图 8-24 所示。

控件信息编辑完毕后，单击“下一步”按钮，编辑审批权限信息，如图 8-25 所示。

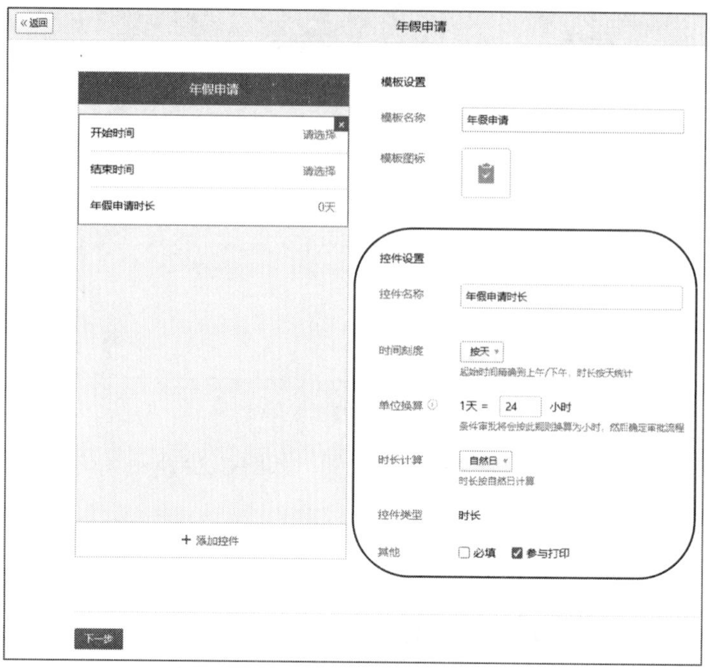

图 8-24　编辑“年假申请”控件信息

可见范围　九宝培训 ×　修改

通知成员　☑ 模板发布后，将提醒可见范围内的成员有新审批模板可用

审批流程　设置

异常处理　审批节点内成员离职、为空等情况的处理方式

◉ 自动同意

○ 转交给指定人员处理

自动审批　当同一个审批人重复审批同一单据时

◉ 仅首个节点需审批，其余自动同意

○ 仅连续审批时自动同意

○ 每个节点都需要审批

提交权限　☐ 允许代他人提交

查看权限　☐ 仅管理员、申请人、审批人、抄送人可查看审批详情

修改权限　☑ 提交申请时，员工不可修改固定审批人

☑ 提交申请时，员工不可删除固定抄送人

撤销权限　☐ 通过后允许撤销　审批通过后，经审批人同意，可撤销申请

加签权限　☑ 允许在审批单中增加临时审批人

电子签名　☐ 审批人同意时需签名

协助管理　设置

图 8-25　设置“年假申请”审批权限

此时，在企业微信后台可看到已增加了“年假申请”审批模板，如图 8-26 所示。刷新后，即可在企业微信客户端进行年假申请，如图 8-27 和图 8-28 所示。

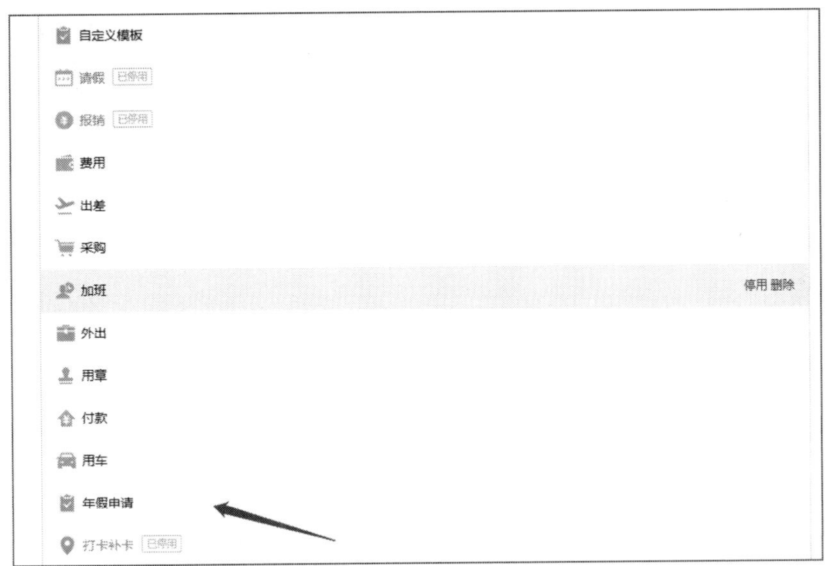

图 8-26　显示“年假申请”审批模板

图 8-27　打开“审批”功能

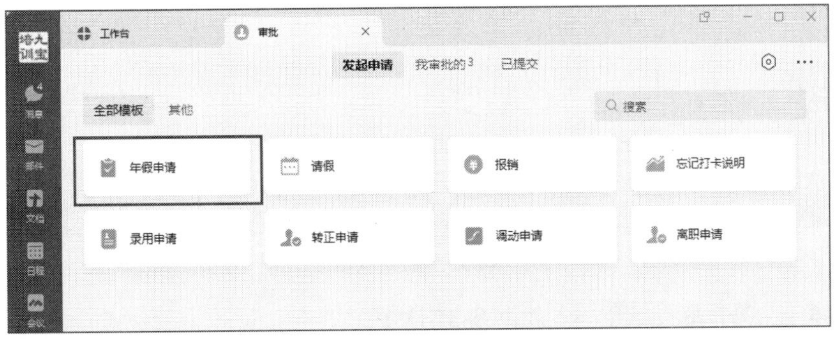

图 8-28　使用“年假申请”模板

2. 提交测试数据

下面我们来提交一个年假申请，以测试年假审批功能的开发效果。

在图 8-28 中单击“年假申请”选项，然后填写详细的请假信息，并单击“提交”按钮，如图 8-29 所示。此时，系统中将显示该审批的进度信息，并可进行催办，如图 8-30 所示。

图 8-29 提交年假申请

图 8-30 审批进度信息

此时，审批人将接收到该申请，如图 8-31 所示。

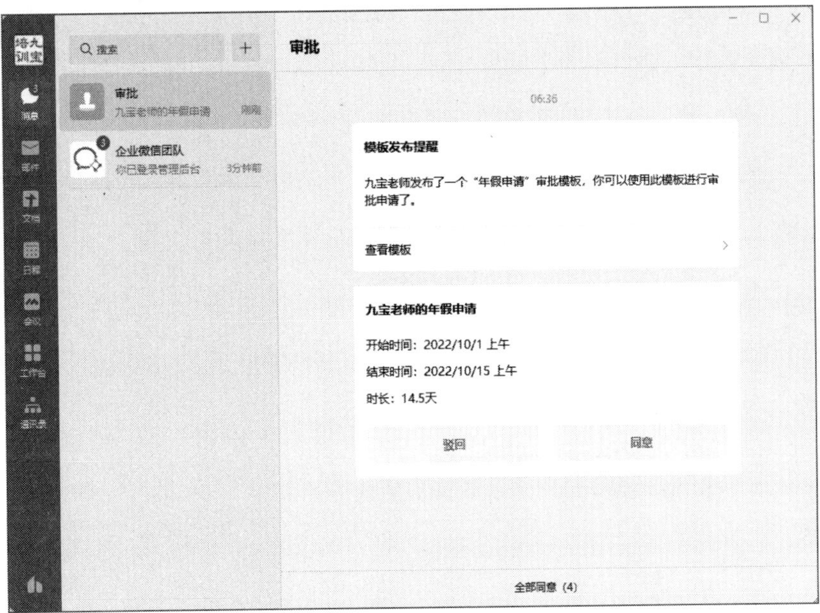

图 8-31　审批人接收到申请信息

3．编程获取审批详情

修改 WXUtil 类，增加 oa_shenpi_no_list()函数与 oa_shenpi_info(String sp_no)函数，程序代码如下。

```
public static String oa_shenpi_no_list() {
    try {
        Calendar calendar = Calendar.getInstance();
        calendar.setTime(new Date());
        calendar.add(Calendar.DAY_OF_MONTH, -1);
        Date start = calendar.getTime();

        Date end = new Date();

        StringBuffer strb = new StringBuffer();
        strb.append(" { ");
        strb.append("     \"starttime\" : \""+start.getTime()/1000+"\", ");
        strb.append("     \"endtime\" : \""+end.getTime()/1000+"\", ");
        strb.append("     \"cursor\" : 0 , ");
        strb.append("     \"size\" : 100  ");
        strb.append(" } ");
        String str = Request.Post("https://qyapi.weixin.qq.com/cgi-bin/oa/
getapprovalinfo?access_token="+WXUtil.getAccessToken().getAccess_token())
        .bodyString(strb.toString(), ContentType.APPLICATION_JSON)
                .execute()
                .returnContent()
                .asString();
        return str;
    } catch (Exception e) {
        e.printStackTrace();
        return null;
    }
}

public static String oa_shenpi_info(String sp_no) {
    try {
        String str = Request.Post("https://qyapi.weixin.qq.com/cgi-bin/oa/
```

```
getapprovaldetail?access_token="+WXUtil.getAccessToken().getAccess_token())
                .bodyString("{\"sp_no\" : \""+sp_no+"\"}", ContentType.APPLICATION_JSON)
                        .execute()
                        .returnContent()
                        .asString();
            return str;
        } catch (Exception e) {
            e.printStackTrace();
            return null;
        }
    }
```

注意：必须使用审批应用的 Secret 获取 access_token。

相关函数说明如下。

oa_shenpi_no_list()用于批量获取审批单号。

oa_shenpi_info(String sp_no)用于获取审批申请详情。

修改 Test 类，程序代码如下。

```
import qywx.WXUtil;

public class Test {
    public static void main(String[] args) {
        System.out.println(WXUtil.oa_shenpi_no_list());
    }
}
```

执行 Test 类，console 打印以下信息，批量获取审批单号。

```
{
    "errcode": 0,
    "errmsg": "ok",
    "sp_no_list": ["202103200001"]
}
```

修改 Test 类，获取审批申请详情，程序代码如下。

```
import qywx.WXUtil;

public class Test {
    public static void main(String[] args) {
        System.out.println(WXUtil.oa_shenpi_info("202103200001"));
    }
}
```

执行 Test 类，console 打印以下信息。

```
{
    "errcode": 0,
    "errmsg": "ok",
    "info": {
        "sp_no": "202103200001",
        "sp_name": "年假申请",
        "sp_status": 1,
        "template_id": "3TmmLpfpBCrGRS92Gn5KCRosjCXFMNBUC3Zsk877",
        "apply_time": 1616247419,
        "applyer": {
            "userid": "jiubao",
            "partyid": "3"
        },
        "sp_record": [{
            "sp_status": 1,
            "approverattr": 1,
```

```
                "details": [{
                    "approver": {
                        "userid": "jiubao"
                    },
                    "speech": "",
                    "sp_status": 1,
                    "sptime": 0,
                    "media_id": []
                }]
            }],
            "notifyer": [],
            "apply_data": {
                "contents": [{
                    "control": "Textarea",
                    "id": "Textarea-1616247035508",
                    "title": [{
                        "text": "请假说明",
                        "lang": "zh_CN"
                    }],
                    "value": {
                        "text": "这是审批测试",
                        "tips": [],
                        "members": [],
                        "departments": [],
                        "files": [],
                        "children": [],
                        "stat_field": [],
                        "sum_field": [],
                        "related_approval": [],
                        "students": [],
                        "classes": []
                    }
                }, {
                    "control": "Date",
                    "id": "Date-1616247056196",
                    "title": [{
                        "text": "开始日期",
                        "lang": "zh_CN"
                    }],
                    "value": {
                        "tips": [],
                        "members": [],
                        "departments": [],
                        "date": {
                            "type": "day",
                            "s_timestamp": "1614528000"
                        },
                        "files": [],
                        "children": [],
                        "stat_field": [],
                        "sum_field": [],
                        "related_approval": [],
                        "students": [],
                        "classes": []
                    }
                }, {
                    "control": "Date",
                    "id": "Date-1616247063324",
                    "title": [{
```

```
                        "text": "结束日期",
                        "lang": "zh_CN"
                    }],
                    "value": {
                        "tips": [],
                        "members": [],
                        "departments": [],
                        "date": {
                            "type": "day",
                            "s_timestamp": "1614614400"
                        },
                        "files": [],
                        "children": [],
                        "stat_field": [],
                        "sum_field": [],
                        "related_approval": [],
                        "students": [],
                        "classes": []
                    }
                }, {
                    "control": "Number",
                    "id": "Number-1616247083708",
                    "title": [{
                        "text": "天数",
                        "lang": "zh_CN"
                    }],
                    "value": {
                        "tips": [],
                        "members": [],
                        "departments": [],
                        "files": [],
                        "children": [],
                        "stat_field": [],
                        "new_number": "1",
                        "sum_field": [],
                        "related_approval": [],
                        "students": [],
                        "classes": []
                    }
                }]
            },
            "comments": []
        }
    }
```


审批申请详情返回的结果参数说明如表 8-2 所示。

表 8-2　审批申请详情的返回结果参数说明

参　数	说　明
sp_no	审批编号
sp_name	审批申请类型名称（审批模板名称）
sp_status	申请单状态：1 表示审批中；2 表示已通过；3 表示已驳回；4 表示已撤销；6 表示通过后撤销；7 表示已删除；10 表示已支付
template_id	审批模板 ID。可在“获取审批申请详情”和“审批状态变化回调通知”中获得，也可在审批模板的模板编辑页面链接中获得
apply_time	审批申请提交时间，Unix 时间戳
applyer	申请人信息

续表

参　数	说　明
└userid	申请人的 UserID
└partyid	申请人所在部门 ID
sp_record	审批流程信息，可能有多个审批节点
└sp_status	审批节点状态：1 表示审批中；2 表示已同意；3 表示已驳回；4 表示已转审；11 表示已退回
└approverattr	节点审批方式：1 表示或签；2 表示会签
└details	审批节点详情，一个审批节点有多个审批人
└└approver	分支审批人
└└└userid	分支审批人的 UserID
└└speech	审批意见
└└sp_status	分支审批人审批状态：1 表示审批中；2 表示已同意；3 表示已驳回；4 表示已转审；11 表示已退回
└└sptime	节点分支审批人审批操作时间戳，0 表示未操作
└└media_id	节点分支审批人审批意见附件，media_id 的具体使用方法请参考“获取临时素材”文档
notifyer	抄送信息，可能有多个抄送节点
└userid	节点抄送人的 UserID
apply_data	审批申请数据
└contents	审批申请详情，由多个表单控件及其内容组成
└└control	控件类型：Text-文本；Textarea-多行文本；Number-数字；Money-金额；Date-日期/日期+时间；Selector-单选/多选；Contact-成员/部门；Tips-说明文字；File-附件；Table-明细；Attendance-假勤；Vacation-请假；PunchCorrection-补卡；DateRange-时长
└└id	控件 ID
└└title	控件名称，若配置了多语言，则会包含中英文的控件名称
└└value	控件值，包含申请人在各种类型控件中输入的值，不同控件有不同的值
comments	审批申请备注信息，可能有多个备注节点
└commentUserInfo	备注人信息
└└userid	备注人的 UserID
└commenttime	备注提交时间戳，Unix 时间戳
└commentcontent	备注文本内容
└commentid	备注 ID
└media_id	备注附件 ID，可能有多个，media_id 具体使用请参考：文档-获取临时素材

审批申请详情返回的报文中，需要注意的是控件 ID。修改审批定义，响应报文的解析方式可能需要改变。因此，对于腾讯企业微信的审批功能需要酌情使用。各控件 apply_data/contents/value 参数介绍请参照官方说明，本节不做赘述。

8.4　汇报

企业微信中，可批量获取汇报记录单号和汇报详情信息。

获取汇报记录单号指获取企业一段时间内汇报应用中的记录编号，支持按汇报表单 ID、申请人、部门等条件筛选。一次最多拉取 100 个汇报记录，可以通过多次拉取的方式来满足需求，但调用频率不可超过 600 次/min。

修改 WXUtil，增加 oa_huibao_no_list()函数与 oa_huibao_info(String journaluuid)函数，代

码如下。

```
public static String oa_huibao_no_list() {
        try {
            Calendar calendar = Calendar.getInstance();
            calendar.setTime(new Date());
            calendar.add(Calendar.DAY_OF_MONTH, -1);
            Date start = calendar.getTime();

            Date end = new Date();

            StringBuffer strb = new StringBuffer();
            strb.append(" { ");
            strb.append("    \"starttime\" : \""+start.getTime()/1000+"\", ");
            strb.append("    \"endtime\" : \""+end.getTime()/1000+"\", ");
            strb.append("    \"cursor\" : 0 , ");
            strb.append("    \"limit\" : 100  ");
            strb.append(" } ");
            String str = Request.Post("https://qyapi.weixin.qq.com//cgi-bin/oa/
journal/get_record_list?access_token="+WXUtil.getAccessToken().getAccess_token())
            .bodyString(strb.toString(), ContentType.APPLICATION_JSON)
                    .execute()
                    .returnContent()
                    .asString();
            return str;
        } catch (Exception e) {
            e.printStackTrace();
            return null;
        }
    }
    public static String oa_huibao_info(String journaluuid) {
        try {
            String str = Request.Post("https://qyapi.weixin.qq.com/cgi-bin/oa/
journal/get_record_detail?access_token="+WXUtil.getAccessToken().getAccess_token())
            .bodyString("{\"journaluuid\" : \""+journaluuid+"\"}",
ContentType.APPLICATION_JSON)
                    .execute()
                    .returnContent()
                    .asString();
            return str;
        } catch (Exception e) {
            e.printStackTrace();
            return null;
        }
    }
```

注意：必须使用汇报应用的 Secret 获取 access_token。

相关函数说明如下。

oa_huibao_no_list()用于批量获取汇报记录单号。

oa_huibao_info(String journaluuid)用于获取汇报记录详情。

修改 Test 类，程序代码如下。

```
import qywx.WXUtil;

public class Test {
    public static void main(String[] args) {
        System.out.println(WXUtil.oa_huibao_no_list());
    }
}
```

执行 Test 类，console 打印以下信息。

```
{
    "errcode": 0,
    "errmsg": "ok",
    "journaluuid_list": ["9NPhPCr2fEiZnbZqdtqvX9mo6Bz6TkwJPvsH4UpdouvZ63J61SJ8kHDL
5c2UESgEEu"],
    "next_cursor": 0,
    "endflag": 1
}
```

复制 journaluuid 信息，修改 Test 类，程序代码如下。

```
import qywx.WXUtil;

public class Test {
    public static void main(String[] args) {
    System.out.println(WXUtil.oa_huibao_info("9NPhPCr2fEiZnbZqdtqvX9mo6Bz6TkwJPvs
H4UpdouvZ63J61SJ8kHDL5c2UESgEEu"));
    }
}
```

执行 Test 类，console 打印以下信息。

```
{
    "errcode": 0,
    "errmsg": "ok",
    "info": {
        "journal_uuid": "9NPhPCr2fEiZnbZqdtqvX9mo6Bz6TkwJPvsH4UpdouvZ63J61SJ8kH
DL5c2UESgEEu",
        "template_name": "新建汇报",
        "report_time": 1616403818,
        "submitter": {
            "userid": "dahaiasdqwe"
        },
        "receivers": [{
            "userid": "dahaiasdqwe"
        }],
        "readed_receivers": [{
            "userid": "dahaiasdqwe"
        }],
        "apply_data": {
            "contents": [{
                "control": "Text",
                "id": "Text-1612765430431",
                "title": [{
                    "text": "标题",
                    "lang": "zh_CN"
                }],
                "value": {
                    "text": "汇报测试",
                    "tips": [],
                    "members": [],
                    "departments": [],
                    "files": [],
                    "children": [],
                    "stat_field": [],
                    "sum_field": [],
                    "related_approval": [],
                    "students": [],
                    "classes": []
                }
            }, {
```

```
                        "control": "Textarea",
                        "id": "Textarea-1612765454191",
                        "title": [{
                            "text": "工作",
                            "lang": "zh_CN"
                        }],
                        "value": {
                            "text": "汇报测试",
                            "tips": [],
                            "members": [],
                            "departments": [],
                            "files": [],
                            "children": [],
                            "stat_field": [],
                            "sum_field": [],
                            "related_approval": [],
                            "students": [],
                            "classes": []
                        }
                    }]
                },
                "comments": []
        }
    }
```

第 9 章　网页开发基础知识

9.1　本章总说

本章将带领读者系统地学习企业微信网页开发方式的相关知识点。企业微信的网页开发需要综合运用前端开发知识与后端开发知识，前端开发主要是指 HTML5、CSS3、JavaScript 开发，后端开发主要是指基于企业微信的后端 API 开发。

可以将企业微信的网页开发方式想象成“基于企业微信浏览器”的开发。企业微信的开发与测试方式与传统 B/S 架构相似，因此部分开发经验可以借鉴、参考。但企业微信网页开发还有一些不同的特点，读者学习时要多加注意。

9.2　企业微信网页开发工具

首先向读者推荐以下几款企业微信网页开发工具。

1．wechat_devtools

企业微信的前端开发和测试，建议使用腾讯官方提供的 wechat_devtools 工具。其下载链接需要到微信小程序开发文档中查找。首先，登录微信公众号官方网址，鼠标悬停在“微信小程序”图标上，即可看到“小程序开发文档”链接，点击进入，依次选择“工具”→“下载”选项卡，如图 9-1 所示。

图 9-1　下载 wechat_devtools

wechat_devtools 与传统 B/S 开发调试工具的使用方式相似，其软件界面如图 9-2 所示。

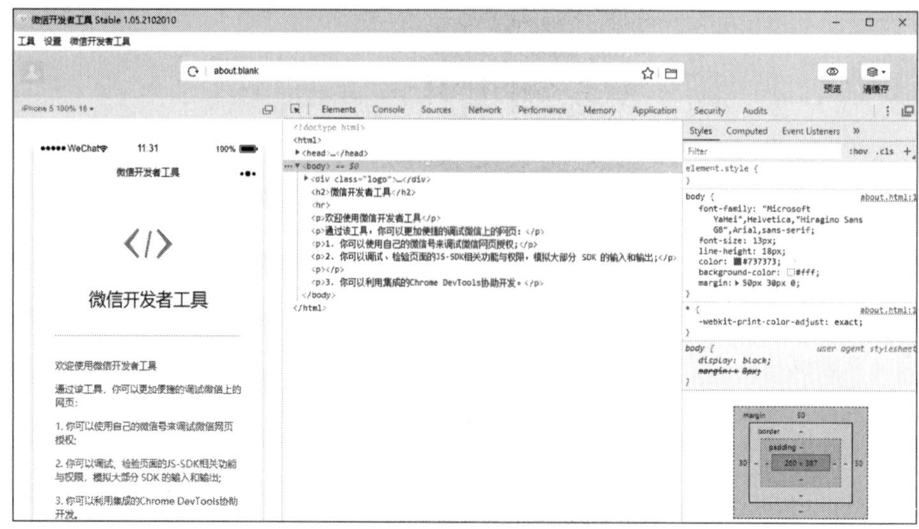

图 9-2　wechat_devtools 软件界面

▶ **注意**：微信小程序开发工具已经集成了该功能。

2．Windows 版本调试

网页开发过程中，往往需要直接在企业微信浏览器中查看网页。此时，需要将 devtools_resources.pak 文件复制到企业微信的安装目录下（复制的文件名要保证不变）。注意，安装目录一般带有版本号（4.0.1316.400 是浏览器内核的版本号），如图 9-3 所示。

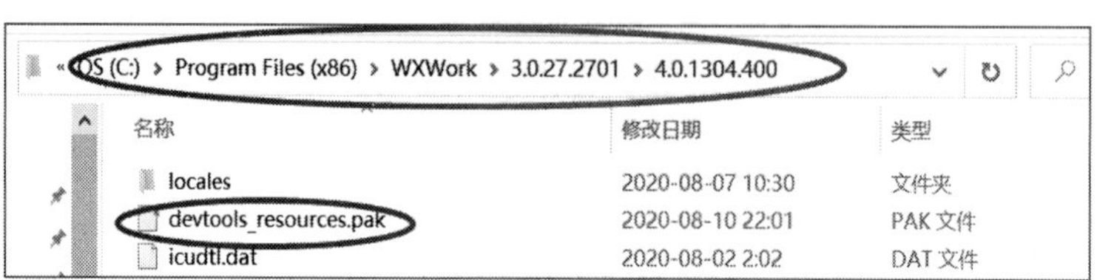

图 9-3　devtools_resources.pak

企业微信的计算机端程序需要先关闭，然后重新启动。重启前，需要先配置企业微信后台。选择自建应用命令，设置“应用主页”信息，如图 9-4 所示。

图 9-4　设置“应用主页”信息

重启企业微信计算机端程序，访问当前应用。在需要调试的页面按 Shift+Ctrl+Alt+D 组合键，可进入调试模式，如图 9-5 所示。再次按 Shift+Ctrl+Alt+D 组合键，可关闭调试模式。

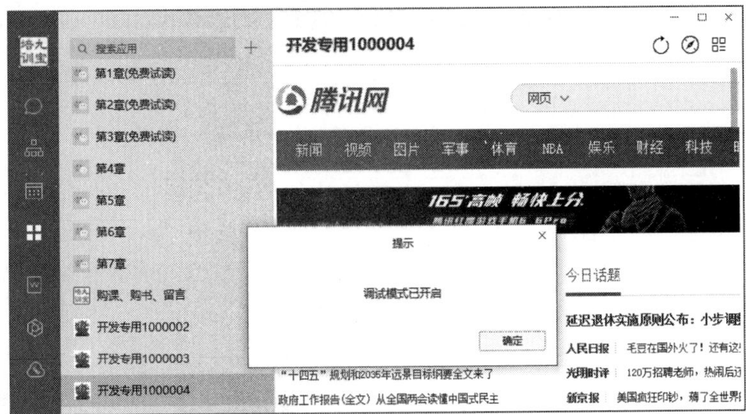

图 9-5　进入调试模式

在需要调试的页面上右击，在弹出的快捷菜单中选择 ShowDevTools 命令，如图 9-6 所示，进入调试页面，如图 9-7 所示。

图 9-6　选择 ShowDevTools 命令

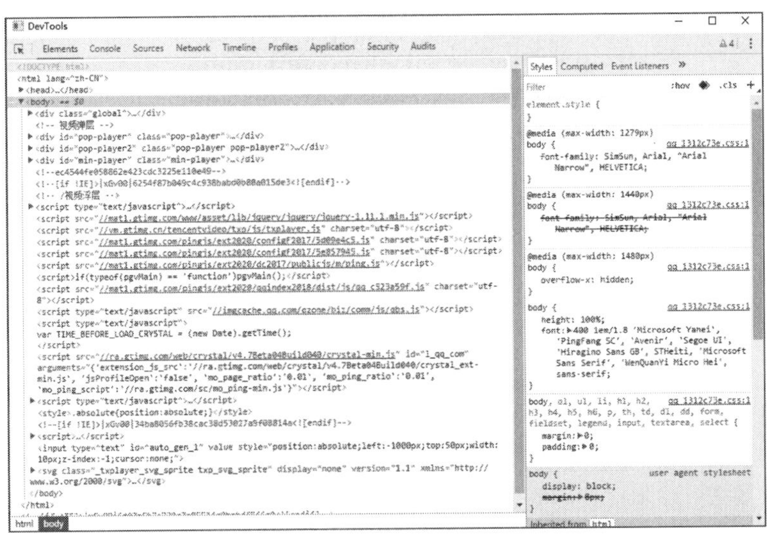

图 9-7　进入调试页面

3．Mac 版本调试

在需要调试的页面按 Command+Shift+Ctrl+D 组合键，进入调试模式，如图 9-8 所示。选择“帮助”→“开发调试选项”→“开启 webView 元素审查”命令，如图 9-9 所示，即可进行代码调试。

使用企业微信内置的浏览器右键，也可以进行调试，如图 9-10 所示。

图 9-8　进入调试模式

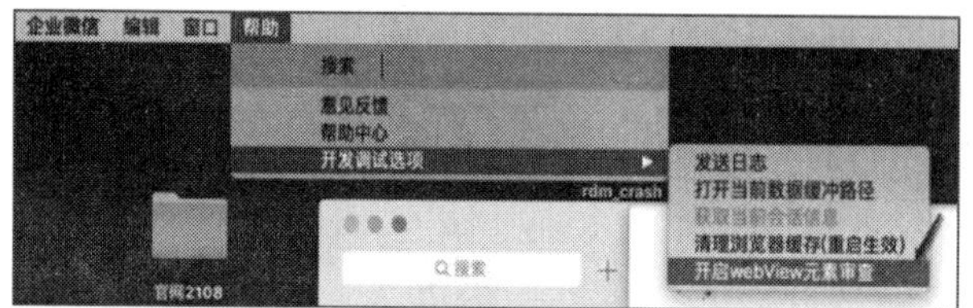

图 9-9　开启 webView 元素审查

图 9-10　内置浏览器右键

9.3　JS-SDK

JS-SDK 是企业微信面向网页开发者提供的工具包，通过 JS-SDK 可高效地使用拍照、选图、语音、位置等手机系统功能，同时可以使用企业微信分享、扫一扫等特有功能，为企业微信用户提供优质的网页浏览体验。

所有的 JS 接口都只能在企业微信应用的可信域名下调用（包括子域名）。此外，可信域名必须有 ICP 备案，且在管理端验证域名归属。

在“开发者接口”栏的“网页授权及 JS-SDK”选项卡中，单击“设置可信域名”链接，如图 9-11 所示，打开“设置可信域名”对话框，进行可信域名配置。

图 9-11　设置可信域名

1. 校验域名

配置可信域名时，需要校验域名。在“设置可信域名”对话框中单击“申请校验域名”链接，如图 9-12 所示。配置成功后的效果如图 9-13 所示。

使用 Tomcat 虚拟主机的方式实现相关验证。

将验证文件保存至 E:\qywx 目录下，在 Tomcat 中修改 server.xml 文件，增加代码<Context docBase="E:\qywx" path="/" reloadable="true"/>。然后重启 Tomcat，使用本地浏览器访问网址 http://localhost/WW_verify_racWEM97ChUqCRHM.txt，如图 9-14 所示。

图 9-12　申请校验域名

图 9-13　配置成功效果

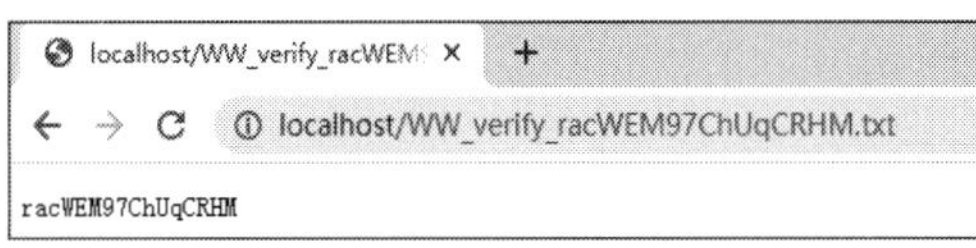

图 9-14　本地浏览器访问

启动 ngrok 工具，访问 ngrok 提供域名的地址，如图 9-15 所示。

图 9-15　远程访问

此时再配置企业微信后台，如图 9-16 所示，可看到“修改成功”的提示，如图 9-17 所示。

图 9-16　配置企业微信后台

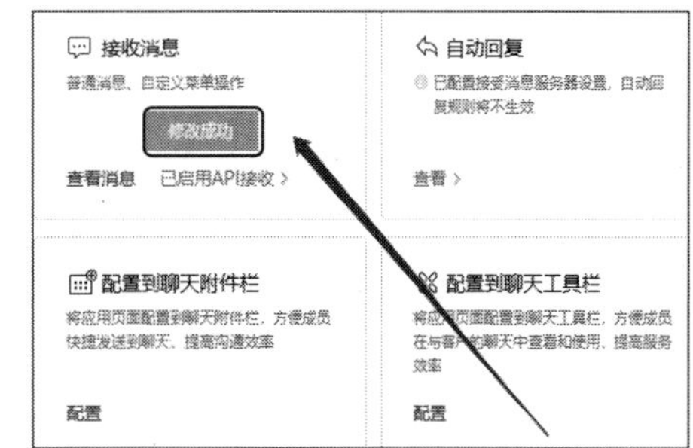

图 9-17　企业微信后台修改成功

2. 权限验证配置

（1）引入 JS 文件。打开企业微信开发者中心，依次选择“客户端 API” - “JS-SDK” - “使用说明”，即可找到 JS 文件，如图 9-18 所示。

图 9-18　引入 JS 文件

在需要调用 JS 接口的页面引用 JS 文件（支持 HTTPS）http://res.wx.qq.com/open/js/jweixin-1.2.0.js。

腾讯官方会定期升级 JS 文件版本，读者学习时可查阅腾讯官方文档，引用最新版本的文件，程序参考如下。

```
<%@page language="java" contentType="text/html; charset=UTF-8" pageEncoding="UTF-8"%>
<!DOCTYPE html>
<html>
<head>
<meta charset="UTF-8">
<title>Insert title here</title>
<script src="//res.wx.qq.com/open/js/jweixin-1.2.0.js"></script>
</head>
<body>

</body>
</html>
```

（2）通过 config 接口注入权限验证配置。程序代码如下。

```
wx.config({
beta: true,            // 必须这么写，否则 wx.invoke 调用形式的 jsapi 会有问题
    debug: true,       // 开启调试模式
    appId: '',         // 必填，企业微信的 CorpID
    timestamp: ,       // 必填，生成签名的时间戳
    nonceStr: '',      // 必填，生成签名的随机字符串
    signature: '',     // 必填，签名
    jsApiList: []      // 必填，需要使用的 JS 接口列表，凡是要调用的接口都需要传进来
});
```

所有需要使用 JS-SDK 的页面必须先配置好信息，否则将无法调用。同一个 URL 仅需调用一次，对于变化 URL 的 SPA（single-page application，单页面应用）的 Web App，可在每次 URL 变化时进行调用。

创建 WXArgs 类，用于记录相关参数信息，程序代码如下。

```
package qywx;

public class WXArgs {
    public static final String CorpID   = "wxbe49cbf4476f8e17";
    public static final String EncodingAESKey   = "ByVB90J5Xt-NgBLDuM2Bp8ltI-
6FEZMcIWe-3dCLti0";
}
```

CorpID 是企业 ID，其获取方式如图 9-19 所示。

图 9-19　查阅 CorpID

每个应用的访问秘钥 EncodingAESKey 都不一样，其获取方式如图 9-20 所示。

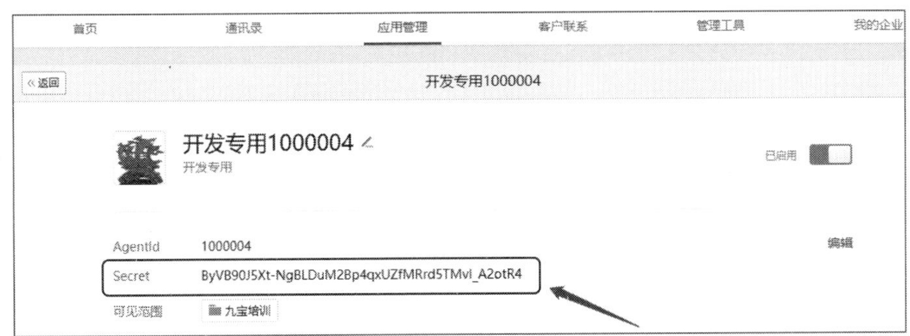

图 9-20　访问秘钥 EncodingAESKey

创建 AccessToken 类，程序代码如下。

```
package qywx.bean;
```

```
public class AccessToken {

    private String access_token;
    private String expires_in;
    public String getAccess_token() {
        return access_token;
    }
    public void setAccess_token(String access_token) {
        this.access_token = access_token;
    }
    public String getExpires_in() {
        return expires_in;
    }
    public void setExpires_in(String expires_in) {
        this.expires_in = expires_in;
    }

}
```

创建 Jsapi_Ticket 类，程序代码如下。

```
package qywx.bean;

public class Jsapi_Ticket {
    private String ticket;
    private String expires_in;
    public String getTicket() {
        return ticket;
    }
    public void setTicket(String ticket) {
        this.ticket = ticket;
    }
    public String getExpires_in() {
        return expires_in;
    }
    public void setExpires_in(String expires_in) {
        this.expires_in = expires_in;
    }
}
```

创建 WXUtil 类，程序代码如下。

```
package qywx;

import java.io.UnsupportedEncodingException;
import java.security.MessageDigest;
import java.security.NoSuchAlgorithmException;
import java.util.Formatter;
import java.util.HashMap;
import java.util.Map;
import java.util.UUID;

import org.apache.http.client.fluent.Request;
import com.google.gson.Gson;

import qywx.bean.AccessToken;
import qywx.bean.Jsapi_Ticket;

public class WXUtil {
    public static AccessToken getAccessToken(){
```

```
        try {
            String str = Request.Get("https://qyapi.weixin.qq.com/cgi-bin/
gettoken?corpid="+WXArgs.CorpID+"&corpsecret="+WXArgs.EncodingAESKey)
            .execute().returnContent().asString();
            Gson gson = new Gson();
            return gson.fromJson(str, AccessToken.class);
        } catch (Exception e) {
            e.printStackTrace();
            return null;
        }
    }

    public static Jsapi_Ticket getJsapi_Ticket() {
        try {
            String str = Request.Get("https://qyapi.weixin.qq.com/cgi-bin/
get_jsapi_ticket?access_token="
                    + WXUtil.getAccessToken().getAccess_token()).execute()
.returnContent().asString();
            return new Gson().fromJson(str, Jsapi_Ticket.class);
        } catch (Exception e) {
            e.printStackTrace();
            return null;
        }
    }

    public static Map<String, String> getSign(String jsapi_ticket, String url) {
        Map<String, String> ret = new HashMap<String, String>();
        String nonce_str = create_nonce_str();
        String timestamp = create_timestamp();
        String string1;
        String signature = "";
        string1 = "jsapi_ticket=" + jsapi_ticket + "&noncestr=" + nonce_str +
"&timestamp=" + timestamp + "&url=" + url;
        try {
            MessageDigest crypt = MessageDigest.getInstance("SHA-1");
            crypt.reset();
            crypt.update(string1.getBytes("UTF-8"));
            signature = byteToHex(crypt.digest());
        } catch (NoSuchAlgorithmException e) {
            e.printStackTrace();
        } catch (UnsupportedEncodingException e) {
            e.printStackTrace();
        }
        ret.put("url", url);
        ret.put("jsapi_ticket", jsapi_ticket);
        ret.put("nonceStr", nonce_str);
        ret.put("timestamp", timestamp);
        ret.put("signature", signature);
        return ret;
    }

    private static String byteToHex(final byte[] hash) {
        Formatter formatter = new Formatter();
        for (byte b : hash) {
            formatter.format("%02x", b);
        }
        String result = formatter.toString();
        formatter.close();
        return result;
```

```
    }

    private static String create_nonce_str() {
        return UUID.randomUUID().toString();
    }

    private static String create_timestamp() {
        return Long.toString(System.currentTimeMillis() / 1000);
    }
}
```

WXUtil 类中的方法都是企业微信编程需要的工具方法，相关函数说明如下。

public static AccessToken getAccessToken()用于获取应用的 access_token。注意，本节重点讲解企业微信网页开发的基础知识，企业微信多应用之间 access_token 的获取与缓存方法将在第 10 章中详细介绍。

public static Jsapi_Ticket getJsapi_Ticket()可基于 access_token 获取 jsapi_ticket。注意，与 access_token 一样，企业微信多应用之间 jsapi_token 的获取与缓存方法将在第 10 章中详细介绍。

public static Map<String, String> getSign(String jsapi_ticket, String url)以 jsapi_ticket、url 作为参数，进行加密、签名的计算，计算的结果用于前段签名验证配置。

private static String byteToHex(final byte[] hash)用于将字节数组转换成十六进制字符串。

private static String create_nonce_str()用于得到随机字符串。

private static String create_timestamp()用于得到时间戳。

创建 wx.jsp 文件，程序代码如下。

```
<%@page import="qywx.WXArgs"%>
<%@page import="java.util.Map"%>
<%@page import="qywx.WXUtil"%>
<%@page import="qywx.bean.Jsapi_Ticket"%>
<%@page language="java" contentType="text/html; charset=UTF-8" pageEncoding=
"UTF-8"%>
<!DOCTYPE html>
<html>
<head>
<meta charset="UTF-8">
<title>Insert title here</title>
<script src="//res.wx.qq.com/open/js/jweixin-1.2.0.js"></script>
<%
    String filePath = request.getScheme()+"://"+request.getServerName()+request
.getRequestURI();
    Jsapi_Ticket jsapi_Ticket = WXUtil.getJsapi_Ticket();
    Map<String, String> map = WXUtil.getSign(jsapi_Ticket.getTicket(), filePath);
%>
<script type="text/javascript">
wx.config({
    beta: true,// 必须这么写，否则 wx.invoke 调用形式的 jsapi 会有问题
    debug: true,
    appId: '<%=WXArgs.CorpID%>',              // 必填，企业微信的 CorpID
    timestamp: <%=map.get("timestamp")%>,    // 必填，生成签名的时间戳
    nonceStr: '<%=map.get("nonceStr")%>',    // 必填，生成签名的随机字符串
    signature: '<%=map.get("signature")%>', // 必填，签名
    jsApiList: [
        'checkJsApi'
        ]                                     // 必填，需要使用的 JS 接口列表
});
```

```
</script>
</head>
<body>

</body>
</html>
```

重启 Web 服务，使用企业微信计算机端程序访问 Web 地址。

注意：此时 config 接口配置的 debug 为 true。因此，访问网页时会提示权限验证配置是否成功。wechat_devtools 测试效果如图 9-21 所示。

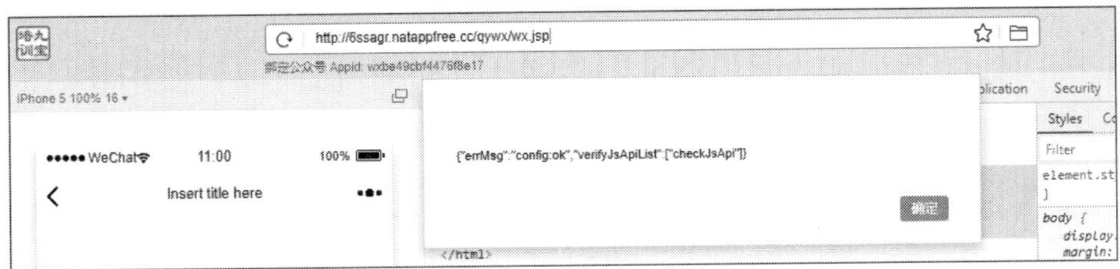

图 9-21　wechat_devtools 测试效果

企业微信计算机端的测试效果如图 9-22 所示。

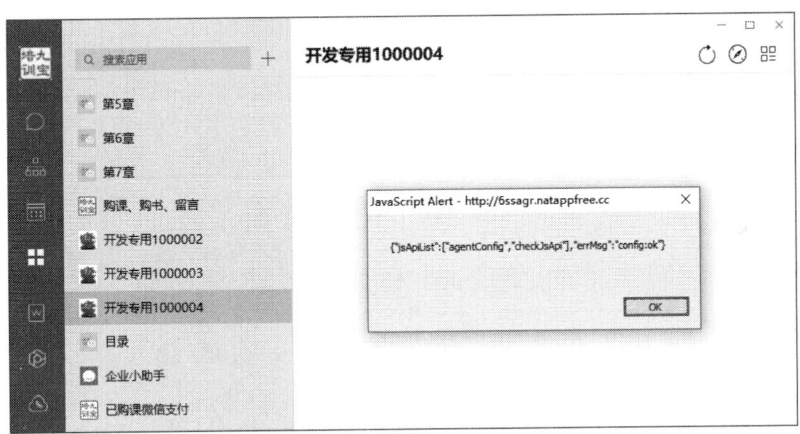

图 9-22　企业微信计算机端测试

权限验证配置 jsApiList 时需要使用 JS 接口列表。建议读者在开发时只配置需要使用的接口。本节为了方便读者学习，将配置全部接口。

修改后的 index.jsp 文件程序代码如下。

```
<%@page import="qywx.WXArgs"%>
<%@page import="java.util.Map"%>
<%@page import="qywx.WXUtil"%>
<%@page import="qywx.bean.Jsapi_Ticket"%>
<%@page language="java" contentType="text/html; charset=UTF-8" pageEncoding=
"UTF-8"%>
<!DOCTYPE html>
<html>
<head>
<meta charset="UTF-8">
<title>Insert title here</title>
<script src="//res.wx.qq.com/open/js/jweixin-1.2.0.js"></script>
<%
```

```
        String filePath = request.getScheme()+"://"+request.getServerName()+request
.getRequestURI();
        Jsapi_Ticket jsapi_Ticket = WXUtil.getJsapi_Ticket();
        Map<String, String> map = WXUtil.getSign(jsapi_Ticket.getTicket(), filePath);
    %>
    <script type="text/javascript">
    wx.config({
        beta: true,// 必须这么写，否则 wx.invoke 调用形式的 jsapi 会有问题
        debug: true,
        appId: '<%=WXArgs.CorpID%>',             // 必填，企业微信的 CorpID
        timestamp: <%=map.get("timestamp")%>,   // 必填，生成签名的时间戳
        nonceStr: '<%=map.get("nonceStr")%>',   // 必填，生成签名的随机字符串
        signature: '<%=map.get("signature")%>',// 必填，签名
        jsApiList: [
        'selectEnterpriseContact',
        'openUserProfile',
        'selectExternalContact',
        'getCurExternalContact',
        'getCurExternalChat',
        'sendChatMessage',
        'getContext',
        'openEnterpriseChat',
        'onMenuShareAppMessage',
        'onMenuShareWechat',
        'onMenuShareTimeline',
        'shareAppMessage',
        'shareWechatMessage',
        'shareToExternalContact',
        'shareToExternalChat',
        'onHistoryBack',
        'hideOptionMenu',
        'showOptionMenu',
        'hideMenuItems',
        'showMenuItems',
        'hideAllNonBaseMenuItem',
        'showAllNonBaseMenuItem',
        'closeWindow',
        'openDefaultBrowser',
        'onUserCaptureScreen',
        'scanQRCode',
        'chooseInvoice',
        'enterpriseVerify',
        'chooseImage',
        'previewImage',
        'uploadImage',
        'downloadImage',
        'getLocalImgData',
        'startRecord',
        'stopRecord',
        'onVoiceRecordEnd',
        'playVoice',
        'pauseVoice',
        'stopVoice',
        'onVoicePlayEnd',
        'uploadVoice',
        'downloadVoice',
        'translateVoice',
        'previewFile',
        'startWifi',
        'stopWifi',
```

```
        'connectWifi',
        'getWifiList',
        'onGetWifiList',
        'onWifiConnected',
        'getConnectedWifi',
        'openBluetoothAdapter',
        'closeBluetoothAdapter',
        'getBluetoothAdapterState',
        'onBluetoothAdapterStateChange',
        'startBluetoothDevicesDiscovery',
        'stopBluetoothDevicesDiscovery',
        'getBluetoothDevices',
        'onBluetoothDeviceFound',
        'getConnectedBluetoothDevices',
        'createBLEConnection',
        'closeBLEConnection',
        'onBLEConnectionStateChange',
        'getBLEDeviceServices',
        'getBLEDeviceCharacteristics',
        'readBLECharacteristicValue',
        'writeBLECharacteristicValue',
        'notifyBLECharacteristicValueChange',
        'onBLECharacteristicValueChange',
        'startBeaconDiscovery',
        'stopBeaconDiscovery',
        'getBeacons',
        'onBeaconUpdate',
        'onBeaconServiceChange',
        'setClipboardData',
        'getNetworkType',
        'onNetworkStatusChange',
        'openLocation',
        'getLocation',
        'startAutoLBS',
        'stopAutoLBS',
        'onLocationChange'
        ] // 必填，需要使用的 JS 接口列表
});

</script>
</head>
<body>

</body>
</html>
```

分别使用 wechat_devtools 和企业微信计算机端程序进行测试，如图 9-23 和图 9-24 所示。

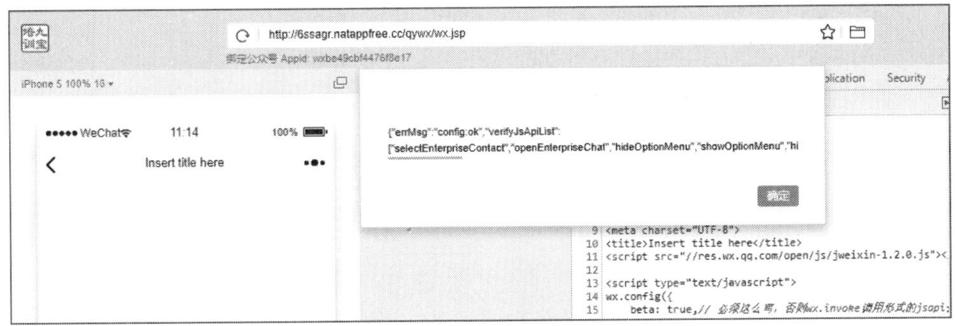

图 9-23　wechat_devtools 测试

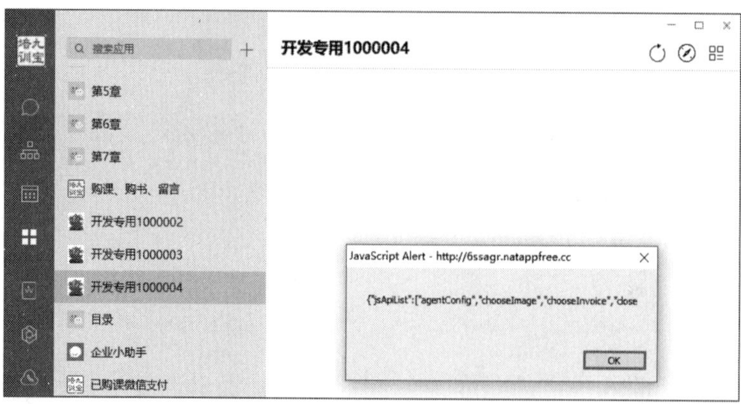

图 9-24 企业微信计算机端程序测试

3．checkJsApi

可以使用 wx.checkJsApi 判断当前客户端版本是否支持指定 JS 接口，程序代码如下。

```
<%@page import="qywx.WXArgs"%>
<%@page import="java.util.Map"%>
<%@page import="qywx.WXUtil"%>
<%@page import="qywx.bean.Jsapi_Ticket"%>
<%@page language="java" contentType="text/html; charset=UTF-8" pageEncoding=
"UTF-8"%>
<!DOCTYPE html>
<html>
<head>
<meta charset="UTF-8">
<title>Insert title here</title>
<script src="//res.wx.qq.com/open/js/jweixin-1.2.0.js"></script>
<%
    String filePath = request.getScheme()+"://"+request.getServerName()+request
.getRequestURI();

    Jsapi_Ticket jsapi_Ticket = WXUtil.getJsapi_Ticket();

    Map<String, String> map = WXUtil.getSign(jsapi_Ticket.getTicket(), filePath);
%>
<script type="text/javascript">
wx.config({
    beta: true,// 必须这么写，否则 wx.invoke 调用形式的 jsapi 会有问题
    debug: true,
    appId: '<%=WXArgs.CorpID%>',            // 必填，企业微信的 CorpID
    timestamp: <%=map.get("timestamp")%>,   // 必填，生成签名的时间戳
    nonceStr: '<%=map.get("nonceStr")%>',   // 必填，生成签名的随机字符串
    signature: '<%=map.get("signature")%>', // 必填，签名
    jsApiList: [
    'chooseImage',
            ]                               // 必填，需要使用的 JS 接口列表
});
wx.checkJsApi({
    jsApiList: ['chooseImage'],             // 需要检测的 JS 接口列表
    success: function(res) {
        alert(res);
    }
});
</script>
</head>
```

```
<body>

</body>
</html>
```

分别使用 wechat_devtools 和企业微信计算机端程序进行测试，效果如图 9-25 和图 9-26 所示。

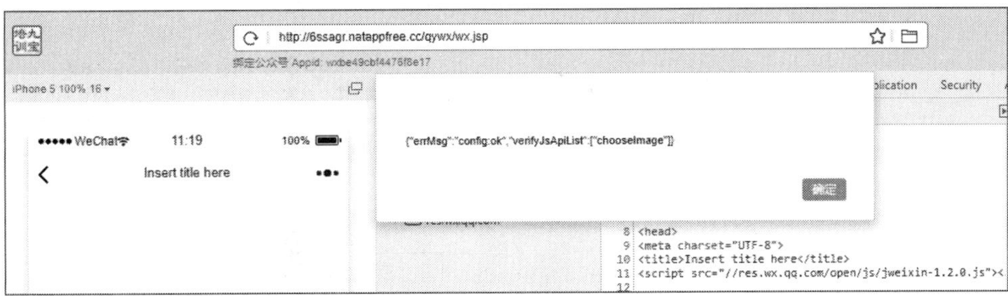

图 9-25　wechat_devtools 测试

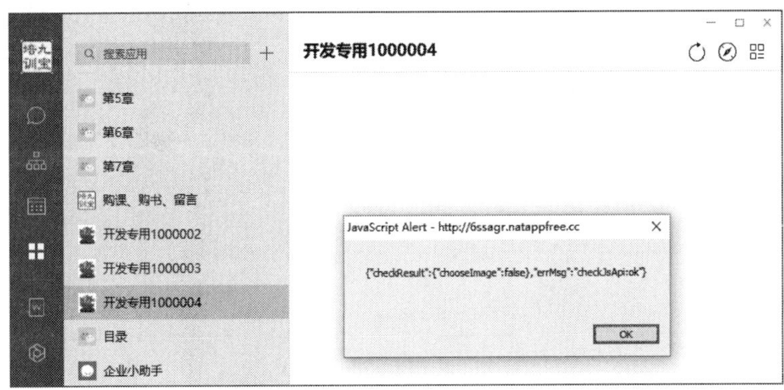

图 9-26　企业微信计算机端程序测试

4．ready 与 error

wx.ready 函数主要用于处理成功验证。

```
wx.ready(function(){
    // config 信息验证成功，会执行 ready()函数，所有接口调用都必须在 config 接口获得结果之后执行。config 是一个客户端的异步操作，如果需要在页面加载时就调用相关接口，则须把相关接口放在 ready()函数中调用以确保正确执行。对于用户触发时才调用的接口，则可以直接调用，不需要放在 ready()函数中
});
```

error 主要用于处理失败验证。

```
wx.error(function(res){
    // config 信息验证失败，如签名过期导致验证失败，会执行 error()函数。具体错误信息可在 config 的 debug 模式下查看，也可以在返回的 res 参数中查看。对于 SPA，可以在这里更新签名
});
```

修改 wx.jsp，代码如下。

```
<%@page import="qywx.WXArgs"%>
<%@page import="java.util.Map"%>
<%@page import="qywx.WXUtil"%>
<%@page import="qywx.bean.Jsapi_Ticket"%>
<%@page language="java" contentType="text/html; charset=UTF-8" pageEncoding=
"UTF-8"%>
<!DOCTYPE html>
<html>
<head>
<meta charset="UTF-8">
```

```
    <title>Insert title here</title>
    <script src="//res.wx.qq.com/open/js/jweixin-1.2.0.js"></script>
    <%
        String filePath = request.getScheme()+"://"+request.getServerName()+request
.getRequestURI();

        Jsapi_Ticket jsapi_Ticket = WXUtil.getJsapi_Ticket();

        Map<String, String> map = WXUtil.getSign(jsapi_Ticket.getTicket(), filePath);
    %>
    <script type="text/javascript">
    wx.config({
        beta: true,// 必须这么写，否则 wx.invoke 调用形式的 jsapi 会有问题
        debug: true,
        appId: '<%=WXArgs.CorpID%>',               // 必填，企业微信的 CorpID
        timestamp: <%=map.get("timestamp")%>,     // 必填，生成签名的时间戳
        nonceStr: '<%=map.get("nonceStr")%>',     // 必填，生成签名的随机字符串
        signature: '<%=map.get("signature")%>', // 必填，签名
        jsApiList: [
        'chooseImage',
              ]                                    // 必填，需要使用的 JS 接口列表
    });
    wx.ready(function(){
        alert('验证成功');
    });
    wx.error(function(res){
        alert('验证失败');
    });
    </script>
    </head>
    <body>

    </body>
    </html>
```

分别使用 wechat_devtools 和企业微信计算机端程序进行测试，如图 9-27 和图 9-28 所示。

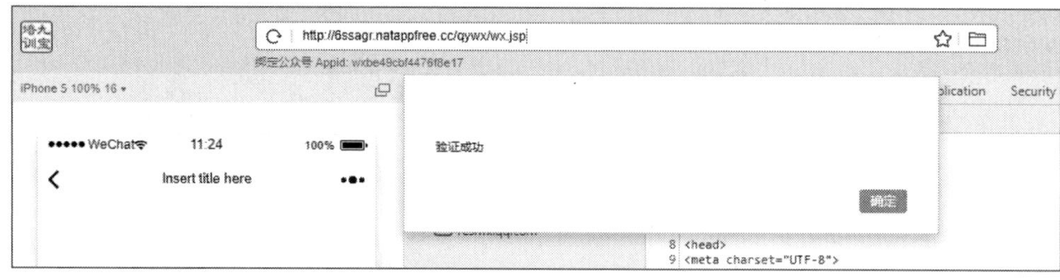

图 9-27　wechat_devtools 测试

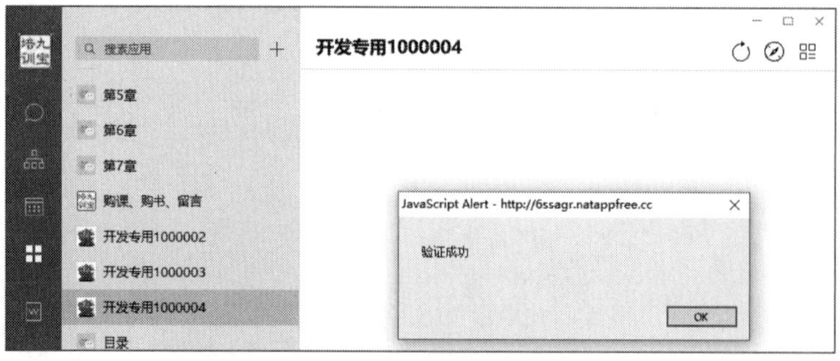

图 9-28　企业微信计算机端程序测试

▶ **注意：** 网页执行的顺序是，先执行 wx.config，当 wx.config 执行正确后，执行 wx.ready。wx.config 是异步执行的；对于网页加载完成后就立即执行的逻辑，需要在 wx.ready 中调用。

5. 其他函数

所有接口都通过 wx 对象（也可使用 jWeixin 对象）来调用。这些函数，除了每个接口本身需要传入的参数外，还有以下通用参数。

（1）success：接口调用成功时执行的回调函数。

（2）fail：接口调用失败时执行的回调函数。

（3）complete：接口调用完成时执行的回调函数，无论成功或失败都会执行。

（4）cancel：用户单击取消时的回调函数（仅部分有用户取消操作的 API 才会用到）。

（5）trigger：监听 Menu 中按钮单击时触发的方法，该方法仅支持 Menu 中的相关接口。

▶ **注意：** 不要在 trigger 中使用异步请求修改本次分享的内容。其原因是客户端分享操作是一个同步操作，这时使用 Ajax 的回包可能还没有返回。

以上几个函数都带有一个参数，类型为对象。其中，除了接口本身返回的数据外，还包括一个通用属性 errMsg，其值格式如下。

（1）调用成功时：其值为“xxx:ok”，其中 xxx 为调用的接口名。

（2）用户取消时：其值为“xxx:cancel”，其中 xxx 为调用的接口名。

（3）调用失败时：其值为具体错误信息。

6. 相关接口调用

本节讲解企业微信 JS-SDK 相关接口的调用。下面列举几个典型接口，用以说明调用接口的相关方法。其他接口的调用方式与之类似，限于篇幅原因，本书不再赘述。

1）隐藏右上角菜单接口

一般的，对于需要保密的网页，通常需要将右上角菜单中有关转发、分享、收藏、复制等命令设置为隐藏状态。

隐藏右上角菜单接口的方法很简单，只需要调用“wx.hideOptionMenu();”即可。

▶ **注意：**

（1）hideOptionMenu()需要用 jsApiList 定义。

（2）需要在 wx.ready 中调用 hideOptionMenu()。

wx.jsp 的相关程序如下。

```
<%@page import="qywx.WXArgs"%>
<%@page import="java.util.Map"%>
<%@page import="qywx.WXUtil"%>
<%@page import="qywx.bean.Jsapi_Ticket"%>
<%@page language="java" contentType="text/html; charset=UTF-8" pageEncoding=
"UTF-8"%>
<!DOCTYPE html>
<html>
<head>
<meta charset="UTF-8">
<title>Insert title here</title>
<script src="//res.wx.qq.com/open/js/jweixin-1.2.0.js"></script>
<%
```

```
        String filePath = request.getScheme()+"://"+request.getServerName()+request
.getRequestURI();

        Jsapi_Ticket jsapi_Ticket = WXUtil.getJsapi_Ticket();

        Map<String, String> map = WXUtil.getSign(jsapi_Ticket.getTicket(), filePath);
    %>
    <script type="text/javascript">
    wx.config({
        beta: true,// 必须这么写，否则 wx.invoke 调用形式的 jsapi 会有问题
        debug: true,
        appId: '<%=WXArgs.CorpID%>',              // 必填，企业微信的 CorpID
        timestamp: <%=map.get("timestamp")%>,    // 必填，生成签名的时间戳
        nonceStr: '<%=map.get("nonceStr")%>',    // 必填，生成签名的随机字符串
        signature: '<%=map.get("signature")%>', // 必填，签名
        jsApiList: ['hideOptionMenu']            // 必填，需要使用的 JS 接口列表
    });
    wx.ready(function(){
        wx.hideOptionMenu();
    });
    wx.error(function(res){
        alert('验证失败');
    });
    </script>
    </head>
    <body>

    </body>
    </html>
```

右上角菜单隐藏前后的效果，如图 9-29 和图 9-30 所示。

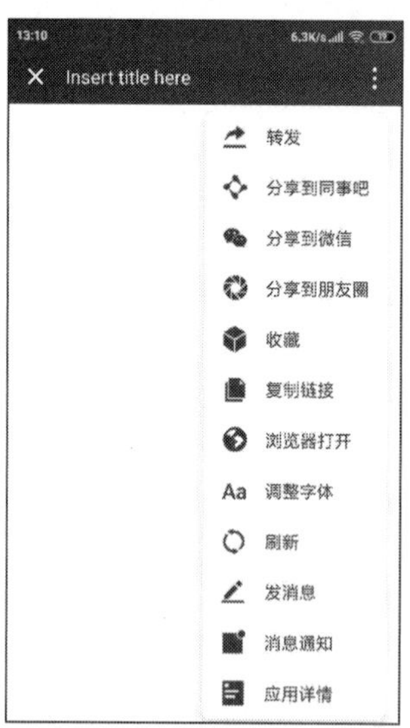

图 9-29　右上角菜单隐藏前

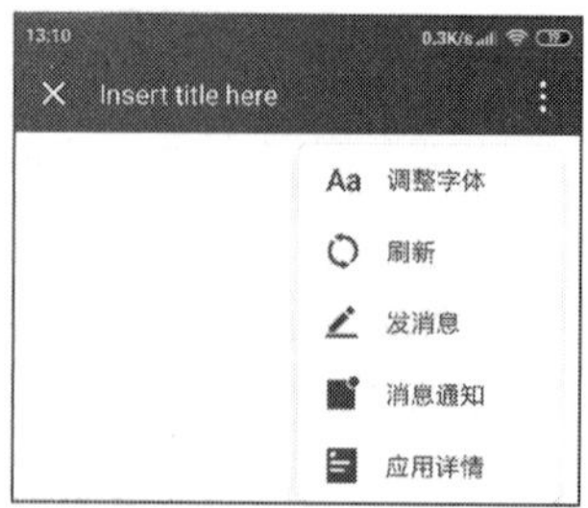

图 9-30　右上角菜单隐藏后

2）调用企业微信扫一扫接口

调用企业微信扫一扫接口前，需要先确定 jsApiList 已配置好 scanQRCode。

首先使用二维码生成工具生成一个二维码，其生成字符串为“九宝老师真帅”。然后修改 wx.jsp，程序代码如下。

```
    <%@page import="qywx.WXArgs"%>
    <%@page import="java.util.Map"%>
```

```
<%@page import="qywx.WXUtil"%>
<%@page import="qywx.bean.Jsapi_Ticket"%>
<%@page language="java" contentType="text/html; charset=UTF-8" pageEncoding=
"UTF-8"%>
<!DOCTYPE html>
<html>
<head>
<meta charset="UTF-8">
<title>Insert title here</title>
<meta name="viewport" content="width=device-width,initial-scale=1.0,maximum-scale=
1.0,user-scalable=0,viewport-fit=cover">
<script src="//res.wx.qq.com/open/js/jweixin-1.2.0.js"></script>
<%
    String filePath = request.getScheme()+"://"+request.getServerName()+
request.getRequestURI();

    Jsapi_Ticket jsapi_Ticket = WXUtil.getJsapi_Ticket();

    Map<String, String> map = WXUtil.getSign(jsapi_Ticket.getTicket(), filePath);
%>
<script type="text/javascript">
wx.config({
    beta: true,// 必须这么写，否则 wx.invoke 调用形式的 jsapi 会有问题
    debug: true,
    appId: '<%=WXArgs.CorpID%>',            // 必填，企业微信的 CorpID
    timestamp: <%=map.get("timestamp")%>,   // 必填，生成签名的时间戳
    nonceStr: '<%=map.get("nonceStr")%>',   // 必填，生成签名的随机字符串
    signature: '<%=map.get("signature")%>',// 必填，签名
    jsApiList: ['scanQRCode'] // 必填，需要使用的 JS 接口列表
});
wx.ready(function(){

});
wx.error(function(res){
    alert('验证失败');
});

function scanQRCode_click(){
    wx.scanQRCode({
        desc: 'scanQRCode desc',
        needResult: 1,         // 默认为 0，扫描结果由企业微信处理，1 则直接返回扫描结果
        scanType: ["qrCode", "barCode"], // 扫二维码还是条形码（一维码），默认两者均可
        success: function(res) {
            alert(res);
        },
        error: function(res) {
            if (res.errMsg.indexOf('function_not_exist') > 0) {
                alert('版本过低请升级')
            }
        }
    });
}

</script>
</head>
```

```
<body>
<button onclick='scanQRCode_click()'>scanQRCode_click</button>
</body>
</html>
```

上述代码中，“jsApiList: ['scanQRCode']”的作用是配置 scanQRCode。

```
wx.config({
    beta: true,// 必须这么写，否则 wx.invoke 调用形式的 jsapi 会有问题
    debug: true,
    appId: '<%=WXArgs.CorpID%>',                    // 必填，企业微信的 CorpID
    timestamp: <%=map.get("timestamp")%>,   // 必填，生成签名的时间戳
    nonceStr: '<%=map.get("nonceStr")%>',   // 必填，生成签名的随机字符串
    signature: '<%=map.get("signature")%>', // 必填，签名
    jsApiList: ['scanQRCode']               // 必填，需要使用的 JS 接口列表
});
```

定义函数 scanQRCode_click()，用于调用 scanQRCode。

```
function scanQRCode_click(){
    wx.scanQRCode({
        desc: 'scanQRCode desc',
        needResult: 1, // 默认为 0，扫描结果由企业微信处理，1 则直接返回扫描结果
        scanType: ["qrCode", "barCode"], // 扫二维码还是条形码（一维码），默认两者均可
        success: function(res) {
            alert(res);
        },
        error: function(res) {
            if (res.errMsg.indexOf('function_not_exist') > 0) {
                alert('版本过低请升级')
            }
        }
    });
}
```

定义 button，代码如下。

```
<button onclick='scanQRCode_click()'>scanQRCode_click</button>
```

当重新访问网页时，单击 button，显示如图 9-31～图 9-33 所示效果。

图 9-31　加载页面

图 9-32　企业微信开始扫码

图 9-33　显示扫码结果

3）预览图片接口

使用预览图片接口前，需要先确定 jsApiList 配置了 previewImage。为了便于测试，将企业

微信 logo、微信 logo、微信小程序 logo 图片全都部署到应用中。

修改 wx.jsp，代码如下。

```
<%@page import="qywx.WXArgs"%>
<%@page import="java.util.Map"%>
<%@page import="qywx.WXUtil"%>
<%@page import="qywx.bean.Jsapi_Ticket"%>
<%@page language="java" contentType="text/html; charset=UTF-8" pageEncoding=
"UTF-8"%>
<!DOCTYPE html>
<html>
<head>
<meta charset="UTF-8">
<title>Insert title here</title>
<meta name="viewport" content="width=device-width,initial-scale=1.0,maximum-scale=
1.0,user-scalable=0,viewport-fit=cover">
<script src="//res.wx.qq.com/open/js/jweixin-1.2.0.js"></script>
<%
    String filePath = request.getScheme()+"://"+request.getServerName()+request
.getRequestURI();

    Jsapi_Ticket jsapi_Ticket = WXUtil.getJsapi_Ticket();

    Map<String, String> map = WXUtil.getSign(jsapi_Ticket.getTicket(), filePath);
%>
<script type="text/javascript">
wx.config({
    beta: true,// 必须这么写，否则 wx.invoke 调用形式的 jsapi 会有问题
    debug: true,
    appId: '<%=WXArgs.CorpID%>',             // 必填，企业微信的 CorpID
    timestamp: <%=map.get("timestamp")%>,   // 必填，生成签名的时间戳
    nonceStr: '<%=map.get("nonceStr")%>',   // 必填，生成签名的随机字符串
    signature: '<%=map.get("signature")%>',// 必填，签名
    jsApiList: [previewImage]                // 必填，需要使用的 JS 接口列表
});
wx.ready(function(){

});
wx.error(function(res){
    alert('验证失败');
});

function previewImage_click(){
    wx.previewImage({
        current: 'https://mat1.gtimg.com/pingjs/ext2020/qqindex2018/dist/img/qq_
logo_2x.png', // 当前显示图片的 HTTP 链接
        urls: [
        'http://6ssagr.natappfree.cc/qywx/qywx.jpg',
        'http://6ssagr.natappfree.cc/qywx/wx.jpg',
        'http://6ssagr.natappfree.cc/qywx/xcx.jpg'
        ] // 需要预览的图片 HTTP 链接列表
    });
}

</script>
</head>
```

```
<body>
<button onclick='previewImage_click()'>previewImage</button>
</body>
</html>
```

上述代码中，“jsApiList: ['previewImage']”的作用是配置 previewImage。

previewImage_click()函数实现单击 button 时调用 previewImage，代码如下。

```
function previewImage_click(){
    wx.previewImage({
        current: 'https://mat1.gtimg.com/pingjs/ext2020/qqindex2018/dist/img/qq_
logo_2x.png', // 当前显示图片的 HTTP 链接
        urls: [
        'http://6ssagr.natappfree.cc/qywx/qywx.jpg',
        'http://6ssagr.natappfree.cc/qywx/wx.jpg',
        'http://6ssagr.natappfree.cc/qywx/xcx.jpg'
        ] // 需要预览的图片 HTTP 链接列表
    });
}
```

重新访问网页，单击 button，显示效果如图 9-34～图 9-36 所示。

图 9-34　显示企业微信 logo

图 9-35　显示微信 logo

图 9-36　显示微信小程序 logo

9.4 网页授权登录

企业微信提供了 OAuth 授权登录方式，可以从企业微信终端打开的网页中获取成员的身份信息，从而免去登录环节，其开发过程如下。

（1）系统构造 OAuth 2 链接（参数包括当前第三方服务的身份 ID，以及重定向 URI）。

（2）系统引导用户打开认证服务器授权页面。

（3）用户选择是否同意授权。

（4）用户同意授权，则认证服务器将用户重定向到第一步指定的重定向 URI，同时附上一个授权码。

（5）业务服务器收到授权码，向腾讯认证服务器申请凭证。

（6）腾讯认证服务器检查授权码和重定向 URI 的有效性，通过后颁发 AccessToken（调用凭证）。

▶ **注意**：企业微信开发使用 UserID 在一个企业内唯一标识一个用户，通过网页授权接口可以获取到当前用户的 UserID 信息。如果需要获取用户的更多信息，可以调用通讯录管理-成员接口来获取。

1．构造网页授权链接

修改 WXUtil，代码如下。

```
public static String getURL(String redirect_uri,String state){
    String str = "https://open.weixin.qq.com/connect/oauth2/authorize?"
            + "appid="+WXArgs.CorpID
            + "&redirect_uri="+URLEncoder.encode(redirect_uri)
            + "&response_type=code"
            + "&scope=snsapi_base"
            + "&state="+state
            + "#wechat_redirect";
    return str;
}

public static Userinfo getUserinfo(String code){
    try {
        String str = Request.Get("https://qyapi.weixin.qq.com/cgi-bin/user/
getuserinfo?access_token="+WXUtil.getAccessToken().getAccess_token()+"&code="+code)
        .execute().returnContent().asString(Charset.forName("UTF-8"));
        Gson gson = new Gson();
        return gson.fromJson(str, Userinfo.class);
    } catch (Exception e) {
        e.printStackTrace();
        return null;
    }
}
```

public static String getURL(String redirect_uri,String state)函数用于构造网页授权链接，其参数说明如表 9-1 所示。

表 9-1　构造网页授权链接参数说明

参　数	是否必须	说　明
appid	是	企业的 CorpID
redirect_uri	是	授权后重定向的回调链接地址，请使用 urlencode 对链接进行处理
response_type	是	返回类型，此时固定为 code
scope	是	应用授权作用域。企业自建应用固定填写 snsapi_base
state	否	重定向后会带上 state 参数，企业可以填写 a～z、A～Z、0～9 的参数值，长度不可超过 128 B
#wechat_redirect	是	终端使用此参数判断是否需要带上身份信息

public static Userinfo getUserinfo(String code)函数用于获取访问用户身份。

2．根据 code 获取成员信息

创建 userid.jsp，代码如下。

```
<%@page import="qywx.bean.Userinfo"%>
<%@page import="qywx.WXUtil"%>
<%@page language="java" contentType="text/html; charset=UTF-8" pageEncoding="UTF-8"%>
<!DOCTYPE html>
<html>
<head>
<meta charset="UTF-8">
<title>Insert title here</title>
```

```
<%
    String code = request.getParameter("code");
    String state = request.getParameter("state");

    Userinfo userInfo = WXUtil.getUserinfo(code);

    System.out.println(userInfo.getUserId());
%>
</head>
<body>

</body>
</html>
```

其中语句说明如下。

语句“String code = request.getParameter("code");”用于得到 code 参数。

语句“String state = request.getParameter("state");”用于得到 state 参数。

语句“WXUtil.getUserinfo(code); ”利用 code 获取 UserID。

创建 Test.java，程序代码如下。

```
import qywx.WXUtil;

public class Test {
    public static void main(String[] args) {
        System.out.println(WXUtil.getURL("http://c7whbj.natappfree.cc/qywx/
userid.jsp", "jiubao"));
    }
}
```

执行 Test.java 可以得到 redirect_uri，程序代码如下。

```
https://open.weixin.qq.com/connect/oauth2/authorize?appid=wxbe49cbf4476f8e17&redir
ect_uri=http%3A%2F%2Fc7whbj.natappfree.cc%2Fqywx%2Fuserid.jsp&response_type=code&scope
=snsapi_base&state=jiubao#wechat_redirect
```

将链接复制到企业微信，访问这个链接 console，打印当前用户的 UserID。

注意，对于企业成员，返回的报文如下，参数说明如表 9-2 所示。

```
{
  "errcode": 0,
  "errmsg": "ok",
  "UserId":"USERID",
  "DeviceId":"DEVICEID"
}
```

表 9-2　企业成员返回报文参数说明

参　数	说　明
errcode	返回码
errmsg	对返回码的文本描述内容
UserId	成员 UserID。若需要获得用户详情信息，可调用通讯录接口读取成员。如果是互联企业或者企业互联，则返回格式为 CorpID/UserID
DeviceId	手机设备号（由企业微信在安装时随机生成，删除重装会改变，升级不受影响）

对于非企业成员，返回的报文如下，参数说明如表 9-3 所示。

```
{
  "errcode": 0,
  "errmsg": "ok",
  "OpenId":"OPENID",
  "DeviceId":"DEVICEID",
  "external_userid":"EXTERNAL_USERID"
}
```

表 9-3　非企业成员返回报文参数说明

参　　数	说　　明
errcode	返回码
errmsg	对返回码的文本描述内容
OpenId	非企业成员的标识，对当前企业唯一，不超过 64 B
DeviceId	手机设备号（由企业微信在安装时随机生成，删除重装会改变，升级不受影响）
external_userid	外部联系人 ID，当且仅当用户是企业的客户，且跟进人在应用的可见范围内时返回。如果是第三方应用调用，针对同一个客户，同一个服务商不同应用获取到的 ID 相同

3．读取成员

修改 WXUtil，增加 public static String getUser(String userid)函数，用于读取成员。

```
public static String getUser(String userid) {
        try {
            String str = Request.Get("https://qyapi.weixin.qq.com/cgi-bin/user/
get?access_token="+WXUtil.getAccessToken().getAccess_token()
                    +"&userid="+userid)
            .execute().returnContent().asString(Charset.forName("UTF-8"));
            return str;
        } catch (Exception e) {
            e.printStackTrace();
            return null;
        }
    }
```

修改 userid.jsp，代码如下。

```
<%@page import="qywx.bean.Userinfo"%>
<%@page import="qywx.WXUtil"%>
<%@page language="java" contentType="text/html; charset=UTF-8" pageEncoding="UTF-8"%>
<!DOCTYPE html>
<html>
<head>
<meta charset="UTF-8">
<title>Insert title here</title>
<%
    String code = request.getParameter("code");
    String state = request.getParameter("state");

    Userinfo userInfo = WXUtil.getUserinfo(code);

    String str = WXUtil.getUser(userInfo.getUserId());

    System.out.println(str);
%>
</head>
<body>

</body>
</html>
```

得到 UserID 后，获取成员的信息，代码如下。

```
{
    "errcode": 0,
    "errmsg": "ok",
    "userid": "jiubao",
    "name": "九宝老师",
    "department": [3],
    "position": "",
```

```
        "mobile": "13000000000",
        "gender": "1",
        "email": "2326321088@qq.com",
        "avatar": "http://wework.qpic.cn/bizmail/MxY0ziakBPs8GZkLknZ6fl16YyjUibdo7
FWQ14YmZkUEdGic2rewZHRsw/0",
        "status": 1,
        "isleader": 0,
        "extattr": {
            "attrs": [{
                "name": "英文名",
                "value": "",
                "type": 0,
                "text": {
                    "value": ""
                }
            }]
        },
        "english_name": "",
        "telephone": "",
        "enable": 1,
        "hide_mobile": 0,
        "order": [0],
        "external_profile": {
            "external_attr": [],
            "external_corp_name": ""
        },
        "main_department": 3,
        "qr_code": "https://open.work.weixin.qq.com/wwopen/userQRCode?vcode=
vc13f27aae58cee15e",
        "alias": "",
        "is_leader_in_dept": [0],
        "address": "",
        "thumb_avatar": "http://wework.qpic.cn/bizmail/MxY0ziakBPs8GZkLknZ6fl16Yyj
Uibdo7FWQ14YmZkUEdGic2rewZHRsw/100"
    }
```

9.5 扫码授权登录

扫码授权登录主要解决登录授权的问题。可以引导用户使用企业微信扫码登录授权，从而获取身份信息，免去登录环节。

注意：此授权方式需要用户扫描二维码。不同于网页授权登录，仅企业内可以使用此种授权方式，第三方服务商不支持使用。

下面配置企业微信授权登录。登录后台管理系统，在相应应用的开发者接口部分单击“企业微信授权登录”栏的“设置”链接，如图 9-37 所示。

图 9-37　设置企业微信授权登录

打开企业微信授权页面，单击“Web 网页”栏中的“设置授权回调域”链接，如图 9-38 所示，然后填写域名信息，如图 9-39 所示，最后单击“保存”按钮。

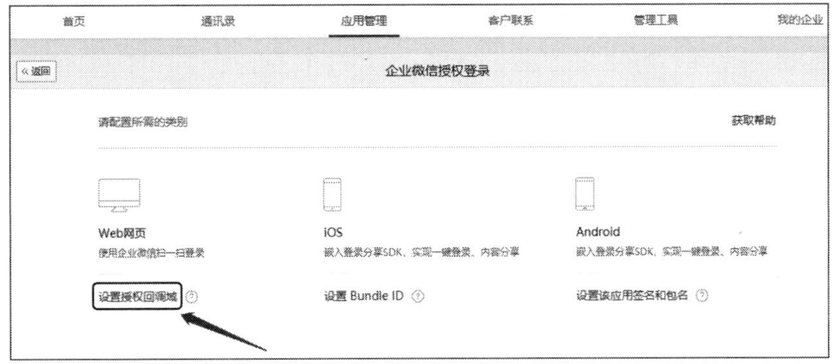

图 9-38　单击“设置授权回调域”链接

图 9-39　填写域名

注意：配置的授权回调域，必须与访问链接的域名完全一致。

1. 构造独立窗口登录二维码

首先构造链接来获取 code 参数。

修改 WXUtil 类，增加函数，程序代码如下。

```
public static String getLonginURL(String agentid , String redirect_uri){
    String str = "https://open.work.weixin.qq.com/wwopen/sso/qrConnect?appid=
"+WXArgs.CorpID+"&agentid="+agentid+"&redirect_uri="+URLEncoder.encode(redirect_uri);
    return str ;
}
```

相关参数说明如表 9-4 所示。

表 9-4　构造独立窗口登录二维码参数说明

参　数	是否必须	说　明
appid	是	企业微信的 CorpID，在企业微信管理端查看
agentid	是	授权方的网页应用 ID，在具体的网页应用中查看
redirect_uri	是	重定向地址，需要进行 UrlEncode
state	否	用于保持请求和回调的状态，授权请求后原样带回给企业。该参数可用于防止 csrf 攻击（跨站请求伪造攻击），建议企业带上该参数，可设置为简单的随机数加 session 进行校验

修改 Test 类，获取链接，程序代码如下。

```
import qywx.WXUtil;

public class Test {

    public static void main(String[] args) {
        System.out.println(WXUtil.getLonginURL("1000004","http://ayp8uj.
natappfree.cc/qywx/userid.jsp"));
    }

}
```

执行该函数，console 得到以下信息。

```
https://open.work.weixin.qq.com/wwopen/sso/qrConnect?appid=wxbe49cbf4476f8e17&agen
tid=1000004&redirect_uri=http%3A%2F%2Fayp8uj.natappfree.cc%2Fqywx%2Fuserid.jsp
```

打开浏览器，访问上述链接，效果如图 9-40 所示。

图 9-40　显示登录二维码

该示例中，http://ayp8uj.natappfree.cc/qywx/userid.jsp 是员工扫码成功授权后网页跳转的链接。本节使用的 userid.jsp 是前序章节“网页授权登录”使用的。

当员工同意授权时，企业微信重定向到 userid.jsp 时，会带有 code 与 state 参数。code 参数用于获取成员信息。

当员工不同意授权时，跳转到的链接只有 state 参数。因此，可以在 userid.jsp 判断是否带有 code 参数，以及 code 能否有效判断相关业务。

2．构造内嵌登录二维码

为了满足定制的需求，可以构造内嵌登录二维码。

（1）引入 JS 文件，链接为 http://rescdn.qqmail.com/node/ww/wwopenmng/js/sso/wwLogin-1.0.0.js。

（2）实例化 JS 对象，程序代码如下。

```
window.WwLogin({
        "id" : "wx_reg",
        "appid" : "",
        "agentid" : "",
        "redirect_uri" :"",
        "state" : "",
        "href" : "",
});
```

相关参数说明如表 9-5 所示。

表 9-5　构造内嵌登录二维码参数说明

参　数	是否必须	说　明
id	是	企业页面显示二维码的容器 id
appid	是	企业微信的 CorpID，在企业微信管理端查看
agentid	是	授权方的网页应用 ID，在具体的网页应用中查看
redirect_uri	是	重定向地址，需要进行 UrlEncode
state	否	用于保持请求和回调的状态，授权请求后原样带回给企业。该参数可用于防止 csrf 攻击（跨站请求伪造攻击），建议企业带上该参数，可设置为简单的随机数加 session 进行校验
href	否	自定义样式链接，企业可根据实际需求覆盖默认样式

相关程序请参考 login.jsp，程序代码如下。

```
<%@page import="qywx.WXArgs"%>
<%@page import="java.net.URLEncoder"%>
<%@page language="java" contentType="text/html; charset=UTF-8" pageEncoding="UTF-8"%>
<!DOCTYPE html PUBLIC "-//W3C//DTD HTML 4.01 Transitional//EN" "http://www.w3.org/TR/html4/loose.dtd">
<html>
<head>
<meta http-equiv="Content-Type" content="text/html; charset=UTF-8">
<meta name="viewport" content="width=device-width, initial-scale=1.0, user-scalable=no" />
<title>Insert title here</title>
<script type="text/javascript" src="http://rescdn.qqmail.com/node/ww/wwopenmng/js/sso/wwLogin-1.0.0.js"></script>
</head>
<body>

<div id='wx_reg'></div>

<script type="text/javascript">

window.WwLogin({
    "id" : "wx_reg",
    "appid" : "<%=WXArgs.CorpID%>",
    "agentid" : "1000004",
    "redirect_uri" :"<%=URLEncoder.encode("http://ayp8uj.natappfree.cc/qywx/userid.jsp")%>",
    "state" : "",
    "href" : "",
});

</script>
<div id='wx_reg'></div>
<div>企业微信</div>
</body>
</html>
```

访问 login.jsp，如图 9-41 所示。

增加自定义样式链接，修改 login.jsp 文件，程序代码如下。

```
<%@page import="qywx.WXArgs"%>
<%@page import="java.net.URLEncoder"%>
<%@page language="java" contentType="text/html; charset=UTF-8" pageEncoding="UTF-8"%>
<!DOCTYPE html PUBLIC "-//W3C//DTD HTML 4.01 Transitional//EN" "http://www.w3.org/TR/html4/loose.dtd">
<html>
<head>
<meta http-equiv="Content-Type" content="text/html; charset=UTF-8">
<meta name="viewport" content="width=device-width, initial-scale=1.0, user-scalable=no" />
<title>Insert title here</title>
<script type="text/javascript" src="http://rescdn.qqmail.com/node/ww/wwopenmng/js/sso/wwLogin-1.0.0.js"></script>
</head>
<body>

<div id='wx_reg'></div>

<script type="text/javascript">

window.WwLogin({
```

```
        "id" : "wx_reg",
        "appid" : "<%=WXArgs.CorpID%>",
        "agentid" : "1000004",
        "redirect_uri" :"<%=URLEncoder.encode("http://ayp8uj.natappfree.cc/qywx/
userid.jsp")%>",
        "state" : "",
        "href" : "https://2295bf78fa58.ngrok.io/qywx/userid.css",
    });

    </script>
    <div id='wx_reg'></div>
    <div>企业微信</div>
    </body>
    </html>
```

修改 userid.css 文件，程序代码如下。

```
    .impowerBox .qrcode {width: 200px;}
    .impowerBox .title {display: none;}
    .impowerBox .info {width: 200px;}
    .status_icon {display: none  !important}
    .impowerBox .status {text-align: center;}
```

增加自定义样式链接后的效果如图 9-42 所示。

图 9-41　构造内嵌登录二维码

图 9-42　增加自定义样式登录二维码

9.6　发送消息到聊天会话

企业微信支持向群聊天发送消息，使重要的消息可更及时地被推送给群成员。到本书截稿为止，企业微信应用消息仅限于发送到通过接口创建的内部群聊，不支持添加企业外部联系人进群。此接口暂时仅支持企业内接入使用。

利用编程的方式创建企业微信群。然后修改 WXUtil 类，定义 createAppChat()函数，程序代码如下。

```
    public static String createAppChat() {
        try {
            StringBuffer strb = new StringBuffer();
            strb.append(" { ");
            strb.append("    \"name\" : \"九宝老师\", ");
            strb.append("    \"owner\" : \"dahaiasdqwe\", ");
            strb.append("    \"userlist\" : [\"jiubao\", \"JiuBao01\", \"dahaiasdqwe\"] ");
            strb.append(" } ");

            String str = Request.Post("https://qyapi.weixin.qq.com/cgi-bin/appchat/
create?access_token="+WXUtil.getAccessToken().getAccess_token())
```

```
            .bodyString(strb.toString(), ContentType.APPLICATION_JSON)
                    .execute()
                    .returnContent()
                    .asString();
            return str;
        } catch (Exception e) {
            e.printStackTrace();
            return null;
        }
    }
```

创建群聊会话参数说明如表 9-6 所示。

表 9-6　创建群聊会话参数说明

参　数	是否必须	说　明
access_token	是	调用接口凭证
name	否	群聊名称，最多 50 个 UTF-8 字符，超过将发生截断
owner	否	指定群主的 ID。如果不指定，系统会随机从 userlist 中选一人作为群主
userlist	是	群成员 ID 列表。至少 2 人，至多 2000 人
chatid	否	群聊 ID，群聊的唯一标识，不能与已有的群重复。字符串类型，最长 32 个字符，只允许字符 0～9 及字母 a～z、A～Z。如果不填，系统会随机生成群 id

修改 Test 类，程序代码如下。

```
import qywx.WXUtil;

public class Test {
    public static void main(String[] args) {
        System.out.println(WXUtil.createAppChat());
    }
}
```

执行 Test 类，console 打印以下信息。

```
{"errcode":0,"errmsg":"ok","chatid":"wrc3SeBgAAsydMLFPk_J824SMFRI0Jdg"}
```

相关参数说明如表 9-7 所示。

表 9-7　响应参数说明

参　数	说　明
errcode	返回码
errmsg	对返回码的文本描述内容
chatid	群聊 ID，群聊的唯一标识

接下来是应用推送消息。

推送的请求方式是 POST（HTTPS），请求地址是 https://qyapi.weixin.qq.com/cgi-bin/appchat/send?access_token=ACCESS_TOKEN。消息类型可以是文本、图片、语音、视频、文件、文本卡片、图文 news 或 mpnews 以及 markdown 消息。

以文本消息为例，参数说明如表 9-8 所示。构建报文，程序代码如下。

```
{
   "chatid": "wrc3SeBgAAsydMLFPk_J824SMFRI0Jdg",
   "msgtype":"text",
   "text":{
      "content" : "大家都来学习企业微信"
   },
   "safe":0
}
```

表 9-8　推送文本消息参数说明

参　数	是否必须	说　明
chatid	是	群聊 ID
msgtype	是	消息类型，固定为 text
content	是	消息内容，最长不超过 2048 B
safe	否	是否是保密消息，0 表示否，1 表示是，默认为 0

修改 Test 类，程序代码如下。

```
import qywx.WXUtil;

public class Test {
    public static void main(String[] args) {
        StringBuffer strb = new StringBuffer();
        strb.append(" { ");
        strb.append("    \"chatid\": \"wrc3SeBgAAsydMLFPk_J824SMFRI0Jdg\", ");
        strb.append("    \"msgtype\":\"text\", ");
        strb.append("    \"text\":{ ");
        strb.append("        \"content\" : \"大家都来学习企业微信\" ");
        strb.append("    }, ");
        strb.append("    \"safe\":0 ");
        strb.append(" } ");
        System.out.println(WXUtil.pushAppChat(strb.toString()));
    }
}
```

执行 Test，console 打印以下信息。

```
{"errcode":0,"errmsg":"ok"}
```

企业微信计算机端程序显示如图 9-43 所示。

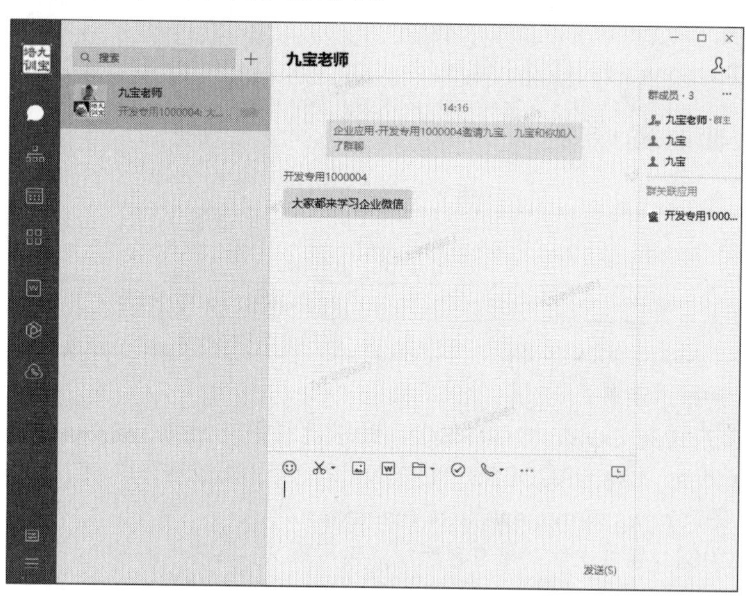

图 9-43　发送消息到聊天会话

需要注意以下 7 点。

（1）企业微信限制必须是自建应用调用，应用的可见范围必须是根部门。

（2）群成员人数不可超过管理端配置的“群成员人数上限”，最大不可超过 2000 人。

（3）单个企业一天内可创建的群数不可超过 1000 个。

（4）刚创建的群需要下发消息，否则企业微信不会出现该群。

（5）chatid 所代表的群必须是该应用所创建。

（6）单个企业的消息发送量，每分钟不可超过 2 万人次，每小时不可超过 30 万人次（若群有 100 人，每发一次消息算 100 人次）。

（7）单个成员在群中收到的应用消息每分钟不可超过 200 条，每天不可超过 1 万条，超过会被丢弃（接口不会报错）。

其他消息类型与此相似，不再赘述。

第 10 章　网页开发架构设计建议

对于企业微信的网页开发方式，以下几点请读者在架构设计时注意。

10.1　关于 access_token 的缓存

access_token 的缓存是企业微信开发中必须要注意的问题。

（1）access_token 建议在服务端缓存。

（2）企业微信几乎所有的接口都需要 access_token 参数。因此，必须做好 access_token 的保密。

（3）access_token 与具体的应用有关。因此，务必区分不同应用的 access_token。

（4）有时会因为腾讯的原因导致有效期内的 access_token 失效，因此应提供主动更新功能。

（5）有效期内多次获取 access_token，不会改变有效期。

（6）access_token 的有效期通过返回的 expires_in 来传达，建议动态配置 access_token 的有效期。

（7）access_token 至少要保留 512 B 的存储空间。

10.2　jsapi_ticket

jsapi_ticket 与 access_token 相似，不同点是 jsapi_ticket 需要 access_token 获取。由于获取 jsapi_ticket 的 API 调用次数非常有限，因此 jsapi_ticket 必须要做缓存处理。

（1）一个企业每小时最多可获取 400 次，且单个应用不能超过 100 次。

（2）频繁刷新 jsapi_ticket，会导致 API 调用受限。

（3）jsapi_ticket 凭证的有效时间使用 expires_in 表示，建议动态配置 jsapi_ticket 的有效期。

（4）生成签名所需的 jsapi_ticket 最长为 512 B。

（5）用于 wx.config 和 wx.agentConfig 接口计算签名的 jsapi_ticket 不同，需要区分。

（6）agentConfig 与 config 的签名算法完全一样。

（7）调用 wx.agentConfig 之前，必须确保已成功调用 wx.config。

注意： 企业微信 3.0.24 及以后版本（可通过企业微信 User Agent 判断版本号），无须先调用 wx.config，可直接调用 wx.agentConfig。

（8）当前页面 URL 中的域名必须是在该应用中设置的可信域名。

（9）agentConfig 仅被企业微信 2.5.0 及以后版本支持，微信客户端不支持（微信开发者工具也不支持）。

（10）仅部分接口需要调用 agentConfig，注意每个接口的说明。

10.3　应用类型的划分

企业微信中的应用可能有多个，且每个应用都有自己独立的参数。这些参数包括 agentId、secret、access_token、jsapi_ticket、JS-SDK、跳转小程序的可信域名、OAuth 2.0 网页授权功能的回调域名、授权回调域名、接收消息服务器配置 URL、接收消息服务器配置 Token、接收消息服务器配置 EncodingAESKey 等。

建议进行企业微信开发——尤其是基于 SaaS 进行企业微信开发时，单独构建配置中心，将上述动态获取的参数统一交由配置中心记录。配置中心还可实现 access_token、jsapi_ticket 等时效限制问题。

对于无特殊要求的，建议企业微信账号的回调开发方式、主动开发方式、网页开发方式分别由单独的应用承担。可以使用自定义菜单，实现单个应用的多页面集成。

10.4　JS-SDK 调用

企业微信 config 是一个客户端的异步操作，可能由于网络或其他原因致使异步时差。调用 JavaScript 的时间需要符合相关逻辑需求。

10.5　务必注意版本问题

腾讯企业微信不是一朝一夕开发完成的，尤其是网页开发，腾讯提供的相关接口是逐步完善的。因此，调用相关接口时应提供“降级方案”。

对于 Android 与 iOS 系统，建议都要进行功能测试，可能部分功能的实现方式会有所不同。通常，要求移动端 Android、移动端 iOS、计算机端都要进行功能测试，测试后用户可能会发现，部分功能只有移动端能够实现，计算机端不提供，或者表现方式不一样。

第 11 章　网页开发案例

11.1　本章总说

WeUI for Work 样式库由腾讯官方提供，基于 WeUI 开发，与企业微信的原生样式风格、视觉体验效果一致，可使用户的使用感知更加统一。

进行企业微信网页开发时，使用 WeUI for Work 样式库有如下优势。

（1）由腾讯企业微信设计团队精心打造，视觉上清晰明确，简洁大方。

（2）可保证自定义开发的网页应用与企业微信客户端的视觉效果协调一致。

（3）获取便捷，应用简单，可有效替代 UI（用户界面）设计人员的大部分工作，降低设计和开发成本。

WeUI for Work 样式库包含表单、基础组件、操作反馈、导航相关、搜索相关、层级规范等内容。通过浏览器或微信访问 https://weui.io/work，可预览其样式效果，如图 11-1 所示。

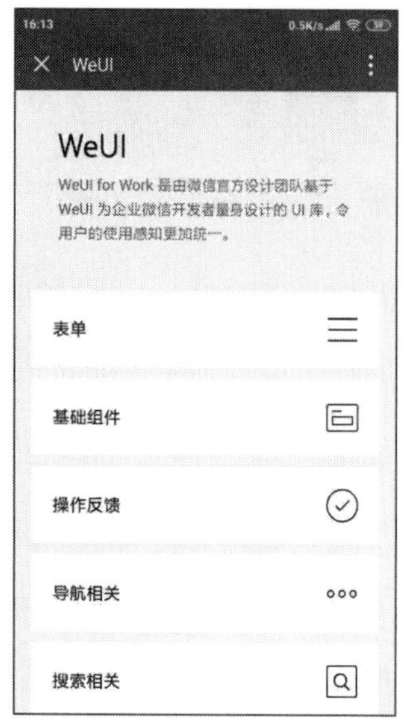

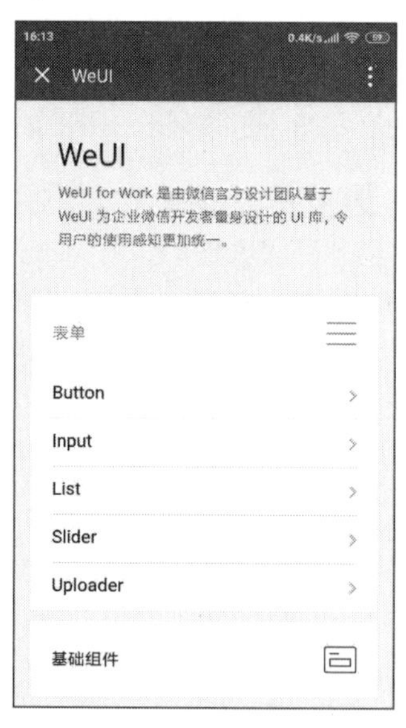

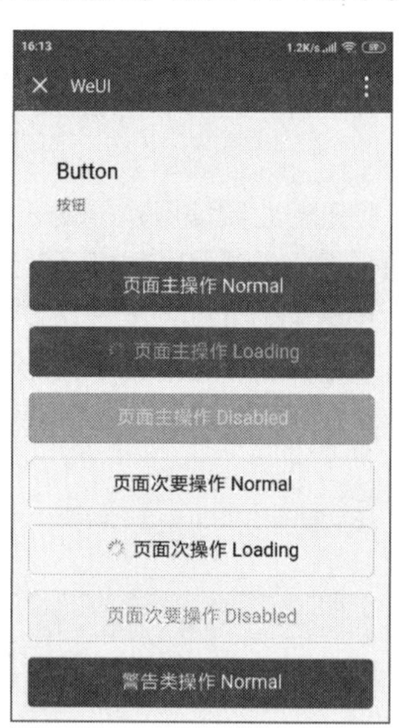

图 11-1　预览样式效果

1. 样式表

登录开发者中心，在工具页面左侧栏中选择“开发资源”选项，在右侧页面中选择“前端 WeUI for Work 样式库”选项，如图 11-2 所示，可查看 WeUI for Work 样式库的两种使用方式，如图 11-3 所示。

（1）官方 CDN 方式直接加载 CSS，可通过企业微信官方文档获取资源。

（2）源码自行编译集成到项目中。若采用自行编译方式，需访问 WeUI for Work 的 GitHub 下载编译。该项目将定期与 WeUI 保持同步。

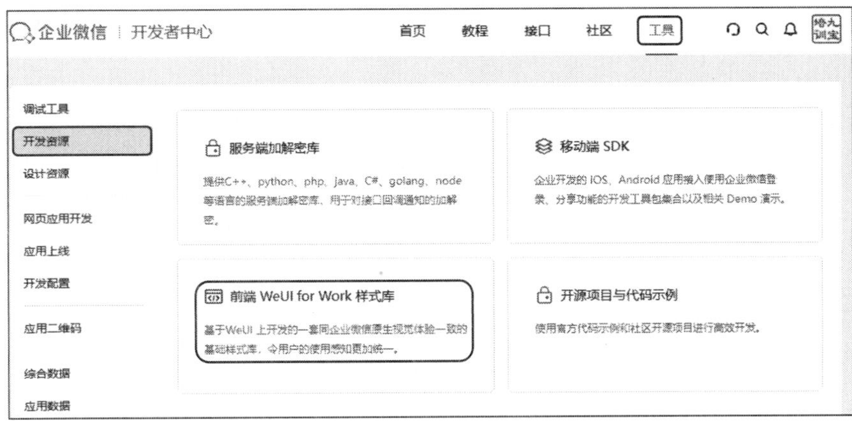

图 11-2　在工具页面的“开发资源”中找到样式库

图 11-3　查看样式库获取方式

注意：除了加载的 CSS 文件不一样，使用 WeUI for Work 与使用 WeUI 无 HTML 结构上的变化。企业微信开发者如果早前使用的是 WeUI v1.x 版本，更换相关 CSS 文件为 WeUI for Work 的样式文件，即可无缝切换到适配企业微信的风格界面。

2．WeUI for Work 与 WeUI 的区别

WeUI for Work 是基于 WeUI 的，不同之处在于，WeUI 侧重于微信客户端内置网页的使用场景，WeUI for Work 侧重于企业微信客户端内置网页的使用场景。因此，WeUI for Work 在 CSS 样式上更靠近企业微信客户端风格，但开发者在使用 HTML 结构时无须做任何改动。

3．GitHub 获取资源

访问网址 https://github.com/QMUI/weui，即可下载 WeUI for Work，如图 11-4 所示。

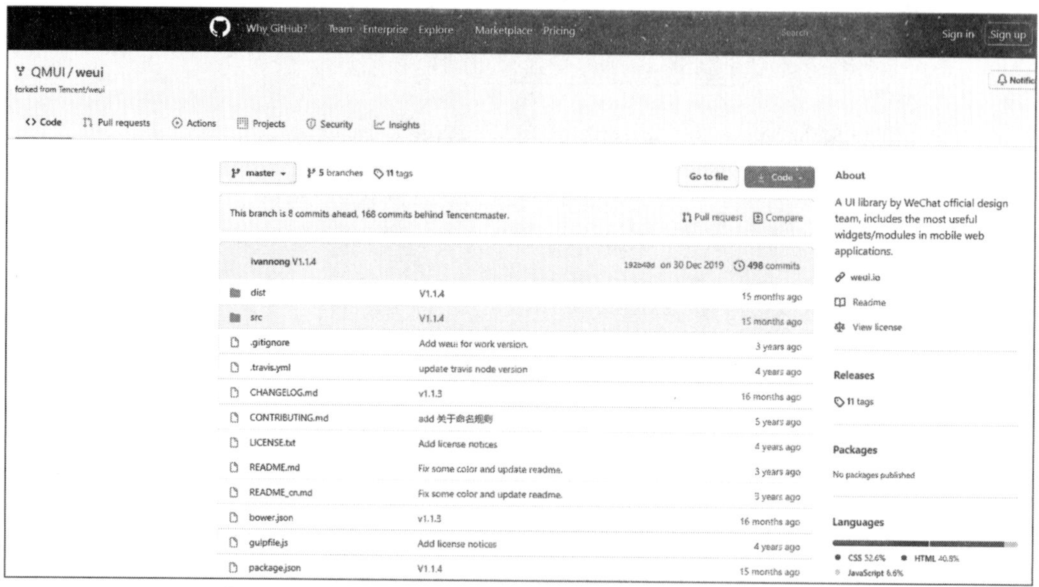

图 11-4　通过 GitHub 下载 WeUI for Work

11.2　程序实现

创建 WeUI.html，程序代码如下。

```
<!DOCTYPE html>
<html>
    <head>
        <meta charset="UTF-8">
        <meta name="viewport" content="width=device-width,initial-scale=1,user-scalable=0">
        <title>WeUI</title>
        <!-- 引入 WeUI CDN 链接 -->
        <link rel="stylesheet" href="https://res.wx.qq.com/open/libs/weui/1.1.2/weui-for-work.css"/>
    </head>
    <body>
        <!-- 使用 -->
        <a href="javascript:;" class="weui-btn weui-btn_primary">绿色按钮</a>
    </body>
</html>
```

启动 Web 服务，浏览器本地访问 http://localhost/qywx/WeUI.html，如图 11-5 所示。

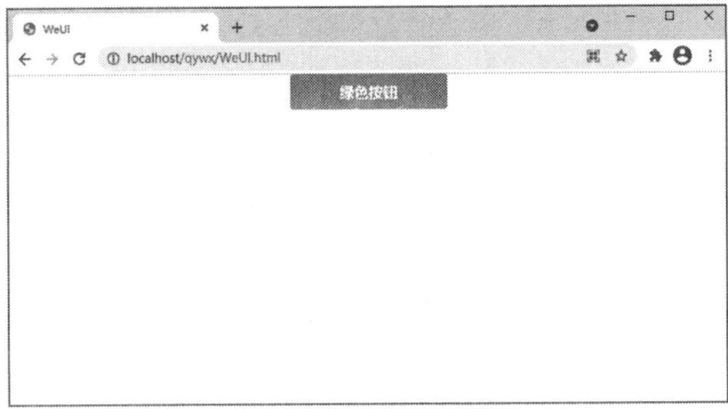

图 11-5　浏览器本地访问

下面以常用的 flex、button、dialog、grid、navbar 为例，说明 WeUI for Work 的使用方法。

- flex，归属于 WeUI for Work 的基础组件，主要作用是实现布局。
- button，归属于 WeUI for Work 的表单组件，主要作用是实现按钮。
- dialog，归属于 WeUI for Work 的操作反馈，主要作用是实现对话框。
- grid，归属于 WeUI for Work 的基础组件，主要作用是实现九宫格。
- navbar，归属于 WeUI for Work 的导航相关，主要作用是实现选项卡。

1．flex 布局

修改 WeUI.html，程序代码如下。

```
<!DOCTYPE html>
<html>
<head>
  <meta charset="UTF-8">
  <meta name="viewport" content="width=device-width,initial-scale=1,user-
scalable=0">
  <title>WeUI</title>
  <!-- 引入 WeUI CDN 链接 -->
  <link rel="stylesheet" href="https://res.wx.qq.com/open/libs/weui/1.1.2/
weui-for-work.css"/>
</head>
<body>
  <div class="page">
    <div class="page__hd">
      <h1 class="page__title">Flex</h1>
      <p class="page__desc">Flex 布局</p>
    </div>
    <div class="page__bd page__bd_spacing">
      <div class="weui-flex">
        <div class="weui-flex__item"><div class="placeholder">weui</div></div>
      </div>
      <div class="weui-flex">
        <div class="weui-flex__item"><div class="placeholder">weui</div></div>
        <div class="weui-flex__item"><div class="placeholder">weui</div></div>
      </div>
      <div class="weui-flex">
        <div class="weui-flex__item"><div class="placeholder">weui</div></div>
        <div class="weui-flex__item"><div class="placeholder">weui</div></div>
        <div class="weui-flex__item"><div class="placeholder">weui</div></div>
      </div>
      <div class="weui-flex">
        <div class="weui-flex__item"><div class="placeholder">weui</div></div>
        <div class="weui-flex__item"><div class="placeholder">weui</div></div>
```

```
            <div class="weui-flex__item"><div class="placeholder">weui</div></div>
            <div class="weui-flex__item"><div class="placeholder">weui</div></div>
          </div>
          <div class="weui-flex">
            <div><div class="placeholder">weui</div></div>
            <div class="weui-flex__item"><div class="placeholder">weui</div></div>
            <div><div class="placeholder">weui</div></div>
          </div>
        </div>
      </div>
    </body>
    </html>
```

在浏览器 DevTools 下效果如图 11-6 所示。

当前的效果比较单一，可以适当增加一些样式。修改 WeUI.html，程序代码如下。

```
    <!DOCTYPE html>
    <html>
    <head>
      <meta charset="UTF-8">
      <meta name="viewport" content="width=device-width,initial-scale=1,
user-scalable=0">
      <title>WeUI</title>
      <!-- 引入 WeUI CDN 链接 -->
      <link rel="stylesheet" href="https://res.wx.qq.com/open/libs/weui/1.1.2/
weui-for-work.css"/>
      <style type="text/css">
        body {
          background-color: rgb(239,239,239);
          padding: 10px;
        }
        div{
          margin: 10px;
        }
        .weui-flex__item{
          background: white;
          text-align: center;
        }
          </style>
        </head>
        <body>
          <div class="page">
            <div class="page__hd">
              <h1 class="page__title">Flex</h1>
              <p class="page__desc">Flex 布局</p>
            </div>
            <div class="page__bd page__bd_spacing">
              <div class="weui-flex">
              <div class="weui-flex__item"><div class="placeholder">weui</div></div>
            </div>
            <div class="weui-flex">
            <div class="weui-flex__item"><div class="placeholder">weui</div></div>
            <div class="weui-flex__item"><div class="placeholder">weui</div></div>
          </div>
          <div class="weui-flex">
            <div class="weui-flex__item"><div class="placeholder">weui</div></div>
            <div class="weui-flex__item"><div class="placeholder">weui</div></div>
            <div class="weui-flex__item"><div class="placeholder">weui</div></div>
```

```
            </div>
            <div class="weui-flex">
                <div class="weui-flex__item"><div class="placeholder">weui</div></div>
                <div class="weui-flex__item"><div class="placeholder">weui</div></div>
                <div class="weui-flex__item"><div class="placeholder">weui</div></div>
                <div class="weui-flex__item"><div class="placeholder">weui</div></div>
            </div>
            <div class="weui-flex">
                <div><div class="placeholder">weui</div></div>
                <div class="weui-flex__item"><div class="placeholder">weui</div></div>
                <div><div class="placeholder">weui</div></div>
            </div>
        </div>
    </div>
</body>
</html>
```

在浏览器 DevTools 下效果如图 11-7 所示。

当显示器分辨率改变时，布局保持不变，如图 11-8 所示。

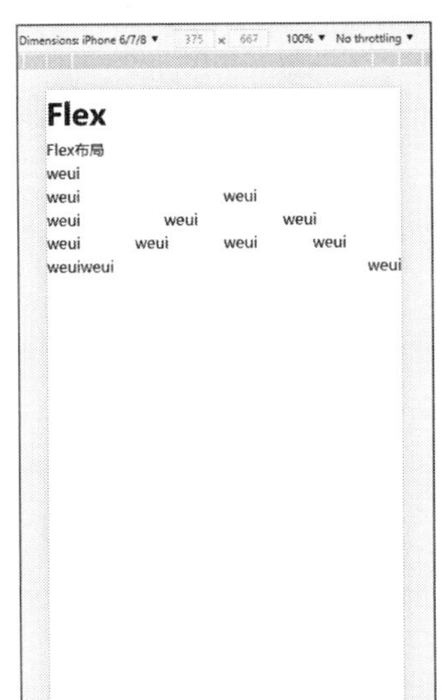

图 11-6　flex 效果 1

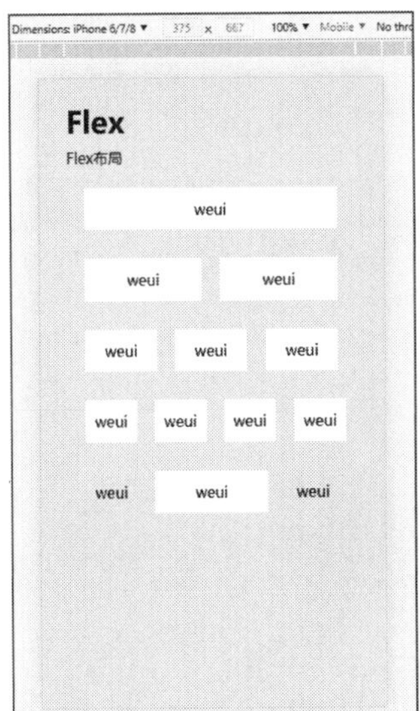

图 11-7　flex 效果 2

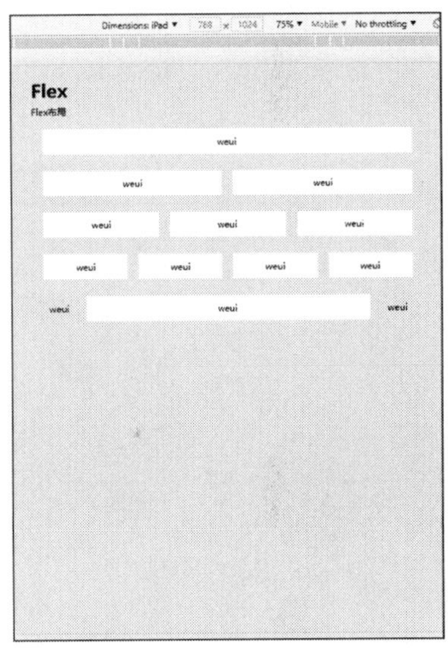

图 11-8　分辨率改变后

2．按钮（button）

修改 WeUI.html，相关程序如下。

```
<!DOCTYPE html>
<html>
    <head>
        <meta charset="UTF-8">
        <meta name="viewport" content="width=device-width,initial-scale=1,
user-scalable=0">
        <title>WeUI</title>
        <!-- 引入 WeUI CDN 链接 -->
        <link rel="stylesheet" href="https://res.wx.qq.com/open/libs/weui/1.1.2/
weui-for-work.css"/>
        <style type="text/css">
            body {
                background-color: rgb(239,239,239);
                padding: 10px;
            }
```

```
        </style>
    </head>
    <body>
        <div class="page">
            <div class="page__hd">
                <h1 class="page__title">Button</h1>
                <p class="page__desc">按钮</p>
            </div>
            <div class="page__bd">

                <div class="button-sp-area">
                <a href="javascript:" class="weui-btn weui-btn_primary">页面主操作</a>
                <a href="javascript:" class="weui-btn weui-btn_primary weui-btn_
loading"><span class="weui-primary-loading weui-primary-loading_transparent"><i
class="weui-primary-loading__dot"></i></span>页面主操作</a>
                <a href="javascript:" class="weui-btn weui-btn_disabled weui-btn_
primary">页面主操作</a>
                <a href="javascript:" class="weui-btn weui-btn_default">页面次要操
作</a>
                <a href="javascript:" class="weui-btn weui-btn_default
weui-btn_loading"><span class="weui-primary-loading"><i
class="weui-primary-loading__dot"></i></span>页面次操作</a>
                <a href="javascript:" class="weui-btn weui-btn_disabled weui-btn_
default">页面次要操作</a>
                <a href="javascript:" class="weui-btn weui-btn_warn">警告类操作</a>
                <a href="javascript:" class="weui-btn weui-btn_warn weui-btn_
loading"><span class="weui-primary-loading"><i class="weui-primary-loading__dot"></i>
</span>警告类操作</a>
                <a href="javascript:" class="weui-btn weui-btn_disabled weui-btn_
warn">警告类操作</a>
                </div>

                <div class="button-sp-area cell">
                <a href="javascript:" class="weui-btn_cell weui-btn_cell-default">
普通行按钮</a>
                <a href="javascript:" class="weui-btn_cell weui-btn_cell-primary">
强调行按钮</a>
                <a href="javascript:" class="weui-btn_cell weui-btn_cell-primary">
                    <img class="weui-btn_cell__icon" src="data:image/png;base64,
iVBORw0KGgoAAAANSUhEUgAAAC4AAAAuCAMAAABgZ9sFAAAAVFBMVEXx8fHMzMzr6+vn5+fv7+/t7e3d3d2+vr
7W1tbHx8eysrKdnZ3p6enk5OTR0dG7u7u3t7ejo6PY2Njh4eHf39/T09PExMSvr6+goKCqqqqnp6e4uLgcLY/O
AAAAnklEQVRIx+3RSRLDIAxE0QYhAbGZPNu5/z0zrXHiqiz5W72FqhqtVuuXAl3iOV7iPV/iSsAqZa9BS7YOmM
XnNNX4TWGxRMn3R6SxRNgy0bzXOW8EBO8SAClsPdB3psqlvG+Lw7ONXg/pTld52BjgSSkA3PV2OOemjIDcZQWg
VvONw60q7sIpR38EnHPSMDQ4MjDjLPozhAkGrVbr/z0ANjAF4AcbXmYAAAAASUVORK5CYII=">
                    强调行按钮
                </a>
                <a href="javascript:" class="weui-btn_cell weui-btn_cell-warn">警
告行按钮</a>
                </div>

                <div class="button-sp-area">
                    <a href="javascript:" class="weui-btn weui-btn_mini weui-btn_
primary">按钮</a>
                    <a href="javascript:" class="weui-btn weui-btn_mini weui-btn_
default">按钮</a>
                    <a href="javascript:" class="weui-btn weui-btn_mini weui-btn_
warn">按钮</a>
                </div>
```

```
            </div>
        </div>
    </body>
</html>
```

相关效果如图 11-9 所示。

图 11-9　button 相关效果

3. 对话框（dialog）

修改 WeUI.html，相关程序如下。

```
<!DOCTYPE html>
<html>
    <head>
        <meta charset="UTF-8">
        <meta name="viewport" content="width=device-width,initial-scale=1,user-
scalable=0">
        <title>WeUI</title>
        <!-- 引入 WeUI CDN 链接 -->
        <script type="text/javascript" src="https://code.jquery.com/jquery-
3.6.0.min.js"></script>
        <link rel="stylesheet"
href="https://res.wx.qq.com/open/libs/weui/1.1.2/weui-for-work.css"/>
        <style type="text/css">
            body {
                background-color: rgb(239,239,239);
                padding: 10px;
            }
        </style>
    </head>
    <body>
        <div class="page">
            <div class="page__hd">
                <h1 class="page__title">Dialog</h1>
                <p class="page__desc">对话框</p>
            </div>
            <div class="page__bd page__bd_spacing">
```

```
                <a href="javascript:" class="weui-btn weui-btn_default"
id="showIOSDialog1">iOS Dialog 样式一</a>
                <a href="javascript:" class="weui-btn weui-btn_default"
id="showIOSDialog2">iOS Dialog 样式二</a>
                <a href="javascript:" class="weui-btn weui-btn_default"
id="showAndroidDialog1">Android Dialog 样式一</a>
                <a href="javascript:" class="weui-btn weui-btn_default"
id="showAndroidDialog2">Android Dialog 样式二</a>
            </div>

            <div id="dialogs">
                <!--BEGIN dialog1-->
                <div class="js_dialog" id="iosDialog1" style="display: none;">
                    <div class="weui-mask"></div>
                    <div class="weui-dialog">
                        <div class="weui-dialog__hd"><strong class="weui-
dialog__title">弹窗标题</strong></div>
                        <div class="weui-dialog__bd">弹窗内容，告知当前状态、信息和解
决方法，描述文字尽量控制在三行内</div>
                        <div class="weui-dialog__ft">
                            <a href="javascript:" class="weui-dialog__btn
weui-dialog__btn_default">辅助操作</a>
                            <a href="javascript:" class="weui-dialog__btn
weui-dialog__btn_primary">主操作</a>
                        </div>
                    </div>
                </div>
                <!--END dialog1-->
                <!--BEGIN dialog2-->
                <div class="js_dialog" id="iosDialog2" style="display: none;">
                    <div class="weui-mask"></div>
                    <div class="weui-dialog">
                        <div class="weui-dialog__bd">弹窗内容，告知当前状态、信息和解
决方法，描述文字尽量控制在三行内</div>
                        <div class="weui-dialog__ft">
                        <a href="javascript:" class="weui-dialog__btn
weui-dialog__btn_primary">知道了</a>
                        </div>
                    </div>
                </div>
                <!--END dialog2-->
                <!--BEGIN dialog3-->
                <div class="js_dialog" id="androidDialog1" style="display: none;">
                    <div class="weui-mask"></div>
                    <div class="weui-dialog weui-skin_android">
                        <div class="weui-dialog__hd"><strong class="weui-
dialog__title">弹窗标题</strong></div>
                        <div class="weui-dialog__bd">
                            弹窗内容，告知当前状态、信息和解决方法，描述文字尽量控制在三行内
                        </div>
                        <div class="weui-dialog__ft">
                            <a href="javascript:" class="weui-dialog__btn weui-
dialog__btn_default">辅助操作</a>
                        <a href="javascript:" class="weui-dialog__btn weui-
dialog__btn_primary">主操作</a>
                        </div>
                    </div>
                </div>
                <!--END dialog3-->
```

```
            <!--BEGIN dialog4-->
            <div class="js_dialog" id="androidDialog2" style="display: none;">
                <div class="weui-mask"></div>
                <div class="weui-dialog weui-skin_android">
                    <div class="weui-dialog__bd">
                        弹窗内容，告知当前状态、信息和解决方法，描述文字尽量控制在三行内
                    </div>
                    <div class="weui-dialog__ft">
                        <a href="javascript:" class="weui-dialog__btn weui-
dialog__btn_default">辅助操作</a>
                        <a href="javascript:" class="weui-dialog__btn weui-
dialog__btn_primary">主操作</a>
                    </div>
                </div>
            </div>
            <!--END dialog4-->
        </div>
    </div>
    <script type="text/javascript">
        $(function(){
            var $iosDialog1 = $('#iosDialog1'),
                $iosDialog2 = $('#iosDialog2'),
                $androidDialog1 = $('#androidDialog1'),
                $androidDialog2 = $('#androidDialog2');

            $('#dialogs').on('click', '.weui-dialog__btn', function(){
                $(this).parents('.js_dialog').fadeOut(200);
            });
            $('#showIOSDialog1').on('click', function(){
                $iosDialog1.fadeIn(200);
            });
            $('#showIOSDialog2').on('click', function(){
                $iosDialog2.fadeIn(200);
            });
            $('#showAndroidDialog1').on('click', function(){
                $androidDialog1.fadeIn(200);
            });
            $('#showAndroidDialog2').on('click', function(){
                $androidDialog2.fadeIn(200);
            });
        });
    </script>
</body>
</html>
```

▶ **注意：**该示例使用 jQuery 框架。

相关效果如图 11-10 所示。单击相关 button，效果如图 11-11～图 11-14 所示。

图 11-10　dialog 使用效果

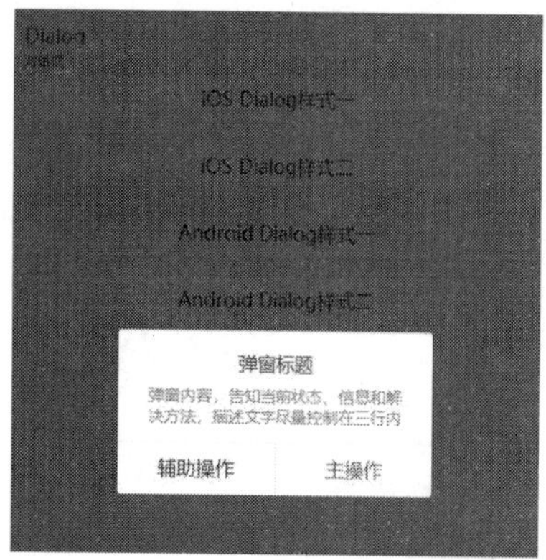

图 11-11　单击第一个 button

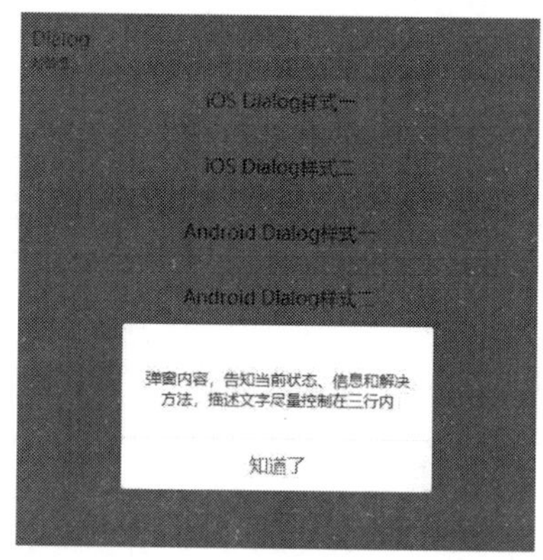

图 11-12　单击第二个 button

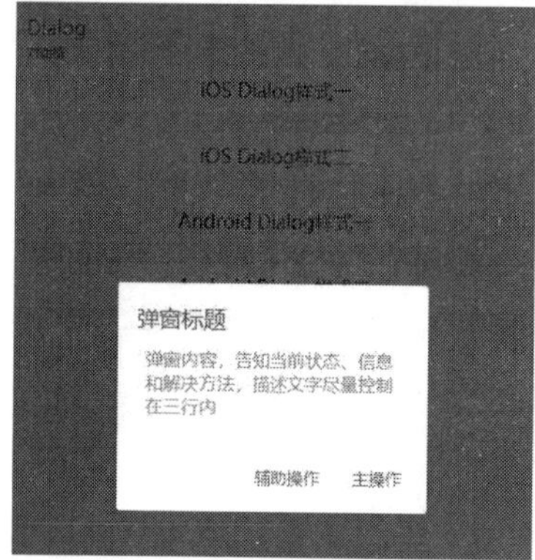

图 11-13　单击第三个 button

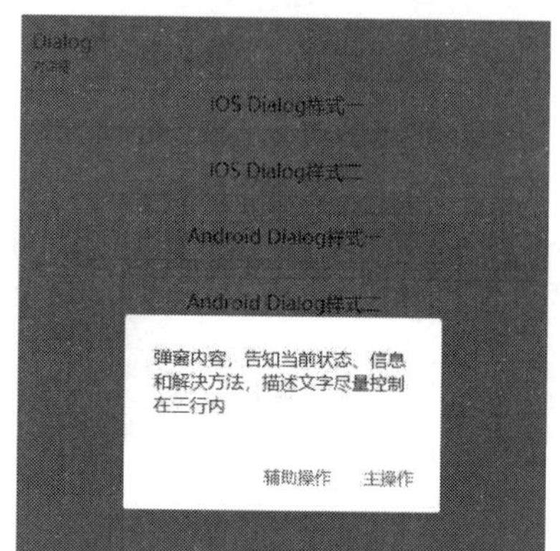

图 11-14　单击第四个 button

4．grid 布局

修改 WeUI.html，相关程序如下。

```
<!DOCTYPE html>
<html>
    <head>
        <meta charset="UTF-8">
        <meta name="viewport" content="width=device-width,initial-scale=1,
user-scalable=0">
        <title>WeUI</title>
        <!-- 引入 WeUI CDN 链接 -->
        <link rel="stylesheet" href="https://res.wx.qq.com/open/libs/weui/1.1.2/
weui-for-work.css"/>
        <style type="text/css">
            body {
                background-color: rgb(239,239,239);
                padding: 10px;
            }
        </style>
    </head>
    <body>
        <div class="page">
            <div class="page__hd">
                <h1 class="page__title">Grid</h1>
                <p class="page__desc">九宫格</p>
            </div>
            <div class="weui-grids">
```

```
                <a href="javascript:" class="weui-grid">
                    <div class="weui-grid__icon">
                        <img src="http://localhost/qywx/icon_tabbar.png" alt="">
                    </div>
                    <p class="weui-grid__label">Grid</p>
                </a>
                <a href="javascript:" class="weui-grid">
                    <div class="weui-grid__icon">
                        <img src="http://localhost/qywx/icon_tabbar.png" alt="">
                    </div>
                    <p class="weui-grid__label">Grid</p>
                </a>
                <a href="javascript:" class="weui-grid">
                    <div class="weui-grid__icon">
                        <img src="http://localhost/qywx/icon_tabbar.png" alt="">
                    </div>
                    <p class="weui-grid__label">Grid</p>
                </a>
                <a href="javascript:" class="weui-grid">
                    <div class="weui-grid__icon">
                        <img src="http://localhost/qywx/icon_tabbar.png" alt="">
                    </div>
                    <p class="weui-grid__label">Grid</p>
                </a>
                <a href="javascript:" class="weui-grid">
                    <div class="weui-grid__icon">
                        <img src="http://localhost/qywx/icon_tabbar.png" alt="">
                    </div>
                    <p class="weui-grid__label">Grid</p>
                </a>
                <a href="javascript:" class="weui-grid">
                    <div class="weui-grid__icon">
                        <img src="http://localhost/qywx/icon_tabbar.png" alt="">
                    </div>
                    <p class="weui-grid__label">Grid</p>
                </a>
                <a href="javascript:" class="weui-grid">
                    <div class="weui-grid__icon">
                        <img src="http://localhost/qywx/icon_tabbar.png" alt="">
                    </div>
                    <p class="weui-grid__label">Grid</p>
                </a>
                <a href="javascript:" class="weui-grid">
                    <div class="weui-grid__icon">
                        <img src="http://localhost/qywx/icon_tabbar.png" alt="">
                    </div>
                    <p class="weui-grid__label">Grid</p>
                </a>
                <a href="javascript:" class="weui-grid">
                    <div class="weui-grid__icon">
                        <img src="http://localhost/qywx/icon_tabbar.png" alt="">
                    </div>
                    <p class="weui-grid__label">Grid</p>
                </a>
            </div>
        </div>
    </body>
</html>
```

相关效果如图 11-15 所示。

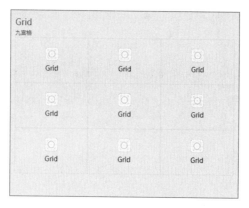

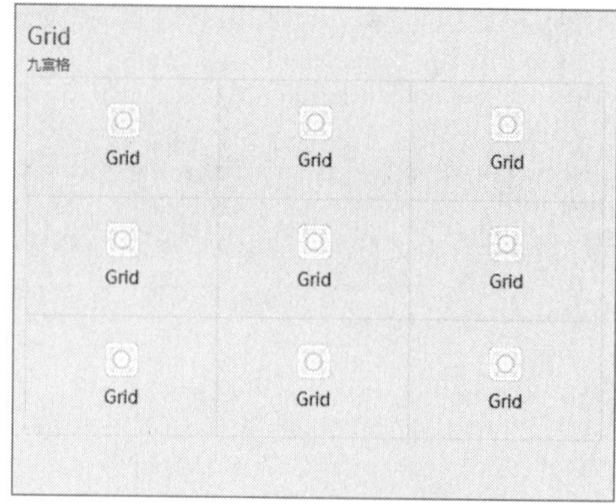

图 11-15　grid 相关效果

5. 导航条（navbar）

修改 WeUI.html，相关程序如下。

```
<!DOCTYPE html>
<html>
   <head>
         <meta charset="UTF-8">
         <meta name="viewport" content="width=device-width,initial-scale=1,
user-scalable=0">
         <title>WeUI</title>
         <script type="text/javascript" src="https://code.jquery.com/jquery-
3.6.0.min.js"></script>
         <!-- 引入 WeUI CDN 链接 -->
         <link rel="stylesheet" href="https://res.wx.qq.com/open/libs/weui/1.1.2/
weui-for-work.css"/>
         <style type="text/css">
             body {
                 background-color: rgb(239,239,239);
                 padding: 10px;
             }
         </style>
     </head>
     <body>
         <div class="page">
             <div class="page__bd" style="height: 100%;">
                 <div class="weui-tab">
                     <div class="weui-navbar">
                         <div data-but='but1' class="weui-navbar__item weui-bar__
item_on">
                             选项一
                         </div>
                         <div data-but='but2' class="weui-navbar__item">
                             选项二
                         </div>
                         <div data-but='but3' class="weui-navbar__item">
                             选项三
                         </div>
                     </div>
                     <div class="weui-tab__panel">

                     </div>
                 </div>
             </div>
```

```
        </div>
        <script type="text/javascript">
            $(function(){
                $('.weui-navbar__item').on('click', function () {
                    $(this).addClass('weui-bar__item_on').siblings('.weui-
bar__item_on').removeClass('weui-bar__item_on');
                    $('.weui-tab__panel').html($(this).data('but'));
                });
            });
        </script>
    </body>
</html>
```

相关效果如图 11-16 所示。当选择“选项一”“选项二”“选项三”时，效果如图 11-17～图 11-19 所示。

图 11-16　navbar 相关效果

图 11-17　选择“选项一”效果

图 11-18　选择“选项二”效果

图 11-19　选择“选项三”效果